"做学教一体化"课程改革系列教材

机电一体化设备组装与调试技能训练

主　编　周建清
参　编　王金娟　汤旭芳　刘绍平
　　　　陈　丽　陈雪艳　徐　垚
主　审　杨少光

机械工业出版社

本书根据全国职业院校技能大赛机电一体化设备组装与调试赛项赛题改编而成。全书共有16个典型实训任务，包括次品处理设备组装与调试、售货机组装与调试、生产线分拣设备组装与调试、工件处理设备组装与调试、仿真花组装定型设备组装与调试、智能生产设备组装与调试、电子元件插装机组装与调试、零件分拣及热处理设备组装与调试、产品定制装置组装与调试、糖果礼盒包装设备组装与调试、车间废料分类装置组装与调试、智能配方生产装置组装与调试、插装机器人组装与调试、智能面包生产装备组装与调试、智能制造单元组装与调试，以及产品生产及分装装置组装与调试。

本书适合作为机电一体化设备组装与调试实训教材，也可供机电一体化设备组装与调试技能大赛的训练使用，同时可作为机电一体化设备设计参考手册。

本书配套电子课件、电子教案等内容，购买本书作为教材者，可登录 www.cmpedu.com 注册并免费下载。

图书在版编目（CIP）数据

机电一体化设备组装与调试技能训练/周建清主编. —北京：机械工业出版社，2021.2（2025.1重印）
“做学教一体化”课程改革系列教材
ISBN 978-7-111-67485-6

Ⅰ.①机…　Ⅱ.①周…　Ⅲ.①机电一体化-设备安装-中等专业学校-教学参考资料②机电一体化-设备-调试方法-中等专业学校-教学参考资料
Ⅳ.①TH-39

中国版本图书馆CIP数据核字（2021）第023957号

机械工业出版社（北京市百万庄大街22号　邮政编码100037）
策划编辑：赵红梅　责任编辑：赵红梅　王海霞
责任校对：陈　越　封面设计：张　静
责任印制：常天培
固安县铭成印刷有限公司印刷
2025年1月第1版第4次印刷
184mm×260mm · 14.5印张 · 359千字
标准书号：ISBN 978-7-111-67485-6
定价：45.00元

电话服务
客服电话：010-88361066
010-88379833
010-68326294

网络服务
机　工　官　网：www.cmpbook.com
机　工　官　博：weibo.com/cmp1952
金　书　网：www.golden-book.com
机工教育服务网：www.cmpedu.com

前言

自2007年起，教育部每年都会举办全国职业院校技能大赛，机电一体化设备组装与调试项目是常设赛项。通过大赛，职业院校不断调整人才培养方案，推进课程改革，促进产教融合、工学结合，增强专业建设和课程教学的针对性，以提升机电类专业人才培养水平。大赛坚持以赛促教、以赛促学、以赛促改，开展教学大练兵，不仅开拓教学视野，促使师生关注行业前沿，而且促进学生职业道德、职业能力和综合素养全面发展。

经过十多年的创新发展，机电一体化设备组装与调试项目的赛题发生了很大的变化。编者充分考虑地区差异，精选部分国家、省、市级大赛工作任务书，根据由易到难的原则整理编写了本书，力求做到任务书呈现形式、任务内容、评价标准等方面与全国职业院校技能大赛标准一致，以满足不同地区、不同层次的比赛与训练要求。

本书由武进技师学院周建清担任主编，武进技师学院王金娟、汤旭芳、刘绍平、陈丽、陈雪艳和无锡机电高等职业技术学校徐垚参与了编写工作。本书由原全国职业院校技能大赛机电一体化设备组装与调试赛项中职组首席评委杨少光担任主审。

本书的编写得到了武进技师学院领导、常州市职业教育周建清智能控制名师工作坊成员的大力支持与帮助，在此一并表示衷心感谢！

由于编者水平有限，书中不妥之处在所难免，恳请读者批评指正。

编　者

目录

前言
实训任务一　次品处理设备组装与调试…… 1
实训任务二　售货机组装与调试 …… 11
实训任务三　生产线分拣设备组装与调试…… 28
实训任务四　工件处理设备组装与调试 …… 38
实训任务五　仿真花组装定型设备组装与调试 …… 50
实训任务六　智能生产设备组装与调试…… 63
实训任务七　电子元件插装机组装与调试 …… 73
实训任务八　零件分拣及热处理设备组装与调试 …… 84
实训任务九　产品定制装置组装与调试…… 99
实训任务十　糖果礼盒包装设备组装与调试…… 114
实训任务十一　车间废料分类装置组装与调试…… 129
实训任务十二　智能配方生产装置组装与调试…… 145
实训任务十三　插装机器人组装与调试…… 156
实训任务十四　智能面包生产装备组装与调试…… 176
实训任务十五　智能制造单元组装与调试…… 191
实训任务十六　产品生产及分装装置组装与调试…… 214

实训任务一

次品处理设备组装与调试

说明：本次组装与调试的机电一体化设备为次品处理设备。请仔细阅读相关说明，理解实训任务与要求。使用亚龙235A设备，在240min内按要求完成指定的工作。

一、实训任务与要求

1）按设备组装图组装设备，满足图样中的技术要求。

2）按气动系统图连接气路，满足图样中的技术要求。

3）根据PLC输入/输出端子（I/O）分配表（表1-1）画出电气控制原理图并连接电路。电气控制原理图和连接的电路应符合以下要求：

① 绘制电气控制原理图时，图形符号的使用应符合国家标准GB/T 6988.1—2008《电气技术用文件的编制　第1部分：规则》以及GB/T 4728《电气简图用图形符号》的有关规定。

② 所有连接的导线必须套上写有编号的号码管。交流电动机金属外壳与变频器的接地极必须可靠接地。

③ 工作台上的各传感器、电磁阀控制线圈、送料直流电动机、警示灯的连接线必须放入线槽内；为了减小对控制信号的干扰，工作台上交流电动机的连接线不能放入线槽内。

4）正确理解次品处理设备的调试、拆卸、回收要求，指示灯亮灭方式以及正常工作过程和故障状态的处理等；编写次品处理装置的PLC控制程序并设置变频器的参数。

5）调整传感器的位置和灵敏度，调整机械部件的位置，完成次品处理设备的整体调试，使该设备能按要求完成生产任务。

6）按要求制作触摸屏界面，实现人机界面对次品处理过程的实时监控。除转换开关、急停按钮外，其他按钮、指示灯均在人机界面各自所需界面显示。

表1-1　PLC输入/输出端子（I/O）分配表

输入端子			功能说明	输出端子			功能说明
三菱PLC	西门子PLC	松下PLC		三菱PLC	西门子PLC	松下PLC	
X0	I0.0	X0	SA1	Y0	Q0.0	Y0	变频器STF端子
X1	I0.1	X1	SA2	Y1	Q0.1	Y1	变频器STR端子
X2	I0.2	X2	SB3（皮带输送机故障模拟）	Y2	Q0.2	Y2	变频器RL端子
X3	I0.3	X3	急停	Y3	Q0.3	Y3	变频器RM端子

（续）

输入端子			功能说明	输出端子			功能说明
三菱PLC	西门子PLC	松下PLC		三菱PLC	西门子PLC	松下PLC	
X4	I0.4	X4	一槽伸到位	Y4	Q0.4	Y4	变频器RH端子
X5	I0.5	X5	一槽缩到位	Y5	Q0.6	Y5	手爪松开
X6	I0.6	X6	二槽伸到位	Y6	Q0.7	Y6	手爪夹紧
X7	I0.7	X7	二槽缩到位	Y7	Q1.0	Y7	旋转气缸左转
X10	I1.0	X8	三槽伸到位	Y10	Q1.1	Y8	旋转气缸右转
X11	I1.1	X9	三槽缩到位	Y11	Q1.3	Y9	悬臂伸出
X12	I1.2	XA	机械手左限	Y12	Q1.4	YA	悬臂缩回
X13	I1.3	XB	机械手右限	Y13	Q1.5	YB	手臂下降
X14	I1.4	XC	悬臂伸到位	Y14	Q1.6	YC	手臂缩回
X15	I1.5	XD	悬臂缩到位	Y15	Q1.7	YD	气缸Ⅰ伸出
X16	I1.6	XE	手臂上限	Y16	Q2.0	YE	气缸Ⅱ伸出
X17	I1.7	XF	手臂下限	Y17	Q2.1	YF	气缸Ⅲ伸出
X20	I2.0	X10	手爪夹紧	Y20	Q2.2	Y10	物料盘直流电动机
X21	I2.1	X11	光纤传感器1	Y21	Q2.3	Y11	蜂鸣器
X22	I2.2	X12	光纤传感器2	Y22	Q2.4	Y12	警示灯（绿色）
X23	I2.3	X13	电感式光电传感器				
X24	I2.4	X14	A位漫反射光电传感器				
X25	I2.5	X15	料台物料检测传感器				

二、次品处理设备说明

次品处理设备的结构示意图如图1-1所示。该设备主要用于某成套次品的拆卸分拣（成套次品由三种材质M、N、F构成，包含四个工件，工件间通过机械装置连接，M、N、F分别用金属、白色塑料、黑色塑料工件代替），并将拆卸分拣好的次品按材质进行再加工和归类回收。

为了达到高效、节能的目的，该设备采用了人机界面、传感器、变频器及PLC等控制技术。人机界面主要实现数据统计报表、设备故障显示、三种材质各自价值总量统计显示等功能；传感器主要用于识别材质；变频器主要用于达到高效、节能的目的；PLC主要用于实现全自动控制。

（一）设备具体技术要求

系统的初始位置：机械手在左限位位置，悬臂缩回，手臂上升，气动手爪松开，其余各气缸活塞杆处于缩回状态，物料盘直流电动机与皮带输送机电动机停止。

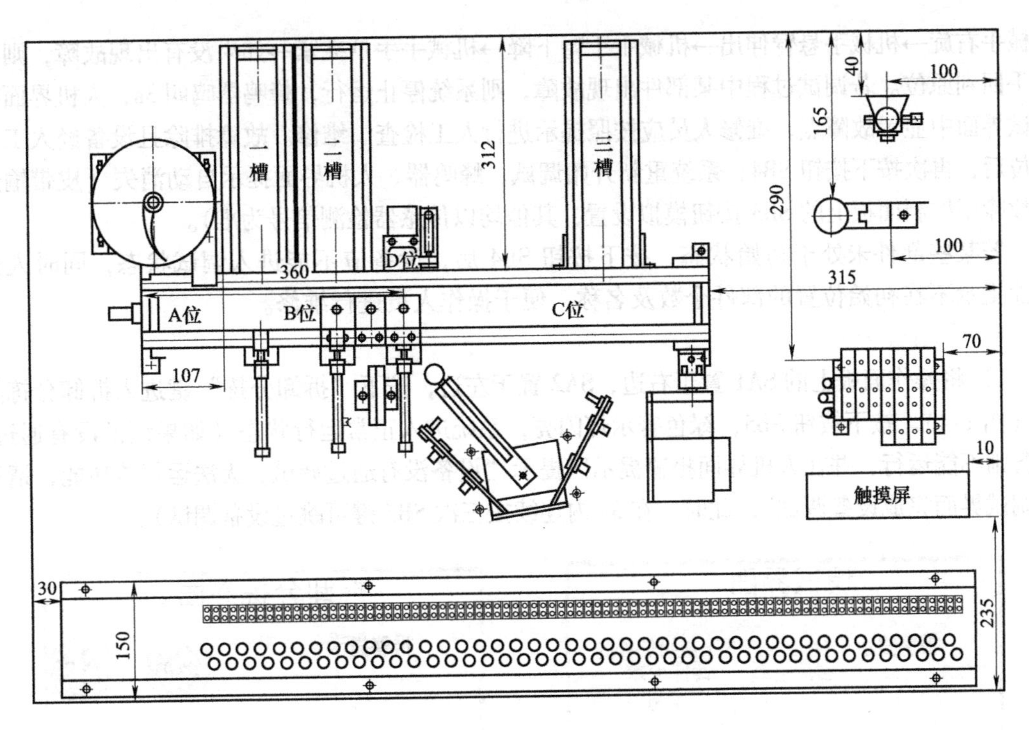

图 1-1　次品处理设备结构示意图

系统通电，红色警示灯闪亮，说明系统电源正常，当 SA1 置于左边时，设备处于调试状态；当 SA1 置于右边时，设备运行。两种工作方式的转换由 SA2 来实现，SA2 置于左边时为“拆卸分拣”，SA2 置于右边时为“加工回收”。

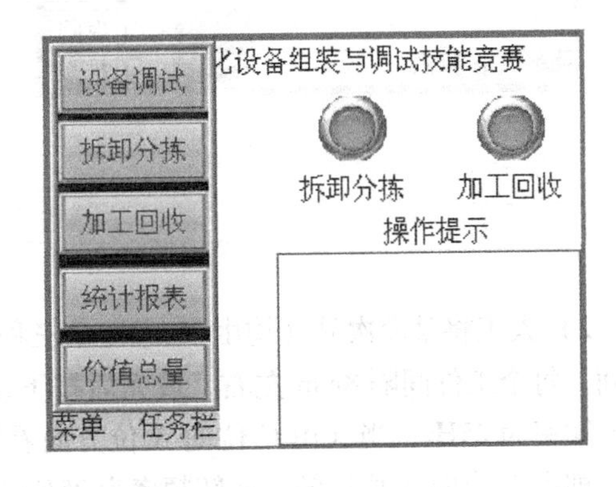

图 1-2　初始界面

（本界面为白底黑字，触摸屏菜单栏选择按键为绿底黑字）

人机界面的初始界面如图 1-2 所示。系统处于初始位置后，将 SA2 置于左边，“拆卸分拣”指示灯闪烁，并在操作提示区内显示“请按拆卸分拣键进入拆卸分拣界面”，此时，操作者按“加工回收”键无效，且人机界面提示“请按拆卸分拣键或将转换开关 SA2 置于右边”；将 SA2 置于右边，“加工回收”指示灯闪烁，并在操作提示区内显示“请按加工回收键进入加工回收界面”，此时操作者按“拆卸分拣”键无效，且人机界面提示“请按加工回收键或将转换开关 SA2 置于左边”。

（二）设备调试要求

当 SA1 置于左边时，可以进行设备的调试，按下人机界面主菜单中的“设备调试”键，进入调试界面（图 1-3），在调试界面按下按钮 SB4，绿色警示灯闪亮，表明系统开始调试。设备按下列顺序依次动作一次：皮带输送机开始由 A 位向 B 位以 15Hz 的交流电运转 3s，一槽位置的推杆气缸伸缩一次，同时皮带输送机开始由 A 位向 B 位以 25Hz 的交流电运转 3s→二槽位置的推杆气缸伸缩一次，同时皮带输送机开始由 A 位向 B 位以 35Hz 的交流电运转 3s→料台位置的推杆气缸伸缩一次，同时皮带输送机开始由 B 位向 A 位以 40Hz 的交流电运转 3s→

机械手右旋→机械手悬臂伸出→机械手手臂下降→机械手手爪夹紧→如果没有出现故障，则机械手回到原位。若调试过程中某部件出现故障，则系统停止运行，蜂鸣器鸣叫3s，人机界面在调试界面中显示故障点，维修人员应按照提示进行人工检查、维修。故障排除且设备经人工回原位后，再次按下按钮SB4，系统重新开始调试，蜂鸣器、人机界面提示自动消失（皮带输送机故障用控制面板上的SB3按钮模拟设置，其他均以传感器检测信号为准）。

若某些部件未处于初始状态，按下按钮SB4后，设备应不能进入调试状态，同时人机界面提示不在初始位置的部件个数及名称，便于操作人员进行维修。

（三）拆卸分拣

1）将操作面板上的SA1置于右边，SA2置于左边，按下“拆卸分拣”键进入拆卸分拣界面（图1-4）。按下按钮SB5，绿色警示灯闪亮，系统进入正常运行状态（如果调试没有通过，设备则不能运行，并在人机界面报警提示区提示“设备没有通过调试，无法运行该功能，请进入调试界面完成设备调试”，此时，在3s内连续按三次SB5键可跳过设备调试）。

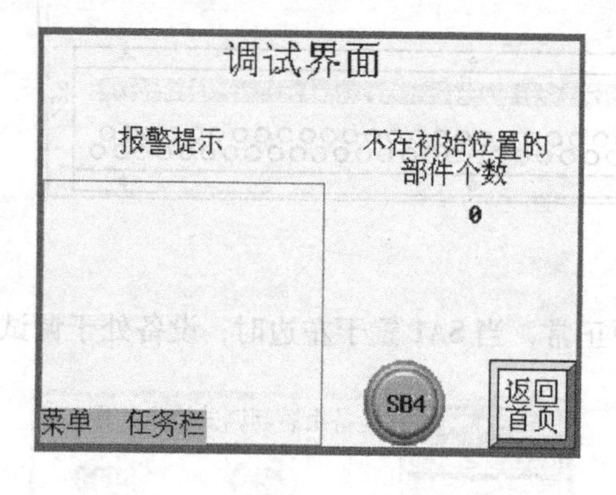

图1-3 调试界面

（该界面触摸屏为白底黑字，按钮SB4为黄色）

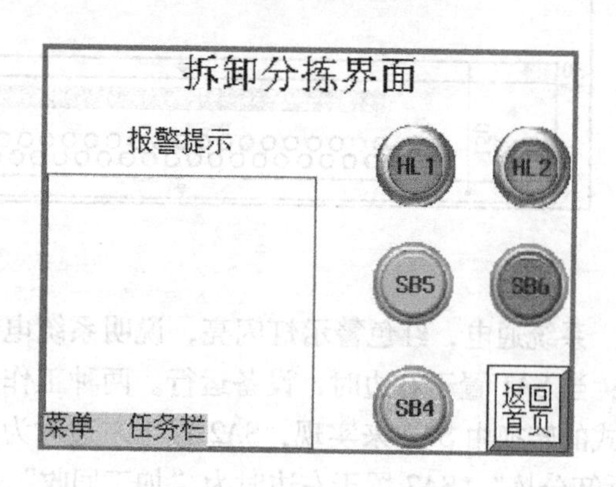

图1-4 拆卸分拣界面

（该界面触摸屏为白底黑字，按钮和灯与按钮模块颜色一致）

2）人工将某套次品（均由M、N、F三种材质的四个工件无序混装）放置在A位和B位之间，每个工件间隔8mm左右，放完后按下按钮SB4，皮带输送机开始由A位向B位运转，运转频率为25Hz；当（由C位向A位方向看）第四个工件到达D位时，皮带输送机开始反转，即由C位向A位运转，运转频率为25Hz；当最后一个工件到达D位时，进入拆卸过程。

3）皮带输送机开始反转时，要求机械手对套件进行拆卸，拆卸要求是：由D位气缸将第一个工件拆卸并推到料台D位处，机械手在左位，悬臂伸出，手臂下降两次（手指保持松开）模拟深度拆卸、清理动作，然后机械手将已经拆卸的工件运送到皮带输送机C位；四个工件都拆卸清理完毕后，必须进行分拣，分拣要求是：将四个工件按要求归类处理。为了达到节能的目的，整个拆卸分拣必须在由C位向A位运转的过程中完成（中途可以停顿），具体拆卸要求如下：

① 一槽接收拆卸件中的F材质的次品，二槽接收拆卸件中的M材质的次品，三槽接收拆卸件中的N材质的次品。

② 若次品套件中有两个F材质的工件，则指示灯HL1亮，从A位向C位方向看，第一个F材质的工件由D位的推杆气缸推入料台，由机械手直接夹持到三槽。

③ 若次品套件中有两个 M 材质的工件，则指示灯 HL2 亮，从 A 位向 C 位方向看，第一个 M 材质的工件由 D 位的推杆气缸推入料台，由机械手直接夹持到三槽。

④ 若次品套件中有两个 N 材质的工件，则 HL1、HL2 都亮，两个 N 材质的工件由 D 位的推杆气缸推入料台，由机械手直接夹持到三槽。

⑤ 在人机界面菜单栏中选择“统计报表”，进入“数据统计报表”界面（图 1-5），可以直接显示 M、N、F 材质工件各自总量及已拆卸的套件数。

⑥ 在人机界面菜单栏中选择“价值总量”，进入“价值总量”界面（图 1-6），可以通过计算公式根据各产品的市场价格（M 的市场价格为 0.32 万元/个，F 的市场价格为 0.15 万元/个，N 的市场价格为 0.26 万元/个）算出其总价值。注意：要求用人机界面的脚本程序或宏指令完成计算，不能用 PLC 程序运算。

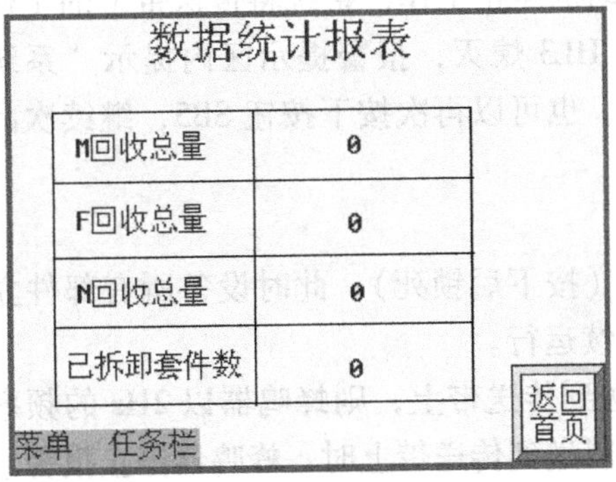

数据统计报表

M回收总量	0
F回收总量	0
N回收总量	0
已拆卸套件数	0

返回首页　菜单　任务栏

图 1-5 “数据统计报表”界面
（该界面触摸屏为白底黑字）

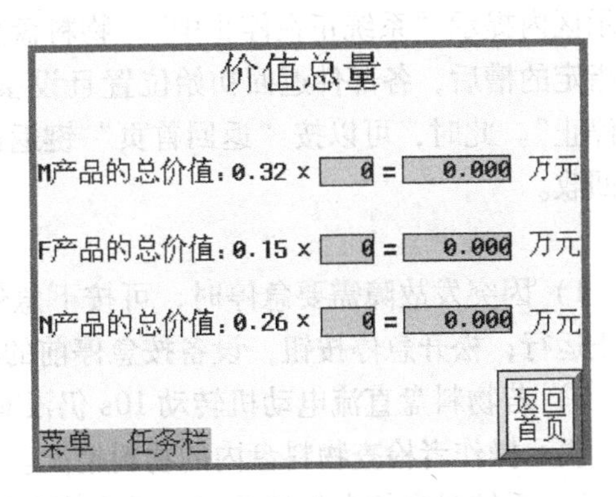

图 1-6 “价值总量”界面
（该界面触摸屏为白底黑字）

工作过程中按下按钮 SB6，设备处理完传送带上的次品套件且回到初始位置后自动停机。

（四）加工回收

该任务是将拆卸分拣的次品工件重新进行加工回收，按客户需要在人机界面上设定槽一、槽二的回收要求。将操作面板上的 SA1 置于右边、SA2 置于右边，按下“加工回收”键，进入“加工回收界面”（图 1-7）。通过按钮 SB1、SB2 选择一槽、二槽生产，按下表示生产，抬起表示不生产，并在人机界面报警提示区内提示“选择一槽生产”“选择二槽生产”“选择一槽、二槽同时生产”。在至少有一个槽生产的情况下，系统才可以启动，否则按下按钮 SB5 系统无法启动，且报警提示区内提示“请选择需要生产的槽”，选择槽后该报警信息自动消除。

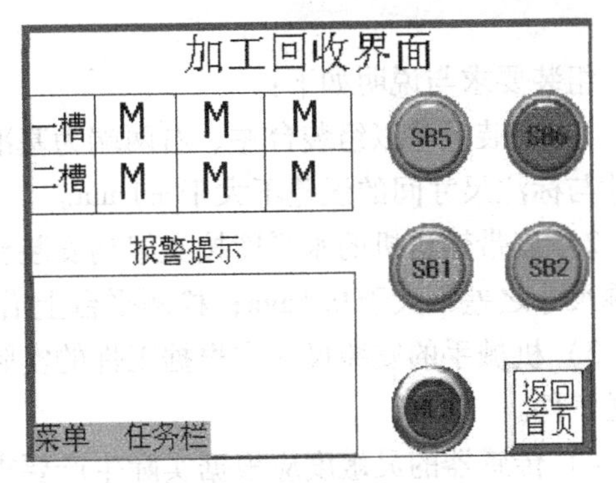

图 1-7 加工回收界面
（该界面触摸屏为白底黑字，键和灯与键模块颜色一致）

按下按钮 SB5，绿色警示灯闪亮，表明系统已经启动，启动后物料盘电动机开始运转，将拆卸分拣完的次品工件放入物料盘，当物料盘送出一个工件后，物料盘电动机停止运转，待传送带上无工件时，物料盘继续送料。皮带输送机电动机以 35Hz 的交流电正转，将工件送到D位加工，M材质的工件加工时间为1s，N材质的工件加工时间为2s，F材质的工件加工时间为3s。将加工好的工件按回收要求送入一槽和二槽，不符合回收要求的工件由气缸推入D位，然后由机械手将工件回收至三槽，如果某工件同时满足一槽和二槽的条件，则以二槽优先，皮带输送机电动机反转频率为25Hz。回收工件时，每三个工件为一套，一槽、二槽中的任意槽达到一套时，要进行10s的包装，且人机界面上提示“该槽正在包装中”。若某个槽正在包装时又有工件需要在此槽回收，则该工件在此槽位置等待，当上个工件包装结束后再将该工件回收到此槽中。

工作过程中按下按钮SB6，人机界面的报警提示区内弹出“是否停机”的对话框，若弹出该对话框后4s内没有任何操作，则视为误操作，对话框自动关闭，系统照常运行；若弹出该对话框时按下对话框内“确认”按钮，则HL3闪烁，提示系统正在停机中，同时报警提示区内提示“系统正在停止中”，物料盘直流电动机停止工作，系统将传送带上的工件送至指定的槽后，各部件返回初始位置且设备停止，HL3熄灭，报警提示区内提示“系统已经停止”。此时，可以按“返回首页”键返回首页，也可以再次按下按钮SB5，继续次品加工回收。

（五）系统异常情况处理

1）因突发故障需要急停时，可按下急停按钮（按下后锁死），此时设备所有部件立刻停止运行；松开急停按钮，设备按急停前的状态继续运行。

2）若物料盘直流电动机转动10s仍没有物料送到传送带上，则蜂鸣器以2Hz的频率报警，提示操作者检查物料盘内的物料情况。当有物料送到传送带上时，蜂鸣器停止报警。

3）系统具有停电保持功能，无论停电时设备是否运行，下次来电时蜂鸣器均会鸣叫提示，且来电后人机界面自动恢复到停电前的界面，按下按钮SB5后指示灯恢复正常，系统从停电前的状态继续运行。

三、设备组装图

组装要求与说明如下：

1）安装尺寸以组装台左、右两端为基准时，端面不包括封口的硬塑盖。所有实际安装尺寸与标注尺寸间的误差不大于±1mm。

2）皮带输送机的水平度按支架到安装台的安装高度检测，四个支承脚处的安装高度与公称尺寸之差不大于0.5mm；检测平台上沿到安装台面的参考高度为153mm。

3）机械手的安装尺寸应根据工件的实际情况进行调整，必须确保机械手能准确抓取和输送工件。

4）传感器的灵敏度应根据实际生产要求进行调整，根据实际需要确定各传感器的安装位置。

5）三相交流异步电动机转轴与皮带输送机主辊筒轴之间的联轴器同心度不能有明显的偏差；皮带输送机主辊筒轴与副辊筒轴应平行，不能出现传送带与支架产生摩擦的情况。

6）所有支架及部件的安装要求牢固可靠，所有固定螺栓必须垫有垫片。

四、气动系统图

次品处理设备气动系统图如图1-8所示。

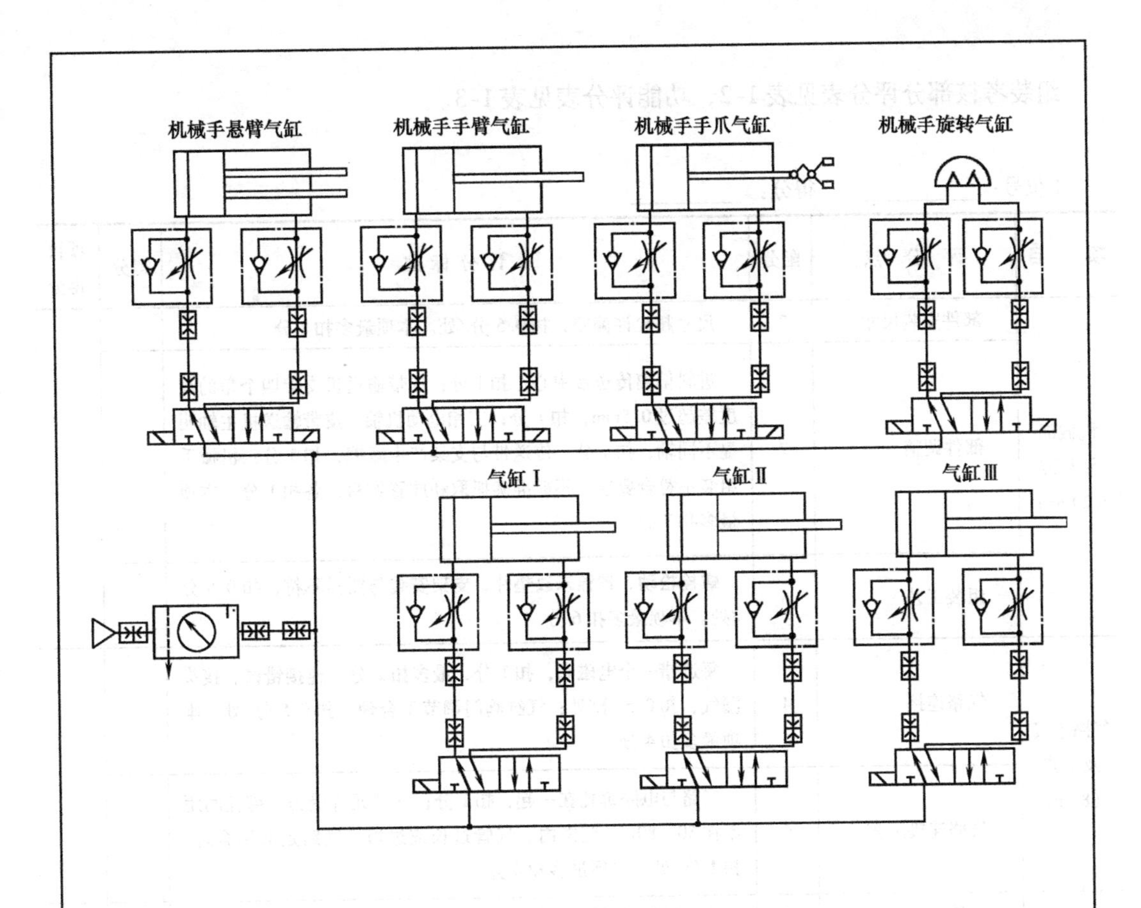

技术要求

1. 各气动执行元件必须按系统图选择控制元件，但具体使用电磁阀组中的哪个元件不做规定。
2. 连接系统的气路时，气管与接头的连接必须可靠，不得漏气。
3. 气路布局应合理、整齐、美观；气管不能与信号线、电源线等电气连线绑扎在一起，气管不能从皮带输送机、机械手内部穿过。

次品处理设备气动系统图		图号	比例
设计			
制图			

图 1-8　次品处理设备气动系统图

五、评分表

组装考核部分评分表见表1-2，功能评分表见表1-3。

表1-2 组装考核部分评分表

工位号：________ 得分：________

项目	评分点	配分	评分标准	得分	项目得分
机械部件组装（20分）	部件安装尺寸	7	尺寸超允许偏差，扣0.5分/处。本项最多扣7分		
	部件调整	7	进料偏离传送带中心，扣1分；皮带输送机支架四个角的高度差超过0.5mm，扣1分；三相电动机轴与皮带输送机主轴明显不同轴，扣1分；传送带与支架产生摩擦，扣1分；机械手组装不符合要求、不能准确抓取和放置物料，各扣1分。本项最多扣7分		
	组装工艺	6	螺栓松动、螺栓未放垫片、支架安装与图样不符，扣0.5分/处。本项最多扣6分		
气路连接及工艺（8分）	气路连接	4	每选错一个电磁阀，扣1分，最多扣2分；连接错误、接头漏气，扣0.5分/处；气缸阀门调节不合理，扣0.5分/处。本项最多扣4分		
	气路连接工艺	4	气路与电路绑扎在一起，扣1分；气动元件受力、绑扎间距不在50~80mm范围内、气管过长或过短、气路走向不合理，扣1分/处。本项最多扣4分		
电路连接（12分）	元件	4	缺少元件或元件选用错误，扣0.5分/处。本项最多扣4分		
	连接工艺	3	绑扎间距不在50~80mm范围内、动力线与其他线放入同一线槽、同一接线端子超过两个线头、露铜超2mm，扣0.5分/处。本项最多扣3分		
	套异形管及写编号	3	少套线管，扣0.5分/处；有异形管但未写编号，扣0.2分/处。本项最多扣3分		
	保护接地	2	未接地，扣1分/处。本项最多扣2分		
电路图绘制（10分）	电路原理	4	与PLC的I/O分配表不符、漏画元件，扣0.5分/处。本项最多扣4分		
	图形符号	3	非推荐符号没有图例说明，扣1分/处。本项最多扣3分		
	制图规范	3	图形符号比例不对、徒手绘图，扣0.5分/处；布局凌乱、字迹潦草，各扣1分。本项最多扣3分		
职业与安全意识	安全意识		操作符合安全操作规程，不带电装拆电路，按正确的路径及时保存编写的PLC程序		
	遵守纪律		遵守赛场纪律，尊重赛场工作人员		
	职业素养		工具摆放、包装物品、导线线头等的处理符合职业岗位的要求；爱惜赛场的设备和器材，保持工位的整洁		

表1-3　功能评分表

工位号：________　　得分：________

项　目	评　分　点	配分	评 分 标 准	得分	项目得分
设备调试（5分）	系统通电	1	红色警示灯不亮扣1分。本项最多扣1分		
	调试运行	4	皮带输送机电动机、气缸、机械手等部件没有按照规定要求动作，扣1分/处。本项最多扣4分		
拆卸分拣（15分）	启动功能	2	调试结束不能启动、转换开关不能正确转换方式、不能手动跳过调试，扣0.5分/处。本项最多扣2分		
	拆卸功能	6	启动后指示灯不按要求亮、电动机不能正确运转，扣1分/处；不能正确按照四个工件进行拆卸，扣1分/处。本项最多扣6分		
	分拣功能	6	指示灯不按要求亮，扣1分；气缸打料不准、中途机械手掉料，扣0.5分/处；不能正确按要求分拣，扣1分/处。本项最多扣6分		
	停止功能	1	按下按钮SB6设备不能停止，扣1分；不处理完当前任务就停止，扣1分。本项最多扣1分		
加工回收（12分）	启动功能	2	转换开关不能正确转换工作方式，扣0.5分/处。本项最多扣2分		
	加工回收	8	设备启动后指示灯不按要求亮、电动机不能正确运转，扣1分/处；气缸打料不准、中途机械手掉料，扣0.5分/处；不按照要求加工、分拣、回收工件，扣1分/处；优先选槽错误，扣2分。本项最多扣8分		
	停止功能	2	按下按钮SB6设备不能停止，扣1分；不能按照要求停止，扣1分。本项最多扣2分		
意外情况（3分）	急停功能	1	按开关QS，设备不能停止，扣0.5分；松开开关QS，设备不能恢复急停前的状态，扣0.5分。本项最多扣1分		
	缺料报警	1	送料盘无料转动10s后不报警、报警蜂鸣器不鸣叫或有料后蜂鸣器不停止鸣叫，扣0.5分/处。本项最多扣1分		
	断电功能	1	突然断电、来电蜂鸣器不鸣叫，正常供电后不能按要求继续运行，不按按钮SB5就继续运行，扣0.5分/处。本项最多扣1分		
触摸屏及功能（15分）	首页	2	输入文字错误，扣0.1分/处；缺少元件，扣0.2分/处；没有标题、指示灯、操作提示及不能切换界面，扣0.5分/处。本项最多扣2分		
	设备调试界面	2	输入文字错误，扣0.1分/处；缺少元件、异常提示不正确，扣0.2分/处；初始位置及个数显示不正确，扣1分。本项最多扣2分		
	拆卸分拣界面	2	输入文字错误，扣0.1分/处；缺少元件，扣0.2分/处；按启动键、停止键不能实现操作，报警提示不正确，扣1分/处；指示灯不亮，扣0.5分/处。本项最多扣2分		

（续）

项　目	评 分 点	配分	评 分 标 准	得分	项目得分
触摸屏及功能（15分）	加工回收界面	5	输入文字错误，扣0.1分/处；缺少元件，扣0.2分/处；按启动键、停止键不能实现操作，加工品种数量、报警提示不正确，1分/处；指示灯不亮，扣0.5分/处。本项最多扣5分		
	数据报表界面	2	输入文字错误，扣0.1分/处；缺少元件，扣0.2分/处；不能正确显示数据，扣0.5分/处。本项最多扣2分		
	价值总量界面	2	输入文字错误，扣0.1分/处；缺少元件，扣0.2分/处；不能正确计算总价值，扣1分/处。本项最多扣2分		

实训任务二

售货机组装与调试

说明：本次组装与调试的机电一体化设备为售货机。请仔细阅读相关说明，理解实训任务与要求，使用亚龙235A设备，在240min内按要求完成指定的工作。

一、实训任务与要求

1）按售货机货仓1、2组装图，售货机钱币仓1、2组装图组装售货机的货仓与钱币仓。

2）按售货机设备组装图和各传感器及支架安装图组装售货机，并满足图样中的技术要求。

3）按售货机气动系统图连接售货机的气路，并满足图样中的技术要求。

4）根据表2-1将售货机电气原理图补画完整并连接电路。补画的电气原理图应能对售货机实现控制，连接的电路应符合工艺规范要求。

5）正确理解售货机的运行要求以及异常情况处理等内容，编写售货机的PLC控制程序并设置变频器的参数。

注意：使用计算机编写程序时，应随时保存已编好的程序，保存的文件名为“工位号+A”（如3号工位文件名为“3A”）。

6）按触摸屏界面制作和监控要求的说明制作触摸屏的四个界面，设置和记录相关参数，实现触摸屏对售货机的监控。

7）调整传感器的位置和灵敏度，调整机械部件的位置，完成售货机的整体调试，使售货机能按照要求自动售货。

8）填写组装与调试记录。

二、售货机设备说明

（一）基本情况

售货机由货仓、钱币仓、进币口、出币口、出货口等组成，如图2-1所示。

1）本售货机共有五种货物。货仓1中放入白色元件、货仓2中放入黑色元件，用以模拟不同的货物。

货物A的单价为5元，由货仓1向出货口送出一个元件来模拟。

货物B的单价为10元，由货仓2向出货口送出一个元件来模拟。

货物C的单价为15元，由货仓1和货仓2向出货口各送出一个元件来模拟。

货物D的单价为20元，由货仓1向出货口送出两个元件和货仓2向出货口送出一个元件来模拟。

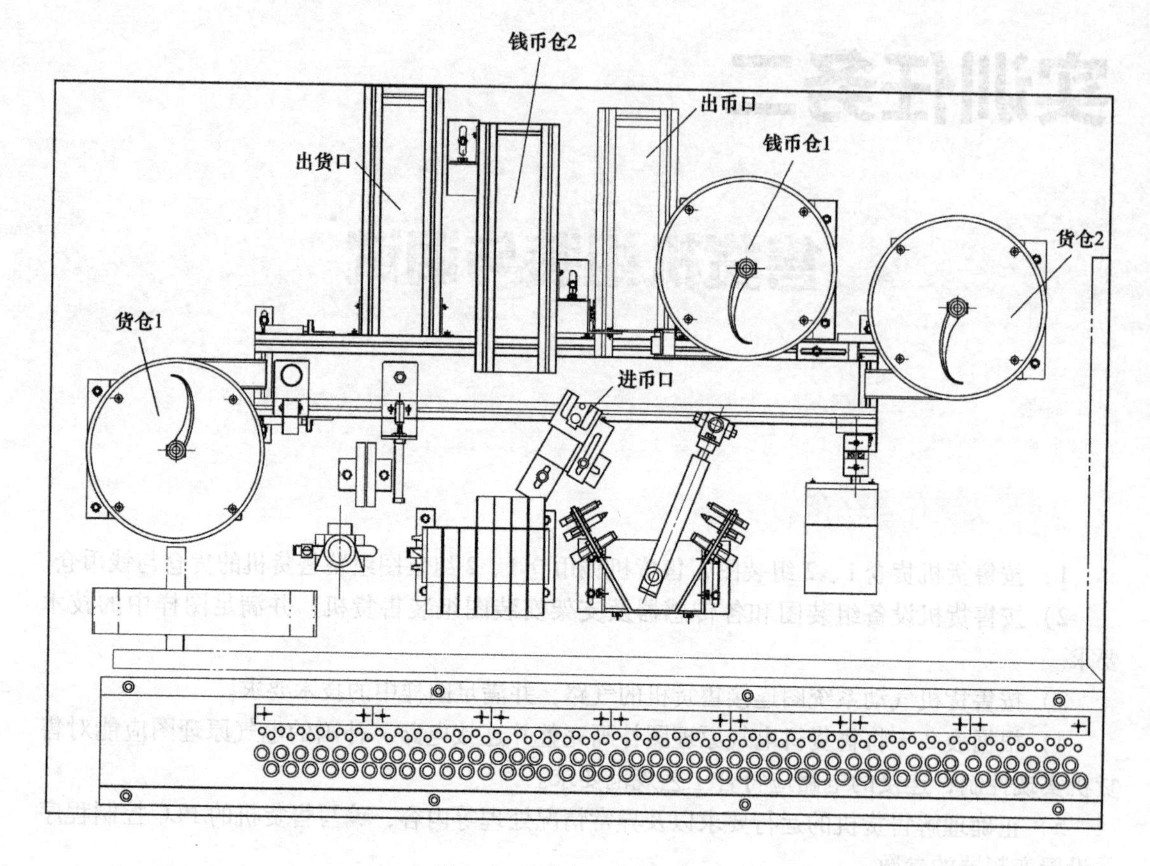

图 2-1　售货机设备示意图

货物 E 的单价为 25 元，由货仓 1 向出货口送出一个元件和货仓 2 向出货口送出两个元件来模拟。

2）本售货机只收符合投币要求的 10 元和 5 元两种钱币。调试时，用金属元件模拟 10 元钱币，用黑色塑料元件模拟 5 元钱币，用白色塑料元件模拟残损钱币或假币等不符合投币要求的钱币。

3）本售货机用 5 元钱币做找零和退币。

4）本售货机的传送带高速运行时，变频器的输出频率为 30Hz；传送带低速运行时，变频器的输出频率为 20Hz。

（二）维护与调试

售货机补货门和工作人员进入功能关闭，后备电源投入功能关闭；接通售货机电源后，售货机触摸屏出现图 2-2 所示的初始界面。

触摸屏出现图 2-2a 所示的界面时，按下按钮模块上的“工作人员进入”按钮 SB2，在该界面上出现“维护员”和“管理员”两个按钮，如图 2-2b 所示。按下“维护员”按钮，在“购货信息”栏出现“请输入密码：”的提示，输入密码（正确密码设置为 235）后，进入图 2-3a 所示的“售货机维修与调试”界面；若输入的密码不正确，需重新输入，两次输入错误则回到图 2-2a 所示界面。这时须松开按钮 SB2 后重新按下并按“维护员”按钮，输入正确密码后才能进入“售货机维修与调试”界面。进入该界面后，首先选择所需调试的

机构，然后对该机构的某一部件进行反复调试，并根据调试情况对售货机的部件进行维护、修理和调整。

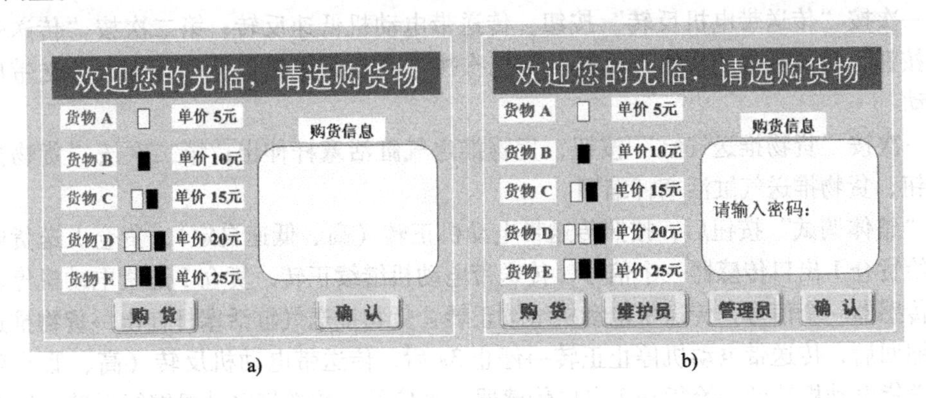

图2-2　售货机初始界面

1. 出货机构调试

在“售货机维修与调试”界面按下“出货机构”按钮，出现图2-3b所示界面。

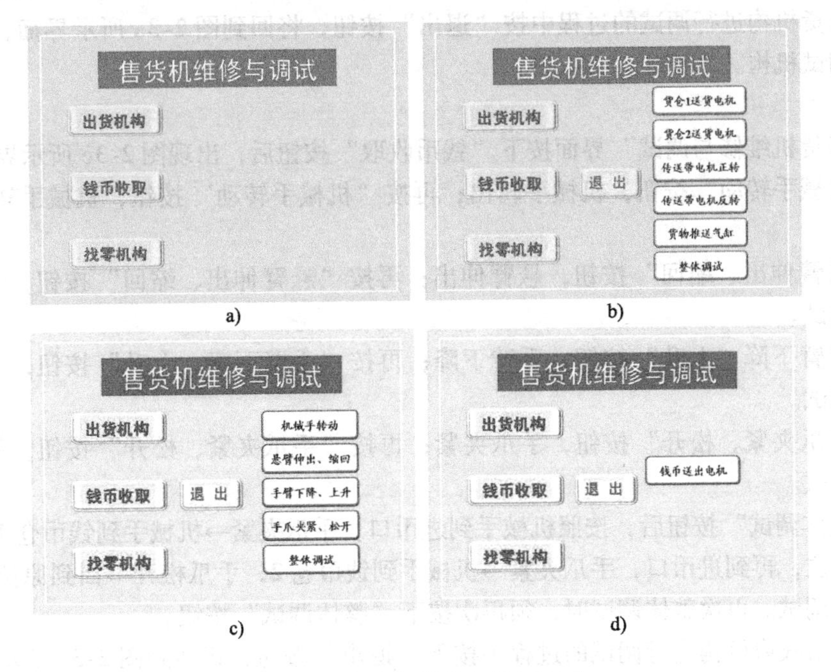

图2-3　售货机维修与调试界面

按“货仓1送货电机”[⊖]按钮，货仓1送货电动机转动；给货仓1出口传感器一个信号，则货仓1送货电动机停止转动。

按“货仓2送货电机”按钮，货仓2送货电动机转动；给货仓2出口传感器一个信号，则货仓2送货电动机停止转动。

第一次按“传送带电机正转”按钮，传送带电动机低速正转；第二次按“传送带电机

⊖ 界面上的“电机”均为“电动机”。

正转”按钮，传送带电动机高速正转；第三次按“传送带电机正转”按钮，传送带电动机停止转动。

第一次按“传送带电机反转”按钮，传送带电动机低速反转；第二次按“传送带电机反转”按钮，传送带电动机高速反转；第三次按“传送带电机反转”按钮，传送带电动机停止转动。

第一次按“货物推送气缸”按钮，货物推送气缸活塞杆伸出；第二次按“货物推送气缸”按钮，货物推送气缸活塞杆缩回。

按“整体调试”按钮后，按照传送带电动机正转（高、低速自定），货仓1送货电动机转动→给货仓1出口传感器一个信号，传送带电动机继续正转，货仓1送货电动机停转→给出货口传感器一个信号，传送带电动机继续正转，货物推送气缸活塞杆伸出→货物推送气缸活塞杆缩回后，传送带电动机停止正转→停止3s后，传送带电动机反转（高、低速自定）、货仓2送货电动机转动→给货仓2出口传感器一个信号，传送带电动机继续反转，货仓2送货电动机停转→给出货口传感器一个信号，传送带电动机继续反转，货物推送气缸活塞杆伸出→货物推送气缸活塞杆缩回，传送带电动机停止反转的顺序完成一次整体调试。再次整体调试时，须再次按下“整体调试”按钮。

在对出货机构进行调试的过程中按“退出”按钮，将回到图2-3a所示界面，此时，可选择另一调试机构。

2. 钱币收取机构调试

在“售货机维修与调试”界面按下“钱币收取”按钮后，出现图2-3c所示界面。

按“机械手转动”按钮，机械手转出；再按“机械手转动”按钮，机械手转回，如此反复调试。

按“悬臂伸出、缩回”按钮，悬臂伸出；再按“悬臂伸出、缩回”按钮，悬臂缩回，如此反复调试。

按“手臂下降、上升”按钮，手臂下降；再按“手臂下降、上升”按钮，手臂上升，如此反复调试。

按“手爪夹紧、松开”按钮，手爪夹紧；再按“手爪夹紧、松开”按钮，手爪松开，如此反复调试。

按“整体调试”按钮后，按照机械手到进币口，手爪夹紧→机械手到钱币仓1，手爪松开→回到原位，再到进币口，手爪夹紧→机械手到钱币仓2，手爪松开→回到原位的顺序完成一次整体调试。再次整体调试时，须再次按下“整体调试”按钮。

在对钱币收取机构进行调试的过程中按下“退出”按钮，将回到图2-3a所示界面，此时，可选择另一调试机构。

3. 找零机构调试

在“售货机维修与调试”界面按下“找零机构”按钮后，出现图2-3d所示界面。

按“钱币送出电机”按钮，钱币仓1电动机转动；给钱币仓1出口传感器一个信号，钱币仓1电动机停止转动，如此反复调试。在对找零机构进行调试的过程中按下“退出”按钮，将回到图2-3a所示界面，此时，可选择另一调试机构。

在图2-3a所示的界面中，松开按钮模块上的“工作人员进入”按钮SB2，退出“售货机维修与调试”界面，回到图2-2a所示的初始界面。

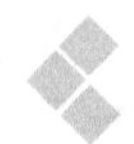

（三）补货与查询

在图2-4a所示界面按下“管理员”按钮，输入密码（正确密码设置为235），进入图2-4b所示的“售货机补货与查询”界面。若两次输入错误密码，则回到图2-2a所示的初始界面，这时须松开SB2后重新按下，再按“管理员”按钮并输入正确密码后才能进入“售货机补货与查询”界面。

欢迎您的光临，请选购货物
货物A
单价5元
货物B
单价10元
货物C
单价15元
货物D
单价20元
货物E
单价25元
购货信息
请输入密码：
购货
维护员
管理员
确认
售货机补货与查询
补货
查询

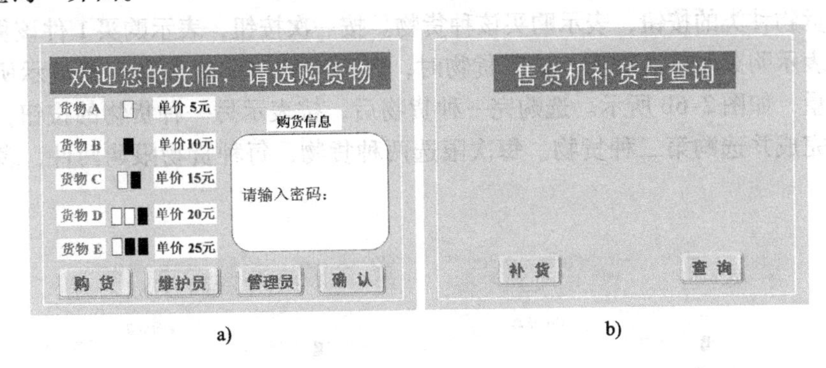

a)　　　　b)

图2-4　选购货物界面

1. 补充货物和钱币

按下图2-4b所示界面上的“补货”按钮，出现图2-5a所示界面。这时，应打开补货门（松开按钮模块上的补货门开关按钮SB1）进行货物或钱币的补充。

将补充货物的种类和数量或补充的钱币值填入图2-5a所示表格内，并关好补货门（按下按钮模块上的补货门开关按钮SB1）。补充货物或钱币的工作完成后，界面回到图2-4b所示界面。

2. 查询

按下图2-4b所示界面上的“查询”按钮，出现图2-5b所示界面，其中的表格用于记录当日数据。放入售货机内的货物和钱币（包括收取的钱币），以进入数表示；当日顾客选购并取走的货物和找零的钱币，以送出数表示。送出数与剩余数之和，应与进入数相等。

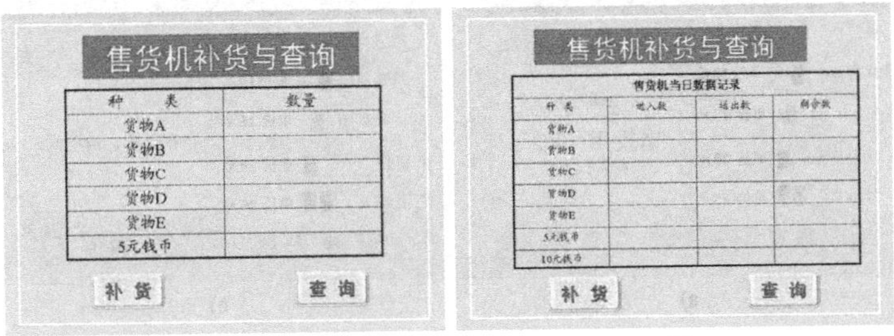

售货机补货与查询
种类
数量
货物A
货物B
货物C
货物D
货物E
5元钱币
补货
查询
售货机补货与查询
售货机当日数据记录
种类
进入数
送出数
剩余数
货物A
货物B
货物C
货物D
货物E
5元钱币
10元钱币
补货
查询

a)　　　　b)

图2-5　补货与查询界面

出现图2-4b所示界面时，松开按钮模块上的“工作人员进入”按钮SB2，退出“售货机补货与查询”界面，回到图2-2a所示的初始界面。

（四）购货

按下图 2-6a 所示初始界面上的“购货”按钮，出现图 2-6b 所示界面。当某种货物的件数≥3 时，表示该货物种类的字体变为蓝色；当某种货物的件数≤2 时，表示该货物种类的字体变为绿色；当某种类货物的件数为 0 时，表示该货物种类的字体变为灰色。

按表示货物种类的按钮，表示购买该种货物。按一次按钮，表示购买 1 件该货物；按两次该按钮，表示购买两件该货物。选购货物时，界面上的“购货信息”栏显示所选购货物的种类和数量，如图 2-6b 所示。选购完一种货物后，按表示另一种货物的按钮，表示第一种货物选购完成并选购第二种货物。每次限选两种货物，每种货物限购两件，多选系统无响应。

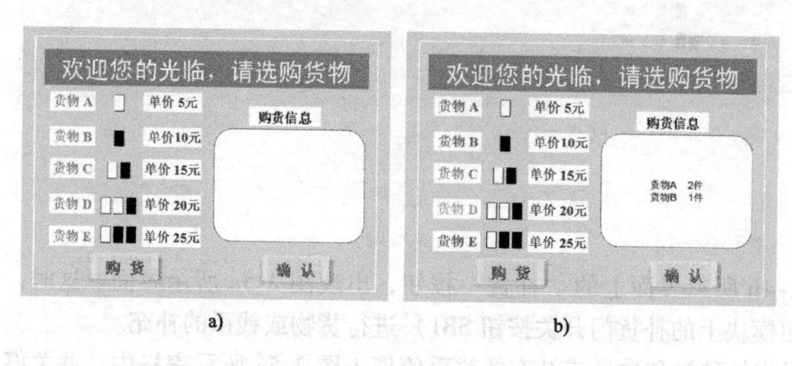

图 2-6　购货显示界面

选好购货种类和数量后，如果按“购货”按钮后超过 10s 未按“确认”按钮，则所选货物种类和数量无效。若想继续购货，需要重新选择货物种类和件数，应在 10s 内完成选货并按“确认”按钮。此时，界面的“购货信息”栏中将出现要求投入购货所需钱币金额的提示：“请投币　××元”，根据提示投入钱币后，在“购货信息”栏中实时显示投入的钱币数量，如图 2-7a 所示。

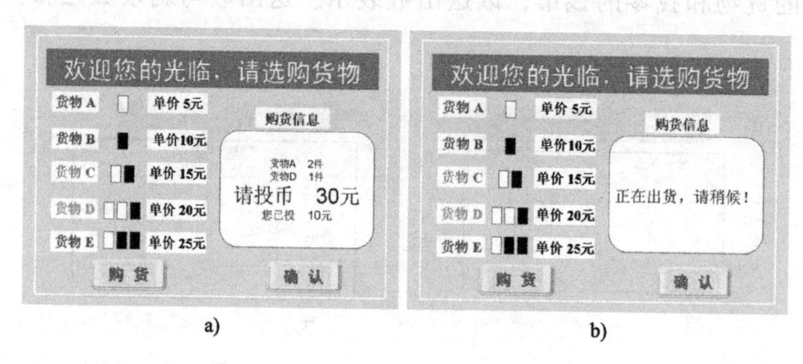

图 2-7　投币出货界面

将钱币放在售货机的进币口，由机械手抓取并放入钱币仓。若放在进币口的钱币面值为 5 元（黑色塑料元件），则机械手抓取钱币后将其放入钱币仓 1；若放在进币口的钱币面值为 10 元（金属元件），则机械手抓取钱币后将其放入钱币仓 2。当投入的钱币金额等于或超过购货金额时，机械手将停止抓取钱币，“购货信息”栏中出现“正在出货，请稍候！”的

提示，如图 2-7b 所示。在投入钱币过程中，若投入烂币、残币或假币（白色塑料元件），则机械手不抓取钱币，同时蜂鸣器鸣叫并在“购货信息”栏中出现“您投入的钱币不合要求，请取走!”的提示，如图 2-8a 所示。若两次投币的时间间隔超过 10s，则触摸屏界面出现“继续”和“取消”两个按钮，如图 2-8b 所示。按“继续”按钮，应在 10s 内投入钱币；按“取消”按钮，则售货机按所投入的金额由出币口退币，并取消本次购货，触摸屏回到初始界面。

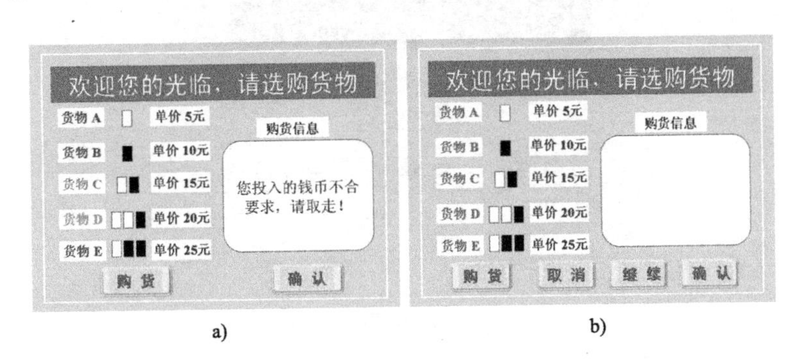

图 2-8　不合要求钱币提示界面

在触摸屏上的“购货信息”栏中出现图 2-7b 所示的“正在出货，请稍候!”提示的同时，售货机按照选货的顺序，送完一种货物再送另一种货物，将模拟的货物送到高速运行的传送带上，由货物推送气缸推至出货口。在送完所选择的货物时，若投入的钱币金额超过购货金额，则“购货信息”栏中出现图 2-9a 所示的“正在找零，请稍候!”的提示；若投入的钱币金额正好与购货金额相同，或找零钱币已全部送到出币口，则“购货信息”栏中出现图 2-9b 所示的“请取走您购买的货物与剩余的钱币!”的提示。

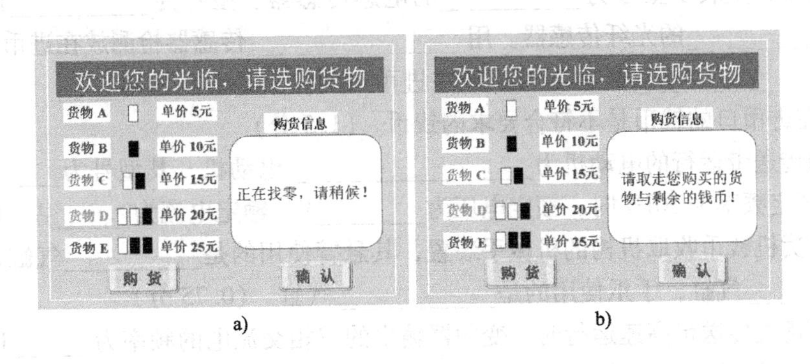

图 2-9　找零界面

这时，应打开出货口与出币口的出货门（按下按钮模块上的出货门开关 SB4），取走货物与找零钱币。本次购货完成，触摸屏回到初始界面，等待下一次购货。

（五）停电处理

对售货机意外情况的处理，本次任务只考虑停电一项。

售货机停电时，应尽快使用后备电源。停电时，售货机应保持停电瞬间的状态。使用后备电源（调试时，先切断电源，按下按钮模块上的后备电源投入开关 SB3 后再接通电源）时，出现图 2-10 所示的界面。按“退出”按钮，若停电时还未出货，则将收取的钱币按原数退出，顾客取走钱币后售货机停止运行；若已出货，则扣除购货金额后将剩余的钱币退回，顾客取走货物和钱币后售货机停止运行。

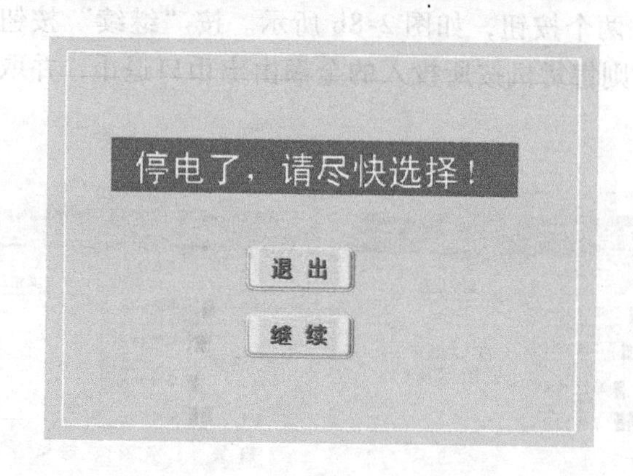

图 2-10　停电提示界面

按“继续”按钮，则按停电时选择的货物种类和数量，完成投币、出货、找零，顾客取走货物后，售货机停止运行。

在使用后备电源时，完成本次购货后，触摸屏变成黑屏，表示售货机不再售货。

三、售货机组装与调试记录（8 分）

1）本售货机使用的 PLC 型号是______________，其输入点数为__________点，输出点数为______________点。(0.75 分)

2）在进币口安装了型号为__________的电感传感器、型号为__________的光电传感器、型号为_________的光纤传感器。用_______________传感器检测放在进币口的钱币是 10 元，用_______________传感器检测放在进币口的钱币是 5 元，用_______________传感器检测放在进币口的钱币是不符合要求的钱币。(1.5 分)

3）拖动传送带运行的电动机为_________________电动机，其型号为__________，当该电动机的额定频率为 50Hz 时，额定电压为________V，额定电流为______A。(1 分)

4）本售货机钱币收取机构的机械手装置，其悬臂使用的是__________气缸，手臂使用的是___________气缸，手爪使用的是____________气缸。(0.75 分)

5）当售货机传送带高速运行时，变频器输出的三相交流电的频率为______Hz；当售货机传送带低速运行时，变频器输出的三相交流电的频率为______Hz。(0.5 分)

6）完成安装和调试后，机械手手臂上升到最高位置时，手爪距台面的高度为______mm；机械手手臂下降到最低位置时，手爪距台面的高度为______mm。(0.5 分)

7）在传送带上的出货口位置安装了一个____________传感器，用来检测有没有货物到达出货口，当有货物到达出货口时，货物推送气缸的活塞杆________，将货物送至出货口。(0.5 分)

8）找零机构在找零时，由钱币仓 1 的__________________将钱币送到出币口，由安装在出币口的___________传感器检测送出的 5 元面值钱币的数量。(0.5 分)

9）在售货状态下，要进入“售货机补货与查询”界面补充货物，应首先按下按钮模块上的＿＿＿＿＿＿＿＿，再按触摸屏界面上的＿＿＿＿＿＿按钮，输入正确密码。进入“售货机补货与查询”界面后，松开按钮模块上的＿＿＿＿＿＿＿，才能补充货物或钱币。(0.75 分)

10）在“售货机维修与调试”界面，要对出货机构的货仓 1 送货电动机进行调试，应先按界面上的＿＿＿＿＿＿＿按钮，再按＿＿＿＿＿＿＿按钮；要使货仓 1 送货电动机停止转动，应给＿＿＿＿＿＿＿＿一个信号。(0.75 分)

11）售货机在售货时停电，应尽快使用＿＿＿＿＿＿＿＿，完成停电时的购货操作后，售货机应＿＿＿＿＿＿售货。(0.5 分)

四、设备组装图

设备组装图共五份，其中图 2-11 所示为售货机货仓 1、2 组装图，图 2-12 所示为售货机钱币仓 1 组装图，图 2-13 所示为售货机钱币仓 2 组装图，图 2-14 所示为售货机设备组装图，图 2-15 所示为各传感器及支架安装图。

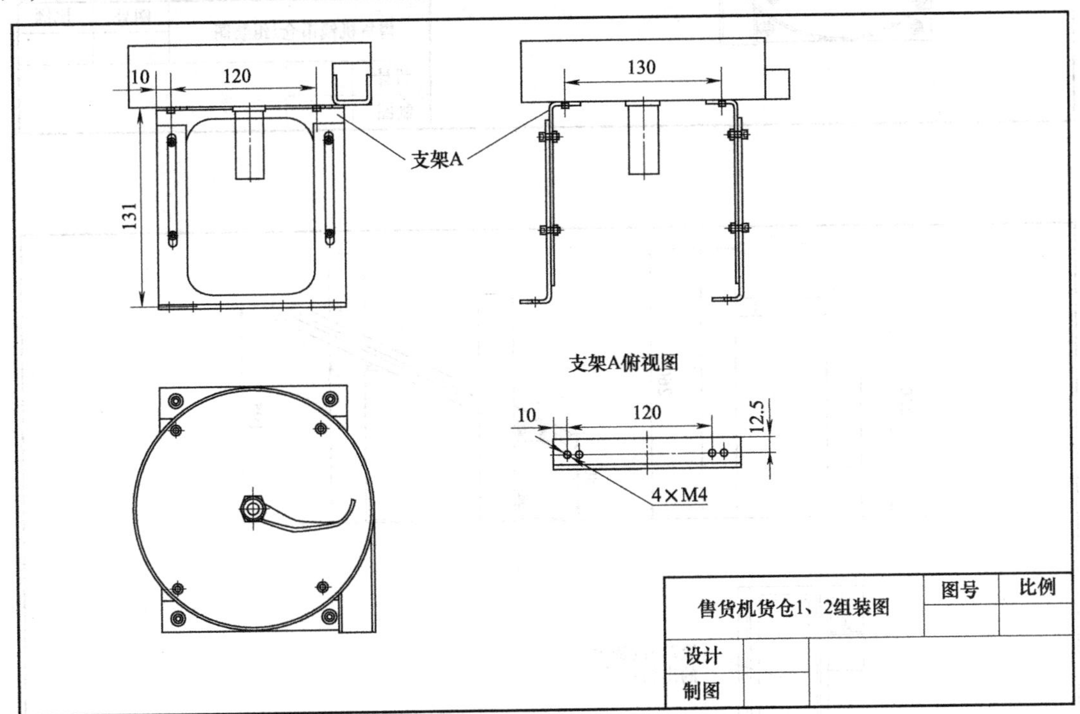

图 2-11　售货机货仓 1、2 组装图

五、气动系统图

售货机气动系统图如图 2-16 所示。

六、电气原理图

售货机电气原理图如图 2-17 所示。

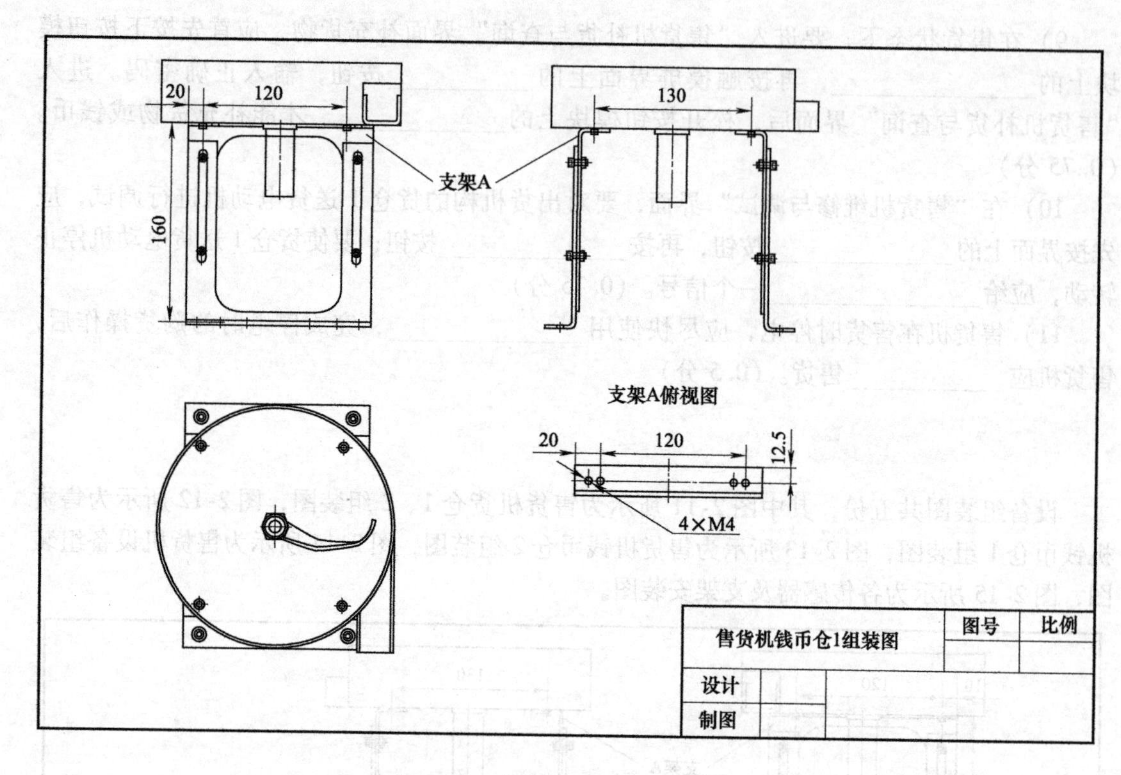

图 2-12　售货机钱币仓 1 组装图

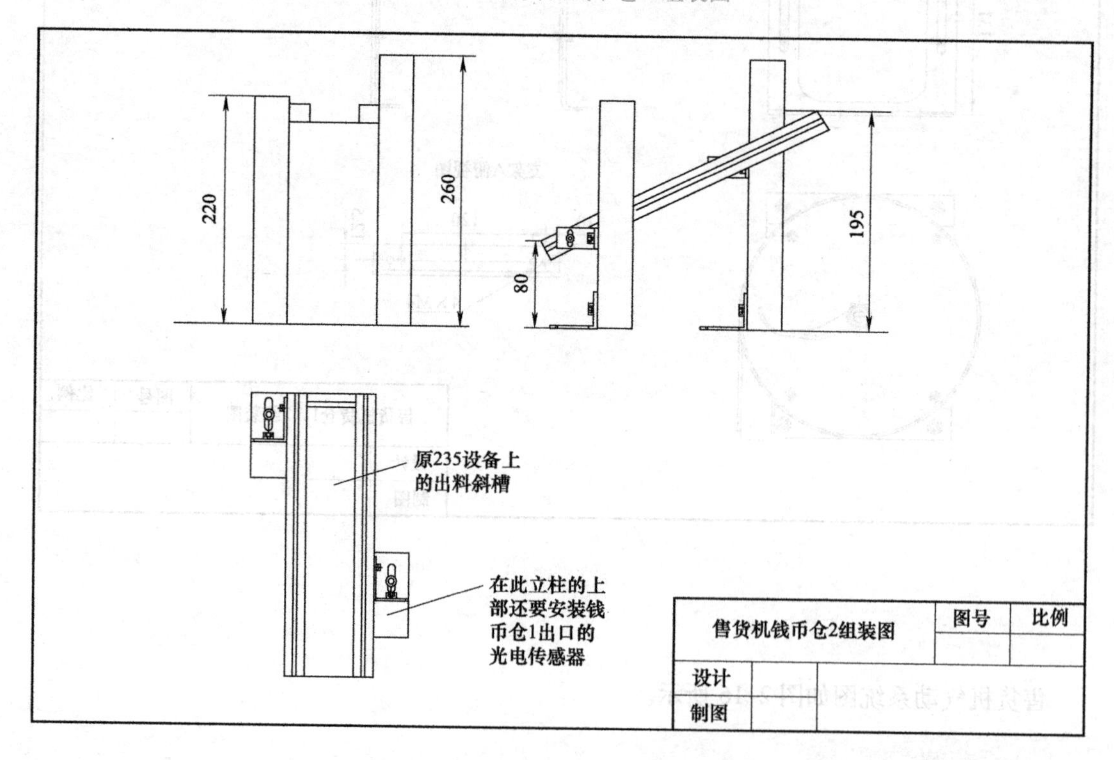

图 2-13　售货机钱币仓 2 组装图

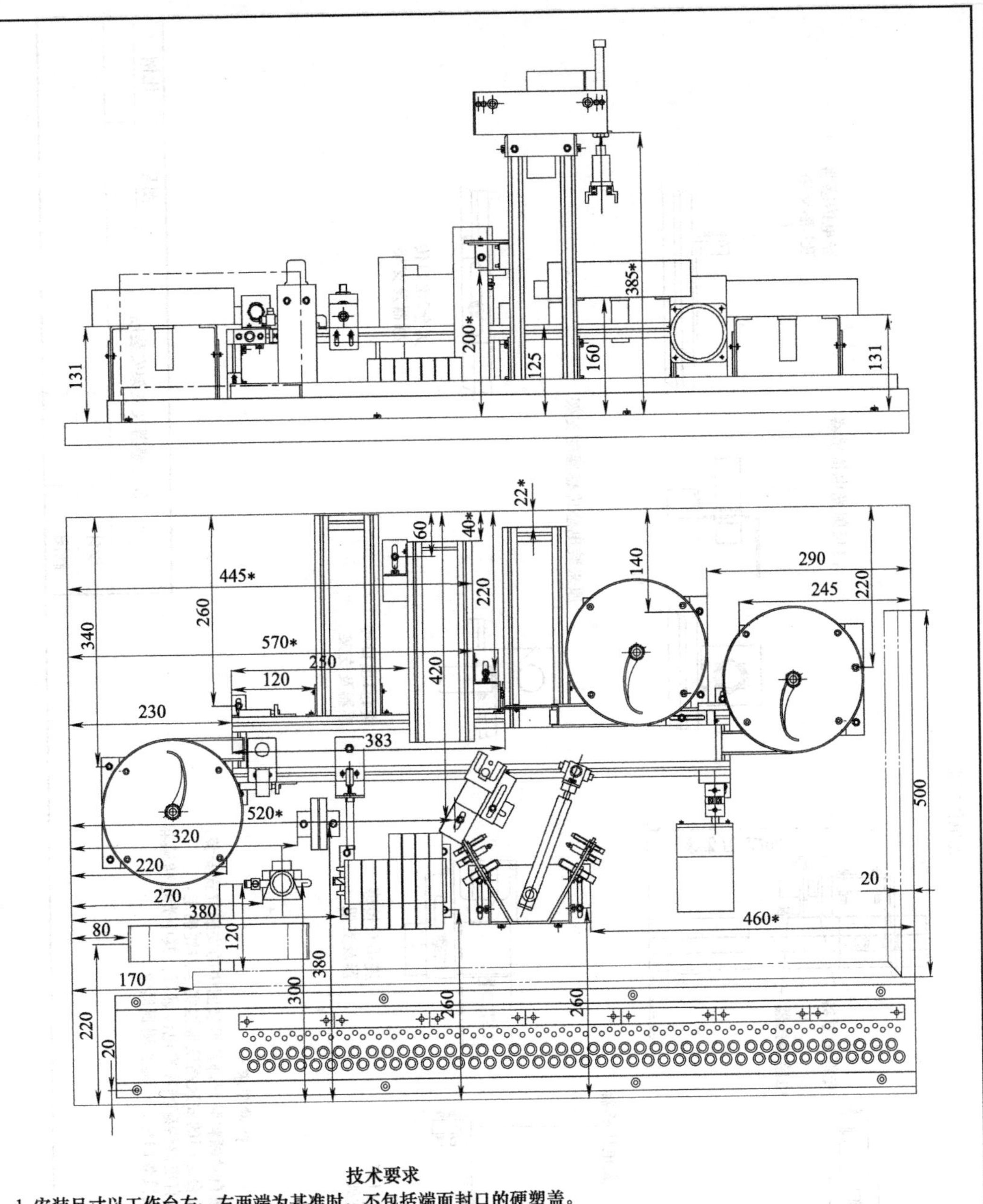

技术要求

1. 安装尺寸以工作台左、右两端为基准时，不包括端面封口的硬塑盖。
2. 钱币仓1与出币口之间应配合调整，出币槽应搭在传送带支架上，以钱币仓1送出的钱币能顺利进入出币槽为准，但不能出现传送带产生摩擦和妨碍传送带输送货物的情况。
3. 标注有*的安装尺寸是参考尺寸，请根据工作的实际要求进行调整，必须确保货物和钱币准确进出。
4. 传感器的安装位置和灵敏度根据实际需要进行调整。

售货机设备组装图		图号	比例
设计			
制图			

图 2-14　售货机设备组装图

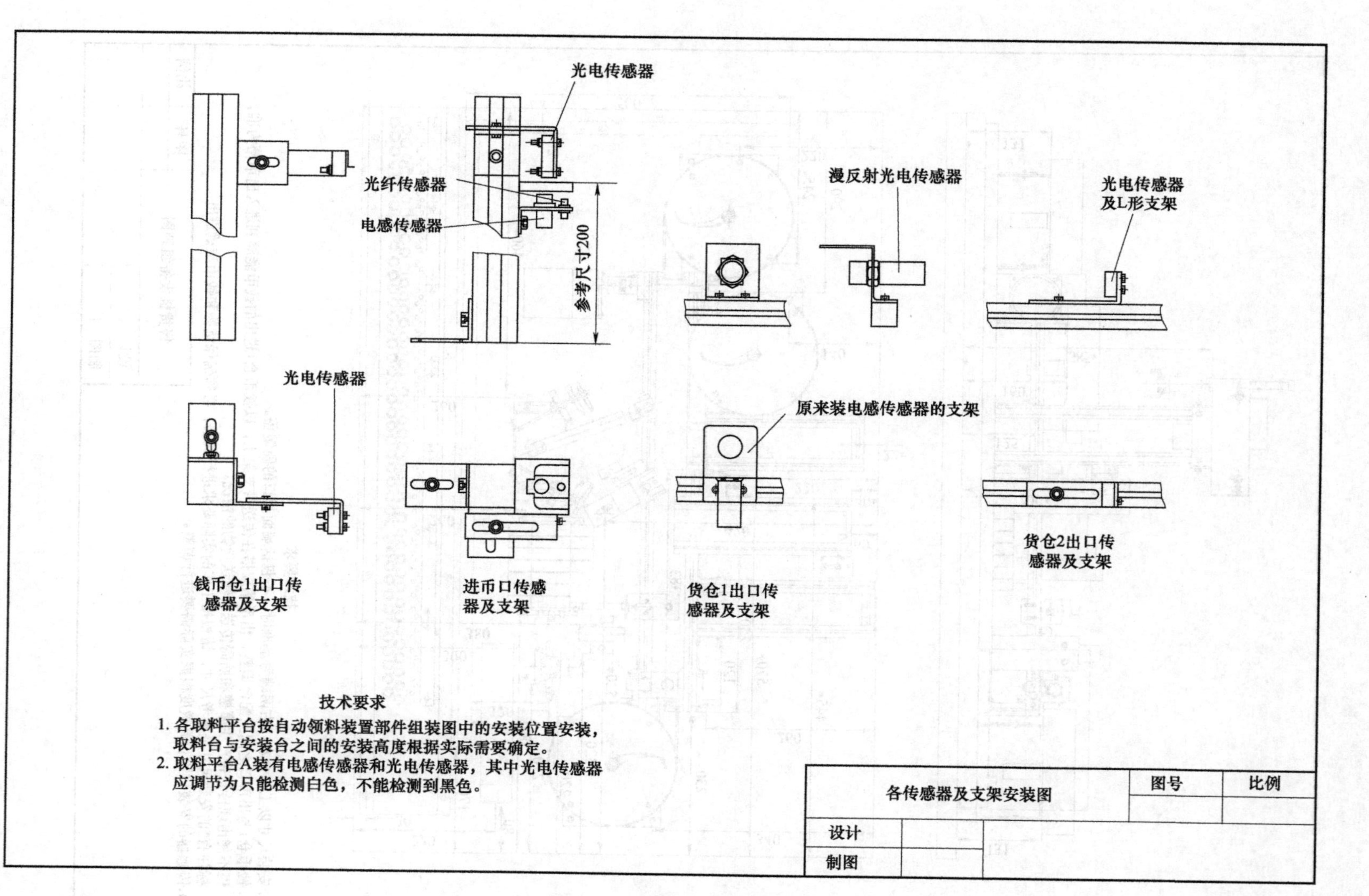

图 2-15　各传感器及支架安装图

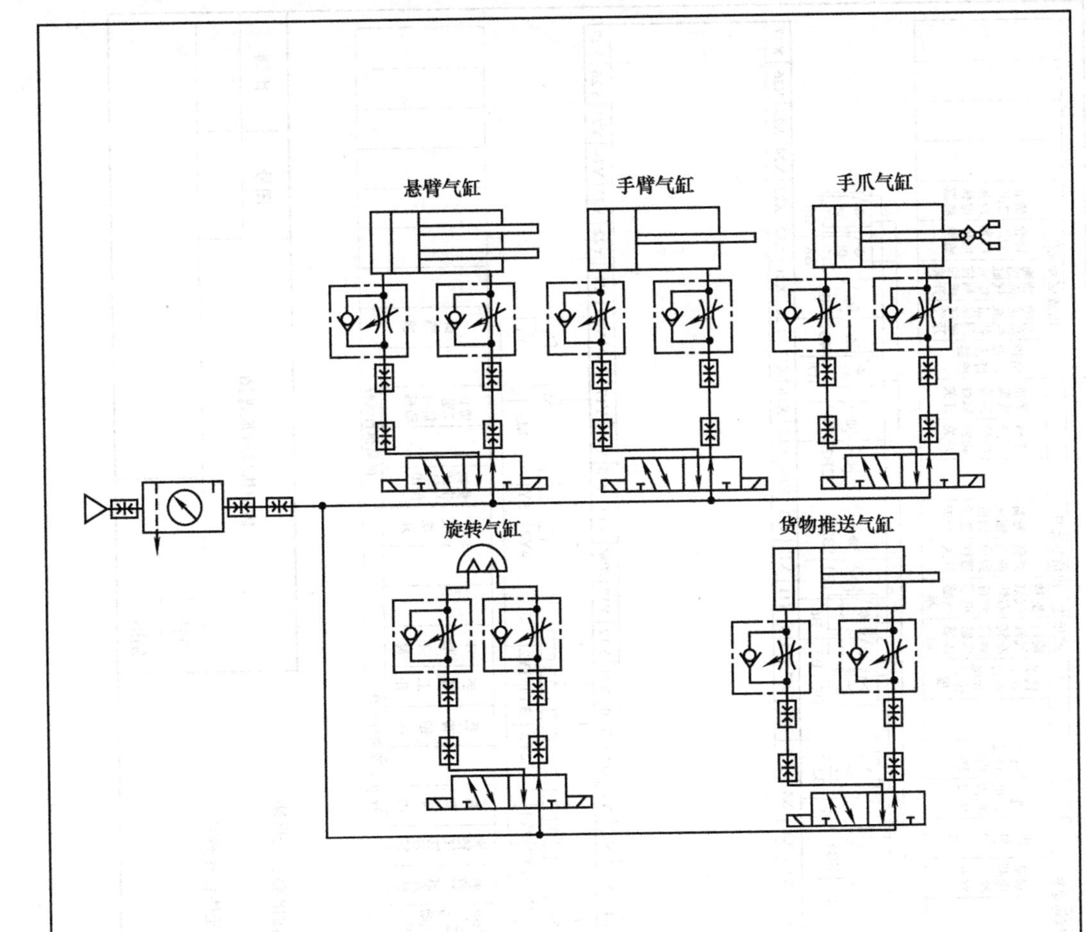

技术要求

1. 各气动执行元件必须按系统图选择控制元件，但具体使用电磁阀组中的哪个元件不做规定。
2. 连接系统的气路时，气管与接头的连接必须可靠，不得漏气。
3. 气路布局合理、整齐、美观。气管不能与信号线、电源线等电气连线绑扎在一起，气管不能从皮带输送机、机械手内部穿过。

售货机气动系统图		图号	比例
设计			
制图			

图 2-16 售货机气动系统图

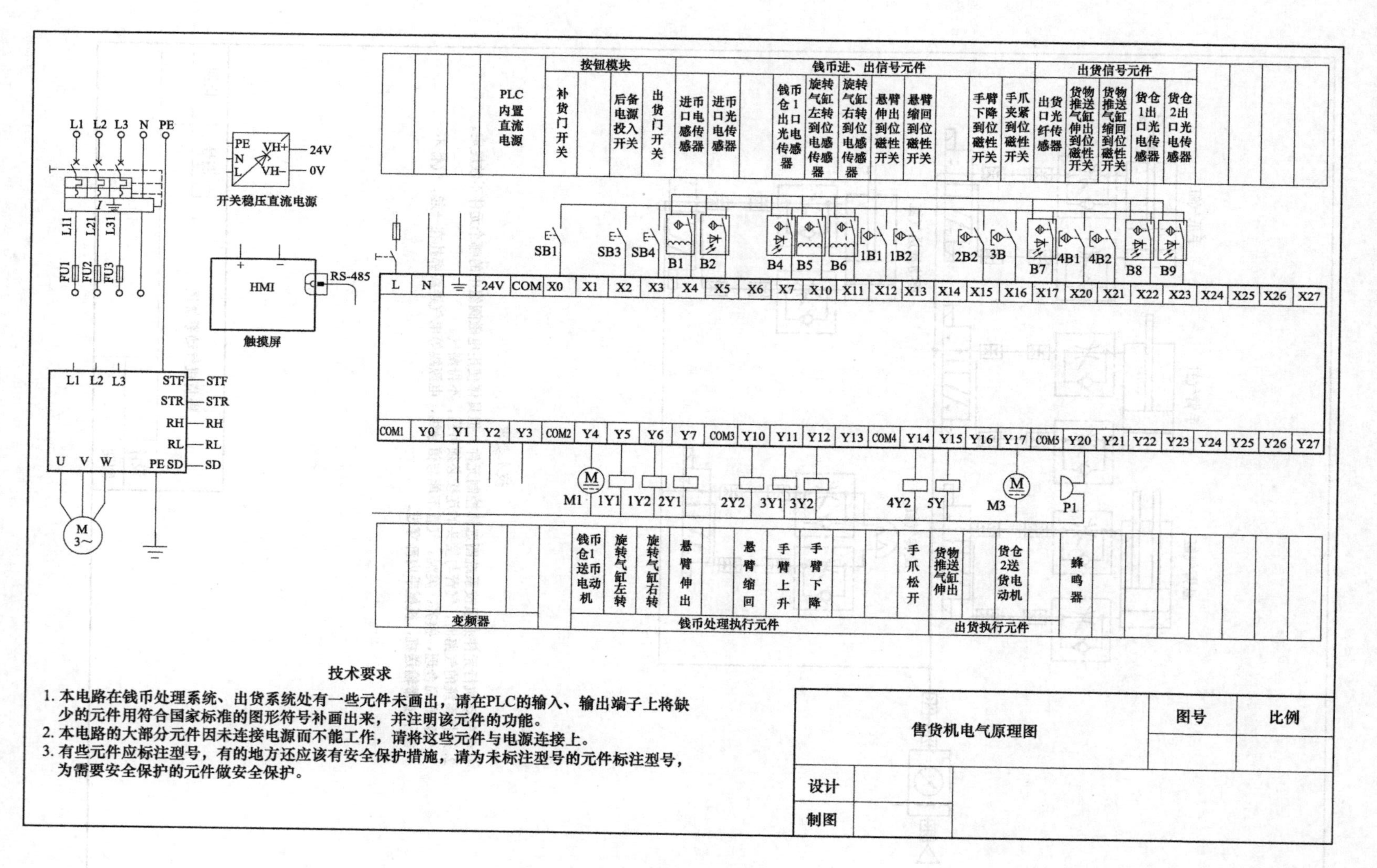

图 2-17　售货机电气原理图

七、PLC 输入/输出端子（I/O）分配表（表 2-1）

表 2-1 PLC 输入/输出端子（I/O）分配表

输入端子			功能说明	输出端子			功能说明
三菱 PLC	西门子 PLC	松下 PLC		三菱 PLC	西门子 PLC	松下 PLC	
X0	I0.0	X0	补货门开关 SB1	Y0	Q0.0	YA	变频器具有正转、反转、低速和高速功能，在指定范围内自行分配输出端子
X1	I0.1	X1	工作人员进入按钮 SB2	Y1	Q0.1	YB	
X2	I0.2	X2	后备电源投入开关 SB3	Y2	Q0.2	YC	
X3	I0.3	X3	出货门开关 SB4	Y3	Q0.3	YD	
X4	I0.4	X4	进币口电感传感器	Y4	Q0.4	Y0	钱币仓 1 送币电动机
X5	I0.5	X5	进币口光电传感器	Y5	Q0.5	Y1	旋转气缸左转
X6	I0.6	X6	进币口光纤传感器	Y6	Q0.6	Y2	旋转气缸右转
X7	I0.7	X7	钱币仓 1 出口光电传感器	Y7	Q0.7	Y3	悬臂伸出
X10	I1.0	X8	旋转气缸左转到位电感传感器	Y10	Q1.0	Y4	悬臂缩回
X11	I1.1	X9	旋转气缸右转到位电感传感器	Y11	Q1.1	Y5	手臂上升
X12	I1.2	XA	悬臂伸出到位磁性开关	Y12	Q1.2	Y6	手臂下降
X13	I1.3	XB	悬臂缩回到位磁性开关	Y13	Q1.3	Y7	手爪夹紧
X14	I1.4	XC	手臂上升到位磁性开关	Y14	Q1.4	Y8	手爪松开
X15	I1.5	XD	手臂下降到位磁性开关	Y15	Q1.5	Y9	货物推送气缸伸出
X16	I1.6	XE	手爪夹紧到位磁性开关	Y16	Q1.6	Y10	货仓 1 送货电动机
X17	I1.7	XF	出货口光纤传感器	Y17	Q1.7	Y11	货仓 2 送货电动机
X20	I2.0	X10	货物推送气缸伸出到位磁性开关	Y20	Q2.0	Y12	蜂鸣器
X21	I2.1	X11	货物推送气缸缩回到位磁性开关	Y21	Q2.1	Y13	
X22	I2.2	X12	货仓 1 出口光电传感器	Y22	Q2.2	Y14	
X23	I2.3	X13	货仓 2 出口光电传感器	Y23	Q2.3	Y15	
X24	I2.4	X14		Y24	Q2.4	Y16	
X25	I2.5	X15		Y25	Q2.5	Y17	
X26	I2.6	X16		Y26	Q2.6	Y18	
X27	I2.7	X17		Y27	Q2.7	Y19	

八、评分表

评分表共两份，组装评分表见表2-2，功能评分表见表2-3。

表2-2 组装评分表

工位号：________ 得分：________

项 目	评 分 点	配分	评 分 标 准	得分	项目得分
机械部件组装及工艺（20分）	部件安装尺寸	9	尺寸超差1mm，扣0.5分/处		
	部件调整	6	进料偏离传送带中心，扣1分；皮带输送机支架四个角的高度差超1mm，扣1分；三相电动机轴与皮带输送机主轴明显不同轴，扣1分；传送带与支架摩擦，扣1分；机械手组装不符合要求、不能准确抓取和放置物料，各扣1分。本项最多扣6分		
	组装工艺	5	螺栓松动、螺栓未放垫片、支架安装与图样不符，扣0.5分/处。本项最多扣5分		
气路连接及工艺（8分）	气路连接	4	选错电磁阀，扣1分/处，最多扣2分；连接错误、接头漏气，扣0.5分/处。本项最多扣4分		
	气路连接工艺	4	气路与电路绑扎在一起，扣1分；气动元件受力、绑扎间距不在50～80mm范围内、气管过长或过短、气路走向不合理，各扣1分。本项最多扣4分		
电路连接（12分）	元件	4	元件缺少或错误，扣1分/处。本项最多扣4分		
	连接工艺	3	绑扎间距不在50～80mm范围内、动力线与其他线放入同一线槽、同一接线端子超过两个线头、露铜超2mm，扣0.5分/处。本项最多扣3分		
	套异形管及写编号	3	少套线管，扣0.2分/处；有异形管但未写编号，扣0.1分/处。本项最多扣3分		
	保护接地	2	未接地，扣1分/处。本项最多扣2分		
电路图绘制（10分）	电路原理	4	与PLC的I/O分配表不符、漏画元器件，扣0.5分/处。本项最多扣4分		
	图形符号	3	非推荐符号没有图例说明，扣1分/处。本项最多扣3分		
	制图规范	3	图形符号比例不正确、徒手绘图，扣0.5分/处；布局凌乱、字迹潦草，各扣1分。本项最多扣3分		

表 2-3　功能评分表

工位号：__________　　得分：__________

项目	评分点	配分	评分标准	得分	项目得分
维护与调试（22分）	初始界面	5	初始界面缺少部件、多余部件，扣0.2分/个；按下按钮SB2未出现“维护员”“管理员”按钮，扣0.5分/个；按“维护员”按钮后，不能提示“请输入密码:”，两次输入密码错误回不到要求界面，输入密码正确不能转到要求界面，扣0.5分/处；形状不正确、多字、少字、错别字，扣0.1分/处，最多扣1分。本项最多扣5分		
	维修与调试界面	5	按下各调试按钮不能进入相应调试界面，扣1分/处；调试界面缺少部件、多余部件，扣0.2分/个；形状不正确、多字、少字、错别字，扣0.1分/处，最多扣1分。本项最多扣5分		
	出货机构调试	5	按钮、送货电动机、传送带电动机频率、方向、气缸动作，按退回按钮回不到相应界面，扣0.5分/处。本项最多扣5分		
	钱币收取机构调试	5	按钮、机械手动作错误，按退回按钮回不到相应界面，扣0.5分/处。本项最多扣5分		
	找零机构调试	2	按钮、电动机工作错误，按退回按钮回不到相应界面，扣0.5分/处。本项最多扣2分		
补货与查询、购货（25分）	补货与查询界面	5	界面缺少部件、多余部件，扣0.2分/个；按“管理员”按钮，不能提示“请输入密码:”，两次密码错误回不到要求界面，密码正确不能转到要求界面，扣0.5分/处；形状不正确、多字、少字、错别字，扣0.1分/个，最多扣1分。本项最多扣5分		
	补货查询界面	4	按“补货”按钮，不能进入相应界面扣1分；不能按要求补货扣1分/处；按“查询”按钮，不能记录数据扣1分。本项最多扣4分		
	购货	10	按“购货”按钮，不能进入相应界面，扣1分/处；各货物种类字样的颜色不能与件数相应变化，扣1分/处；不能显示所购货物的种类和颜色，扣1分/处；所选货物及限购数量多选仍然有响应，扣1分/处；选货完成并在规定时间内按“确认”按钮，不能在购货信息栏显示“请投币　××元”提示，各扣1分；在规定时间内投币后不能按要求动作，扣0.5分/处；按“取消”按钮，不能完成相应动作扣1分。本项最多扣10分		
	找零	4	投入钱币金额超过或等于购货金额不能做相应提示，扣1分/处。本项最多扣4分		
	停止	2	按下出货门按钮SB4，不能打开出货门开关，扣2分		
非正常状态（3分）	停电处理	3	停电时，售货机不能保持停电前的状态，扣0.5分；不能投入后备电源，扣0.5分；按“退出”“继续”按钮后，不能按要求完成任务，各扣1分。本项最多扣3分		

实训任务三

生产线分拣设备组装与调试

说明：本次组装与调试的机电一体化设备为生产线分拣设备。请仔细阅读相关说明，理解实训任务与要求，使用亚龙235A设备，在240min内按要求完成指定的工作。

一、实训任务与要求

1）按生产线分拣设备组装图（图3-6）及其技术要求在铝合金工作台上组装生产线分拣设备。

2）按生产线分拣设备气动系统图（图3-7）及其技术要求连接生产线分拣设备的气路。

3）仔细阅读生产线分拣设备的有关说明，根据PLC输入/输出端子（I/O）分配表（表3-1）画出分拣设备的电气控制原理图，在标题栏的“设计”和“制图”行填写工位号并连接电路。绘制的电气控制原理图和连接的电路应符合以下要求：

① 所连接的导线必须套上写有编号的号码管。

② 工作台上各传感器、电磁阀控制线圈、送料直流电动机、警示灯的连接线，必须放入线槽内；为减少对控制信号的干扰，工作台上交流电动机的连接线不能放入线槽内。

表3-1 PLC输入/输出端子（I/O）分配表

输入端子			功能说明	输出端子			功能说明
三菱PLC	西门子PLC	松下PLC		三菱PLC	西门子PLC	松下PLC	
X0	I0.0	X0	SA1	Y0	Q0.0	Y0	蜂鸣器
X1	I0.1	X1	SB5	Y1	Q0.1	Y1	旋转气缸左转
X2	I0.2	X2	SB6	Y2	Q0.2	Y2	旋转气缸右转
X3	I0.3	X3	急停	Y3	Q0.3	Y3	悬臂伸出
X4	I0.4	X4		Y4	Q0.4	Y4	悬臂缩回
X5	I0.5	X5	漫反射光电传感器	Y5	Q0.5	Y5	手臂上升
X6	I0.6	X6	电感传感器	Y6	Q0.6	Y6	手臂下降
X7	I0.7	X7	光电传感器	Y7	Q0.7	Y7	手爪夹紧
X10	I1.0	X8	光纤传感器1	Y10	Q1.0	Y8	手爪松开
X11	I1.1	X9	滑槽1气缸伸出到位检测	Y11	Q1.1	Y9	领料口一气缸活塞杆伸出
X12	I1.2	XA	滑槽1气缸缩回到位检测	Y12	Q1.2	YA	领料口二气缸活塞杆伸出
X13	I1.3	XB	光纤传感器2	Y13	Q1.3	YB	HL3

（续）

输入端子			功能说明	输出端子			功能说明
三菱PLC	西门子PLC	松下PLC		三菱PLC	西门子PLC	松下PLC	
X14	I1.4	XC	滑槽2气缸伸出到位检测	Y14	Q1.4	YC	HL4
X15	I1.5	XD	滑槽2气缸缩回到位检测	Y15	Q1.5	YD	HL5
X16	I1.6	XE	旋转气缸左转到位检测	Y16	Q1.6		HL1
X17	I1.7	XF	旋转气缸右转到位检测	Y17	Q1.7		
X20	I2.0	X10	悬臂伸出到位检测	Y20	Q2.0	Y14	红色警示灯
X21	I2.1	X11	悬臂缩回到位检测	Y21	Q2.1	Y15	绿色警示灯
X22	I2.2	X12	手臂上升到位检测	Y22	Q2.2	Y16	三相电动机正转
X23	I2.3	X13	手臂下降到位检测	Y23	Q2.3	Y17	三相电动机低速
X24	I2.4	X14	手爪夹紧到位检测	Y24	Q2.4	Y18	三相电动机中速
X25	I2.5	X15		Y25	Q2.5	Y19	三相电动机高速
X26	I2.6	X16		Y26	Q2.6		
X27	I2.7	X17		Y27	Q2.7		

4）正确理解设备的正常工作过程和故障状态的处理方式，编写设备的PLC控制程序并设置变频器参数。

5）按照工作要求填写调试记录。

注意：在使用计算机编写程序时，应随时保存已编好的程序，保存路径为D盘，文件夹以工位号命名，保存的文件名为“工位号+A”（如3号工位，D盘文件夹名为“03”，文件名为“3A”）。

6）调整传感器的位置或灵敏度，调整机械零件的位置，完成某生产线组装设备的整体调试，使该设备能正常工作，完成部件的加工、组装。

7）根据触摸屏界面制作和监控要求的说明制作触摸屏的四个界面，设置相关参数，实现触摸屏对设备的监控。

机械手可以移动到滑槽D、滑槽E及料盘上方共三个位置，本装置模拟一套加工流程，最后通过推料气缸和机械手把工件分拣到各料槽中。

二、生产线分拣设备说明

（一）部件的初始位置

生产线分拣设备示意图如图3-1所示。起动前，设备的运动部件必须在规定的位置，这些位置称为初始位置。有关部件的初始位置分别是：机械手的悬臂靠在左限位位置，手臂气缸的活塞杆缩回，悬臂气缸缩回，手指放松，位置A、B、C的气缸活塞杆缩回，废料处理盘、皮带输送机的拖动电动机不转动。

开机后，绿色警示灯亮，指示电源接通。开机后，需要先预热5s，5s之内不能起动，如果按下起动按钮SB5或触摸触摸屏上的任何按钮，则蜂鸣器报警。5s后，如果设备中有部件不在初始位置，则红色警示灯闪烁，同时在触摸屏的启动界面（图3-2）上显示不在初

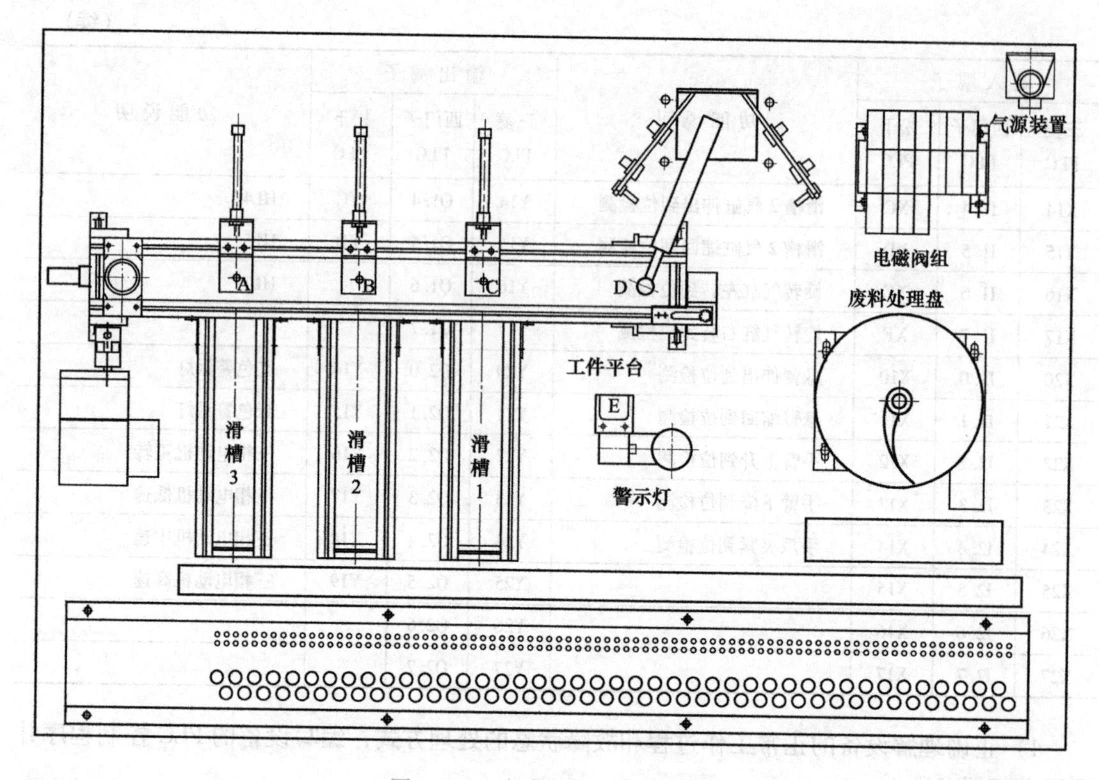

图 3-1　生产线分拣设备示意图

始位置的部件个数。只要有部件不在初始位置，就不能启动任何模式。在这种情况下，只能按“复位”按钮 SB6 或触摸屏上的“复位”按钮，每按一次按钮，复位一个部件。动作顺序为 A、B、C 位的气缸、机械手、料盘及传送带。当所有部件复位之后，红色警示灯熄灭。如果再按 SB6 或“复位”按钮就是误操作（或原本设备就处于复位状态），则蜂鸣器报警。复位操作时，触摸屏信息显示区显示正在复位的部件。

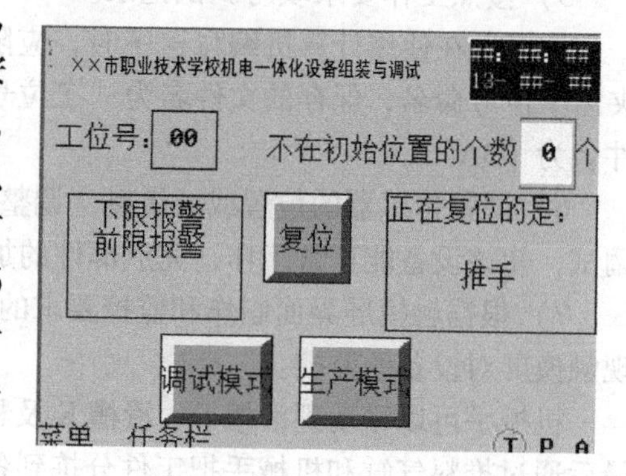

图 3-2　启动界面

本生产设备有两种操作模式：调试模式和生产模式。在人机界面的第一个界面上，通过按下“调试模式”“生产模式”按钮来实现模式的转换。如果设备没有复位，则第一个界面上不会显示“调试模式”“生产模式”按钮，不能进入任何其他界面。

（二）调试模式

1. 调试模式的进入和退出

将 SA1 置于左边，即选择“调试”模式时，若设备各部件在初始位置，则触摸人机界面引导界面（启动界面）的“调试模式”按钮时，人机界面切换到调试界面，此时系统进入调试模式。需要调试的项目（皮带输送机、机械手装置、暂存盘电动机、推料气缸）可在人机界面上选择，PLC 接收到选择信号后，由 HL3、HL4、HL5 组成的指示灯组的状态指

示调试项目，调试项目对应的指示灯组状态见表3-2。

表3-2　调试项目对应的指示灯组状态

状态	HL3	HL4	HL5	调试项目
1	HL3、HL4、HL5 走马灯循环闪烁			机械手装置
2	1	0	0	皮带输送机
3	0	1	0	暂存盘电动机
4	0	0	1	推料气缸

注："0"表示熄灭，"1"表示闪亮（频率为1Hz）；走马灯循环闪烁是指按HL3→HL4→HL5→HL3…的顺序循环闪烁。

确定调试项目后，再通过SB5和SB6两个按钮进行调试。当选定项目的相关部件返回初始位置时，在人机界面上复位本调试项目，则此项目被取消。如果设备各部件均已返回初始位置，并且所有调试项目均已取消（复位），则可触摸调试界面上的"返回引导界面"按钮，使触摸屏界面返回引导界面；也可通过SA1切换工作方式，3s后强行使触摸屏界面返回引导界面。这时系统退出调试模式。

2. 机械手的调试

要求各气缸活塞杆动作、速度协调，无碰擦现象；每个气缸的磁性开关安装位置合理、信号准确；机械手最后停止在左限位位置，手爪松开，其余各气缸活塞杆处于缩回状态。将SA1置于调试位置，选择人机界面上的"机械手装置"调试项目，即开始进行机械手的调试。每按下按钮SB5一次，机械手按以下顺序前进一步：旋转气缸转动→悬臂气缸活塞杆伸出→手臂气缸活塞杆下降→手爪夹紧；每按下SB6按钮一次，机械手动作后退一步。如此操作按钮SB5、SB6，即可调试各个气缸的运动情况。

3. 传送带的调试

要求传送带在调试过程中的每一个频率段都不能有不转、打滑或跳动过大等异常情况。将SA1置于调试位置，选择人机界面上的"皮带输送机"调试项目，即开始进行输送机的调试。按下按钮SB5，驱动皮带输送机的交流电动机以15Hz的频率转动，接着按下按钮SB6，交流电动机停止运行；再按下按钮SB5，交流电动机以25Hz的频率转动，然后按下按钮SB6，交流电动机停止运行。按此方式操作，可调试交流电动机分别以15Hz、25Hz和35Hz的频率转动。在调试交流电动机以35Hz的频率转动并停止后，再按下按钮SB5，电动机将再次从15Hz的频率开始转动并如此循环。

4. 暂存盘电动机的调试

要求暂存盘电动机起动后没有卡阻、转速异常或不转等情况，并通过调试确定暂存盘拨杆转动一周所需的时间，作为运行模式下编程的依据。将SA1置于调试位置，选择人机界面上的"暂存盘电机"调试项目，即开始进行暂存盘电动机的调试。按下按钮SB5，暂存盘电动机起动，转动一周后自动停止，反复按下SB5，可调试暂存盘电动机的运行。

5. A、B、C工位推料气缸的调试

要求各气缸活塞杆动作、速度协调，无碰擦现象；各个气缸活塞杆最后处于缩回状态。将SA1置于调试位置，选择人机界面上的"推料气缸"调试项目，即开始进行A、B、C工位推料气缸的调试。按下按钮SB5，工位推料气缸A活塞杆伸出，按下按钮SB6，回缩；再

按下按钮SB5，工位推料气缸B活塞杆伸出，按下SB6，回缩；再按下按钮SB5，工位推料气缸C活塞杆伸出，按下SB6，回缩。这样即可调试各气缸的运动情况。

调试界面如图3-3所示。若触摸人机界面上“调试项目选择”框内的项目，即可选定一个调试项目，被选定项目框内的文字及边线均以红色闪烁。如需取消这项选定，可在设备返回初始位置后，将SA1置于左边时再触摸一次。

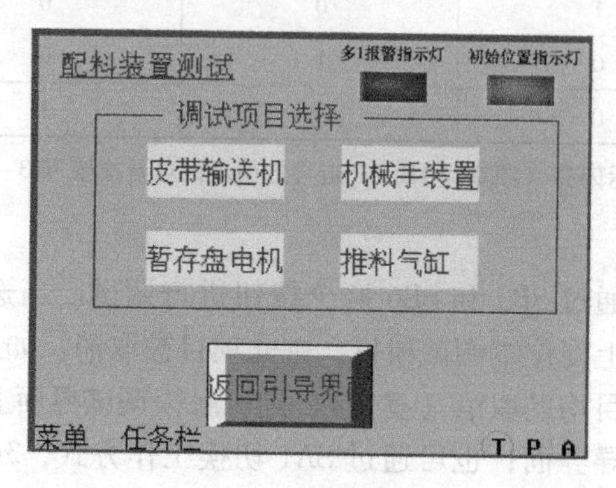

图3-3　调试界面

注意：在任意时刻只能选择一个项目，如果同时选择了两个或两个以上的项目，PLC将不予执行并发出报警信号，这时调试界面右上方的“多1报警指示灯”将闪烁。当设备返回初始位置，且界面上各调试项目的选定均被取消时，可以按“返回引导界面”按钮返回。也可用SA1转换工作方式，3s后，此界面自动返回引导界面。

（三）生产模式

本装置模拟某产品的配料过程，该产品是由几个加工后的零件装配而成的。

在“生产模式”界面（图3-4），先要预置B、C两槽的加工套数，按下“启动”按钮后设备才会工作。在没有预置套数的情况下按下“启动”按钮，设备不工作，触摸屏上会出现“请先预置套数”的提示（两槽都必须预置套数且不可为0）。预置套数后按下“启动”按钮SB4或触摸界面上的“启动”按钮（启动后再预置套数，会在第三界面上显示“已经启动，不能修改”的提示），人工从料口放料，料口物料检测传感器检测到物料后以25Hz的频率运行，指示灯HL1亮，提示不能继续供料，当物料运行到A工位时，HL1熄灭，提示可从料口继续放料。

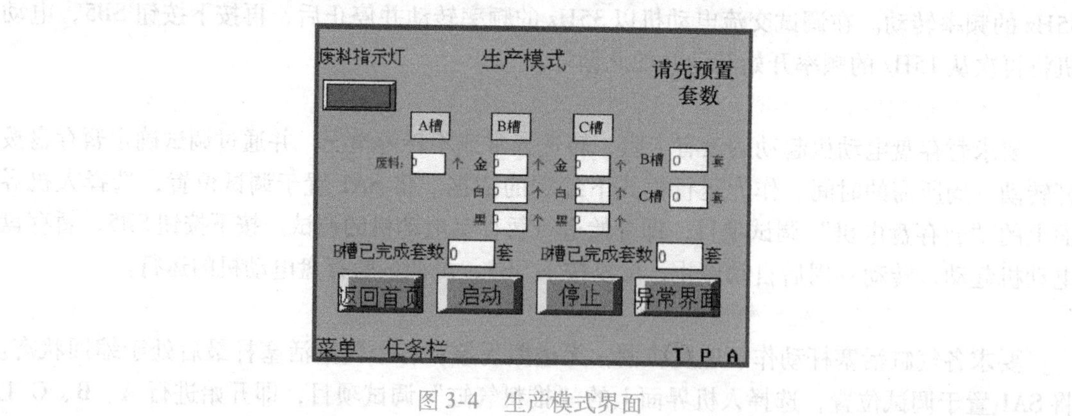

图3-4　生产模式界面

（1）确定物料的流向　当工件在落料口与 A 工位内运行时，若按下按钮 SB6（模拟加工失败），则此工件成为废料，触摸屏上的废料指示灯亮。废料到废料槽打出，废料指示灯熄灭。对于加工合格的工件，则在物料被传送到 A 工位后，应根据它的材质、进入各配料工位的条件、E 工位物料暂存状况等确定其流向。

1）若物料的材质满足滑槽当前推入物料的条件，则物料应定位到对应工位中心处停止，并由该处的推料气缸推入配料工位。

2）若物料的材质均不满足滑槽 1 和滑槽 2 当前推入物料的条件，则由皮带输送机拖动至 D 工位，由机械手搬运至 E 工位储存区：

① 若 E 工位暂存的物料不足两个，则电动机以 25Hz 的频率正向运行，将物料送到 D 位置后由机械手抓至 E 工位。

② 若 E 工位已有两个暂存物料，但所有暂存物料的材质均不满足滑槽 1 和滑槽 2 当前推入物料的条件，则由皮带机拖动至 C 工位，由推料气缸推入废料槽中。

③ 若物料为金属，则由皮带机拖动至 D 工位，由机械手搬运至储存盘中。

（2）物料的组装要求

1）送入滑槽 1 的工件必须满足第一个是黑色、第二个是白色、第三个是黑色的顺序，三个工件为一套。

2）送入滑槽 2 的工件是白色、黑色、白色、黑色为一套，各工件不分顺序。

3）同时满足两槽要求的白色工件，优先进入滑槽 1；同时满足两槽要求的黑色工件，优先进入滑槽 2。

在工作过程中，“生产模式”界面需要动态显示每槽入槽的工件情况和套数。

若皮带输送机连续转动 5s 仍没有工件送到传送带上，则蜂鸣器鸣叫报警，提示料仓中没有工件供应。将工件放入料仓且有工件送达传送带后，蜂鸣器停止鸣叫。

当 E 工位的工件随着组装流程的进行又符合其中一槽的要求时，待皮带输送机上的物料处理完毕后，由机械手运回 D 工位，皮带输送机反转，拖动物料到相应位置，由推料气缸推入相应槽中。同时，E 工位暂存的物料应按照先入先出的原则处理。

（3）停止

1）自动停止。处理完预置套数后，设备自行停止。

2）手动停止。按下“停止”按钮时，在完成当前工件的分拣和处理后，设备应停在初始位置；设备重新起动后，应继续完成上次未完成的工作任务。

（四）异常情况

（1）急停　出现紧急状况时，应按下急停开关（实训装置按钮模块上的 QS 急停开关），此时，设备的所有动作立即停止，触摸屏当前界面显示“设备急停，请注意安全”以及“是否立即急停”。选择“是”，则开始进行急停处理；处理完紧急状况，松开急停按钮后，触摸屏上的急停显示信息消失，在急停前如果皮带输送机上有物料，应继续完成上次未完成的工作任务；选择“否”，则返回生产界面，按启动按钮，继续原来的流程。

（2）停电保护　恢复供电后，蜂鸣器鸣叫 2s 提示恢复，按下启动按钮，继续进行之前的工作。但如果在生产模式下的加工期间停电，则此物料作为废料处理。

异常界面如图 3-5 所示，该界面显示急停和断电的次数。调试界面应支持中英文切换。

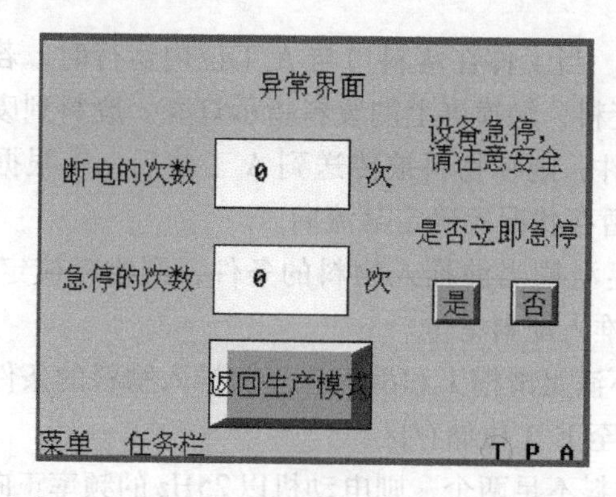

图 3-5 异常界面

三、设备组装图

分拣设备组装图如图 3-6 所示。

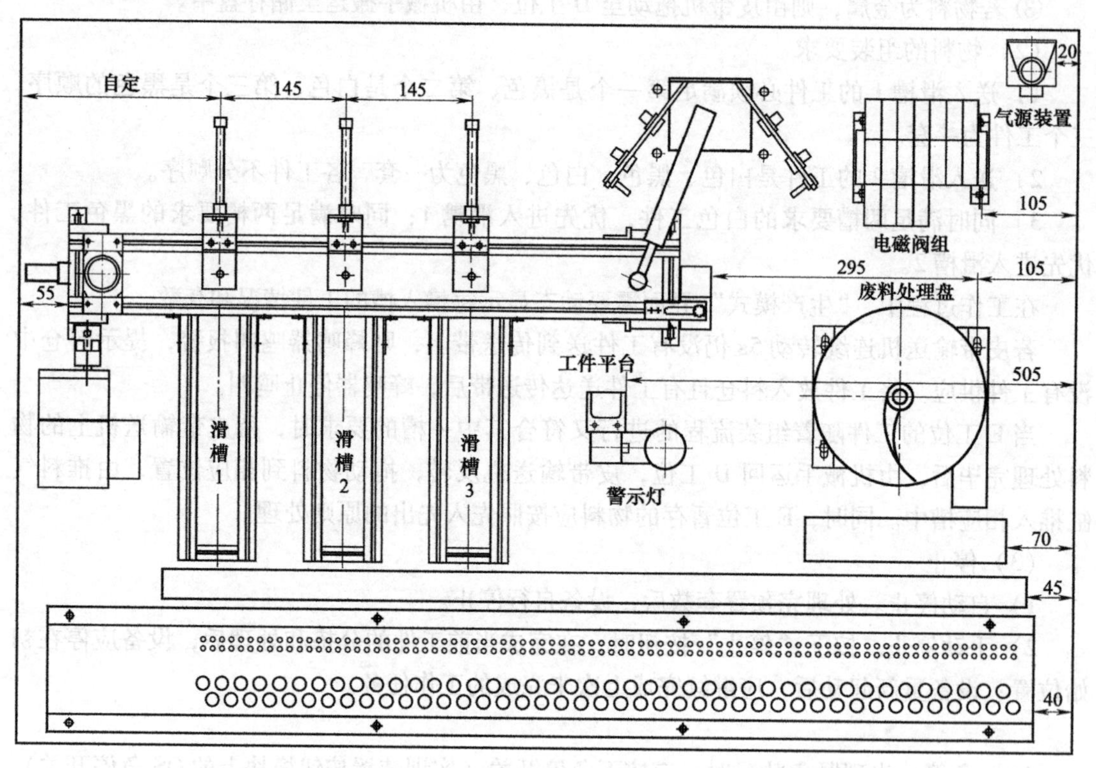

技术要求

1. 以实训台左右两端为尺寸基准时，端面包括封口的硬塑盖。各处安装尺寸的允许误差为±1mm。
2. 气动机械手的安装尺寸仅供参考，需要根据实际情况进行调整，以机械手能从皮带输送机上抓取工件并顺利将其搬运到废料处理盘中为准。
3. 传感器的安装高度、检测灵敏度，均应根据生产要求进行调整。

图 3-6 分拣设备组装图

四、气动系统图

分拣设备气动系统图如图 3-7 所示。

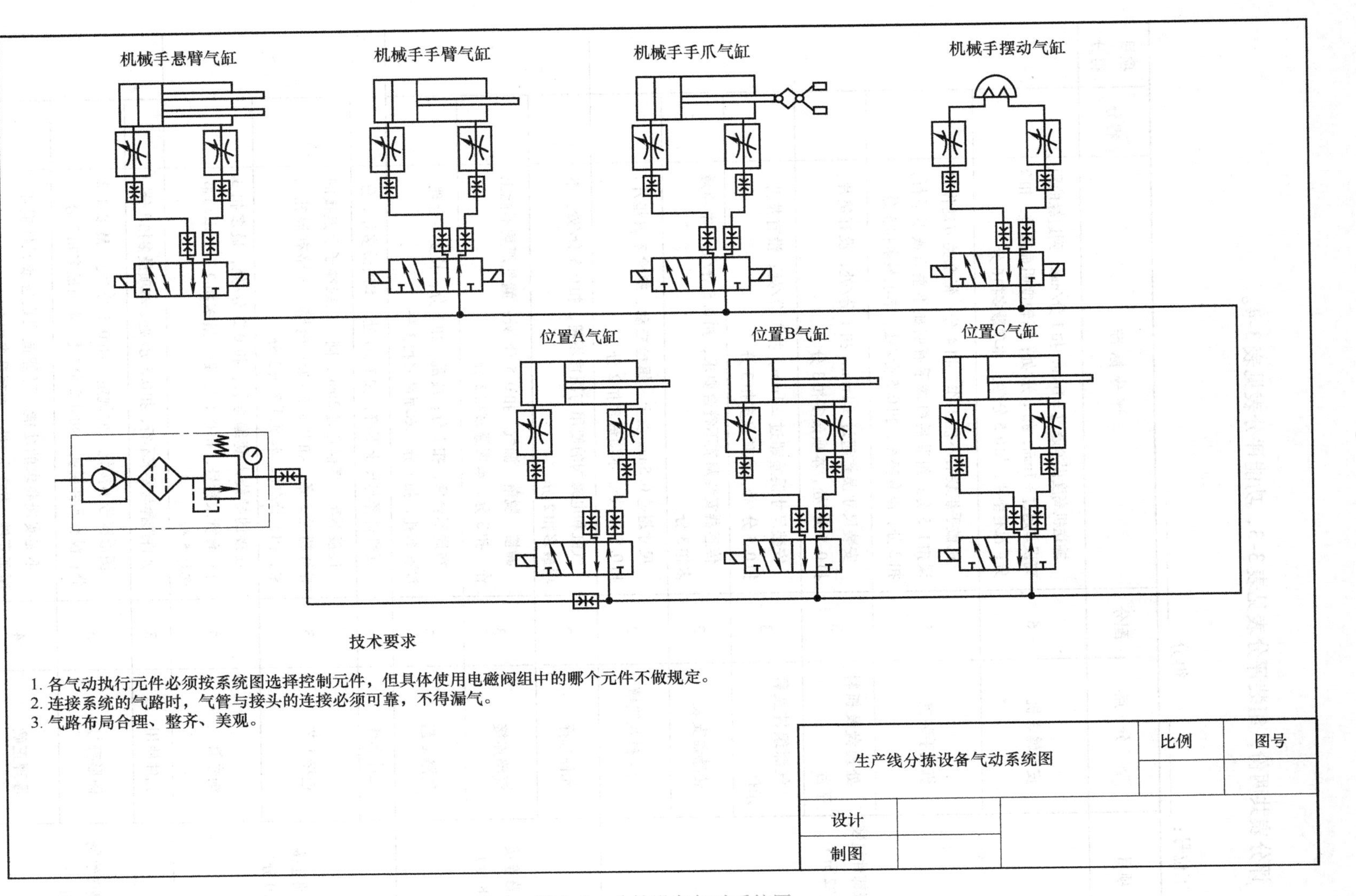

图 3-7　分拣设备气动系统图

五、评分表

评分表共两份，组装评分表见表3-3，功能评分表见表3-4。

表3-3 组装评分表

工位号：________ 得分：________

项目	评分点	配分	评分标准	得分	项目得分
机械部件组装（22分）	皮带输送机	6	输送机高度误差超过±1mm，扣1分/mm，到边缘的距离误差超过±1mm，扣1分/处；同轴度明显超差，扣2分；没有垫片，扣0.5分/处。本项最多扣6分		
	机械手装置	5	机械手组装后不能工作，扣4分；每个关节动作错误扣1.5分；组装后机械手有明显不垂直或不平行，扣2分；没有垫片，扣0.5分/处。本项最多扣5分		
	处理盘及抓料平台	3	安装尺寸误差超过±1mm，扣1分/处；没有垫片，扣0.5分/处。本项最多扣3分		
	气源组件及警示灯	3	安装尺寸误差超过±1mm，扣1分/处；没有垫片，扣0.5分/处。本项最多扣3分		
	传感器安装	3	传感器安装调节不符合要求，扣0.5分/处。本项最多扣3分		
	端子排及线槽	2	尺寸超差0.5mm以上，螺栓松动、螺栓未放垫片，扣0.5分/处。本项最多扣2分		
气路连接（8分）	元件选择	2	气缸和电磁阀的使用与图样不符，扣0.5分/处。本项最多扣2分		
	气路连接	3	漏接、脱落、漏气，扣0.5分/处；漏气严重不能工作，扣3分。本项最多扣3分		
	气路工艺	3	布局不合理，扣1分；凌乱，扣1分；长度不合理，没有绑扎，扣1分。本项最多扣3分		
电路连接（10分）	元件选择	2	元件选择与要求不符，扣1分/处。本项最多扣2分		
	连接工艺	3	连接不牢、露铜超过2mm、同一接线端子上连接的导线超过2条，扣0.5分/处；电路、气路有混扎现象，扣1分/处。本项最多扣3分		
	编号管	5	连接的导线未套编号管，扣0.2分/处，最多扣3分；套管未标号，扣0.1分/处，最多扣2分。本项最多扣5分		
电路图绘制（10分）	元件使用	3	元件选择与要求不符，扣0.5分/处。本项最多扣3分		
	图形符号	3	图形符号不按统一的规定，扣0.5分/处，最多扣2分；没有元件说明，扣0.2分/处。本项最多扣3分		
	原理正确	4	不能实现要求的功能、可能造成设备或元件损坏、漏画元件，扣1分/处。本项最多扣4分		

表 3-4　功能评分表

工位号：________　　得分：________

项目	评分点	配分	评分标准	得分	项目得分
初始位置（5分）	初始位置、指示及输送机	5	不在正确的初始位置，扣2分；在初始位置，但指示不正确，扣1分；不在初始位置，且指示不正确，扣1分；不能进行有效复位，扣1分。本项最多扣5分		
方式一（15分）	触摸屏	2	触摸屏显示不正确，扣1分/处。本项最多扣2分		
	指示灯	3	指示灯显示不正确，扣1分/处。本项最多扣3分		
	停止	3	蜂鸣器鸣叫次数不正确，扣1分/处。本项最多扣3分		
	调试功能	7	废料处理盘功能不正确，扣1分；传送带功能不正确，扣2分；机械手功能不正确，扣2分；推料功能不正确，扣2分。本项最多扣7分		
方式二（20分）	起动	2	设备不能起动或者指示不正确，扣1分；输送机运行速度不正确，扣1分。本项最多扣2分		
	工作	10	输送机速度不正确，扣1分/处；加工位置或者时间不正确，扣1分/处；推入1槽元件错误，扣2分；推入2槽、3槽的元件错误或者顺序错误，扣2分/处；优先顺序错误，扣1分/处；不符合推入斜槽的元件，处理错误，扣1分；机械手动作不正确，扣0.5分/处。本项最多扣10分		
	元件包装	4	不能指定套数，扣1分；触摸屏显示不正确，扣1分；套数不能清零，扣1分；套数可以任意设定，扣1分；未指定套数，但能起动或者没有报警处理，扣1分/处；入槽工件个数显示不正确，扣1分。本项最多扣4分		
	停止	2	完成包装不能停止或者停止位置不正确，扣1分；不能完成当前元件处理或者指示不正确，扣1分/处。本项最多扣2分		
	急停	2	急停不正确，扣1分；触摸屏显示不正确，扣1分。本项最多扣2分		
非正常工作（10分）	断电意外	8	无断电保护，扣8分；断电保护不正确，扣2分/处。本项最多扣8分		
		2	触摸屏显示不正确，扣2分。本项最多扣2分		

实训任务四

工件处理设备组装与调试

说明：本次组装与调试的机电一体化设备为工件处理设备。请仔细阅读相关说明，理解实训任务与要求，使用亚龙235A设备，在240min内按要求完成指定的工作。

一、实训任务与要求

1）按工件处理设备组装图（图4-8）组装设备，并满足图样中的技术要求。

2）按工件处理设备电气原理图（图4-9）连接电路，连接的电路应符合工艺规范要求。

3）按工件处理设备气动系统图（图4-10）连接气路，连接的气路应符合工艺规范要求。

4）正确理解工件处理设备的检测和分拣要求、意外情况的处理等，制作触摸屏的各界面，编写工件处理设备的PLC控制程序并设置变频器的参数。

注意：在使用计算机编写程序时，应随时保存已编好的程序，保存的文件名为“工位号+A”（如3号工位文件名为“3A”）。

5）安装传感器并调整其灵敏度，调整机械部件的位置，完成工件处理设备的整体调试，使工件处理设备能按照要求进行生产。

二、工件处理设备说明

（一）工件处理设备功能简介

工件处理设备（图4-1）为先对金属件和白色塑料件两种工件（黑色塑料件代表生产过程中出现的不合格工件）进行加工，然后进行表面处理，再分拣打包的机电一体化设备。

工件处理设备高速运行时，变频器的输出频率为30Hz；工件处理设备低速运行时，变频器的输出频率为25Hz（工件由A向B方向运行为传送带正转方向）。

工件处理设备有“调试”和“运行”两种模式，由其按钮模块上的转换开关SA2进行选择。当SA2置于左边位置时，为“运行”模式；当SA2置于右边位置时，为“调试”模式。

工件处理设备通电后，绿色警示灯闪烁，指示系统电源正常，同时触摸屏进入首页界面，如图4-2所示。将PLC置于运行状态，若系统不处于初始状态，则按钮模块上的指示灯HL1闪烁（每秒闪烁一次）；若系统处于初始状态，则指示灯HL1熄灭。

工件处理设备的初始状态是：机械手的悬臂靠在右限位位置，悬臂和手臂气缸的活塞杆缩回，手爪张开，斜槽气缸的活塞杆缩回；料盘的直流电动机、传送带的三相电动机不转动。若通电时某个部件不处于初始状态，则应对系统进行复位，复位方式自行设定。

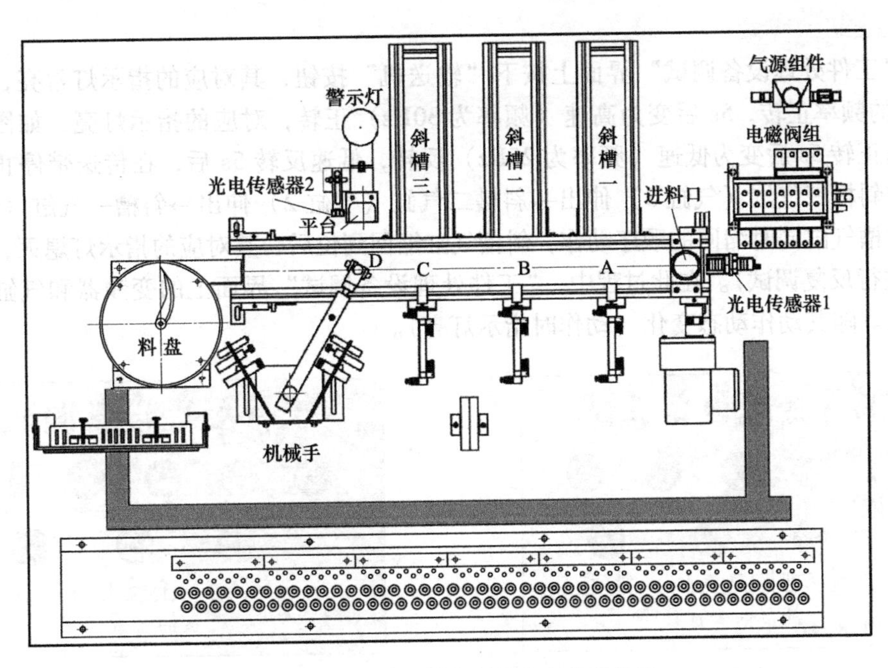

图 4-1　工件处理设备各部件名称及位置

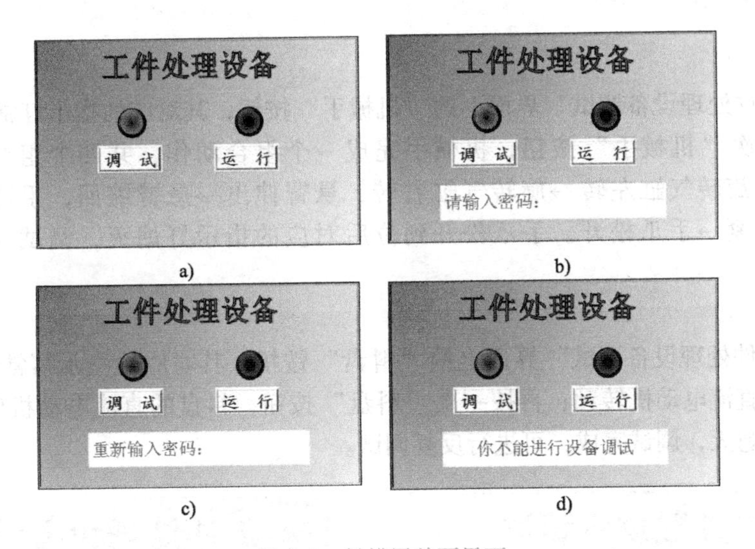

图 4-2　触摸屏首页界面

（二）工件处理设备的系统调试

将按钮模块上的转换开关 SA2 置于“调试”位置，触摸屏进入首页界面，对应的“调试”指示灯常亮，如图 4-2a 所示。此时，按下触摸屏上的“调试”按钮，将弹出“请输入密码:”文本框，如图 4-2b 所示，输入正确密码（235）后，进入“工件处理设备调试”界面，如图 4-3 所示。若密码不正确，则弹出“重新输入密码:”文本框，如图 4-2c 所示，可重新输入密码；若重新输入的密码仍不正确，则弹出“你不能进行设备调试”的提示，如图 4-2d 所示。这时，需要再次按下触摸屏上的“调试”按钮才能进入“工件处理设备调试”界面。

1. 输送机的调试

在“工件处理设备调试”界面上按下“输送机”按钮，其对应的指示灯常亮，传送带以60Hz的频率正转，5s后变为高速（频率为30Hz）正转，对应的指示灯亮，如图4-4所示。高速正转5s后变为低速（频率为25Hz）反转，低速反转5s后，在传送带停止运行的同时，按斜槽三气缸（气缸3）伸出→斜槽二气缸（气缸2）伸出→斜槽一气缸（气缸1）伸出→斜槽气缸同时缩回的顺序动作，斜槽气缸缩回到位后，其对应的指示灯熄灭，调试完成（可进行反复调试）。在此过程中，“工件处理设备调试”界面上的变频器和气缸对应的监控指示灯随其动作动态变化（动作时指示灯亮）。

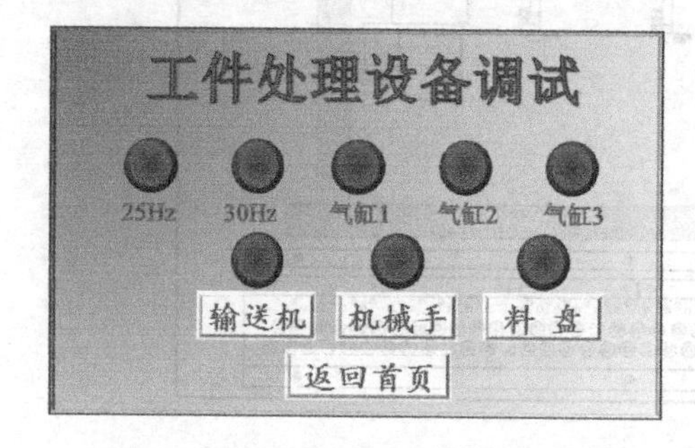

图4-3　触摸屏调试界面

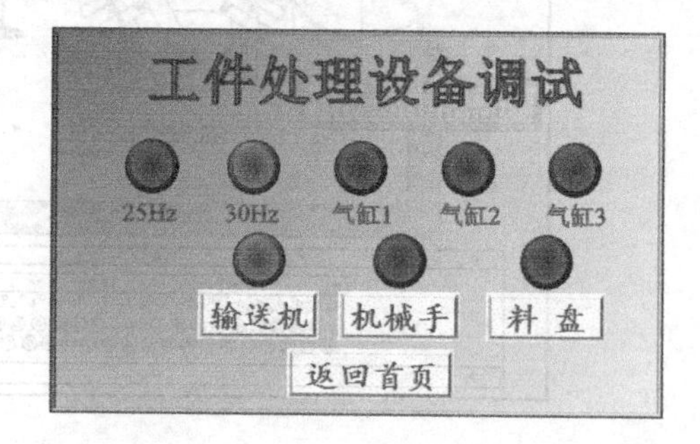

图4-4　触摸屏输送机调试界面

2. 机械手的调试

按下“工件处理设备调试”界面上的“机械手”按钮，其对应的指示灯常亮，如图4-5所示。每按一次“机械手”按钮，机械手完成一个组合动作，共四个组合动作，其动作顺序如下：旋转气缸左转→旋转气缸右转，悬臂伸出→悬臂缩回，手臂下降→手臂上升，手爪夹紧→手爪松开。手爪松开到位后对应的指示灯熄灭，调试完成，可进行反复调试。

3. 料盘的调试

按下“工件处理设备调试”界面上的“料盘”铵扭，其对应的指示灯常亮，如图4-6所示，料盘的直流电动机转动；再按一次“料盘”按钮，料盘的直流电动机停止转动，其对应的指示灯熄灭，调试完成，可进行反复调试。

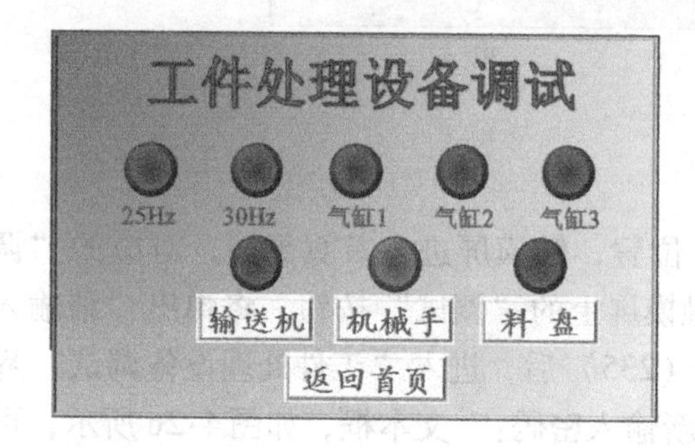

图4-5　触摸屏机械手调试界面

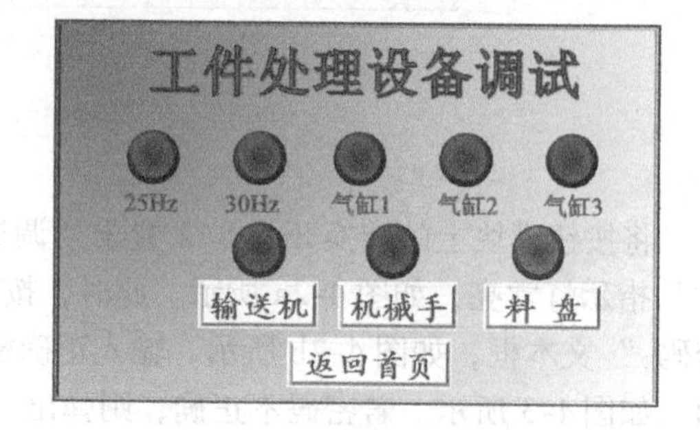

图4-6　触摸屏料盘调试界面

工件处理设备调试完成后，按下“工件处理设备调试”界面上的“返回首页”按钮，返回触摸屏首页界面。

（三）工件处理设备的运行

1. 生产设定

将工件处理设备按钮模块上的转换开关SA2置于“生产”位置，触摸屏首页界面（图4-2）上的“运行”指示灯常亮，此时按下“运行”按钮，即可进入“工件处理设备运行”界面，如图4-7所示。可在“设定”区域设置斜槽一和斜槽二储存的工件种类：“1”代表金属件，“2”代表白色塑料件，“3”为两种工件的组合（一个组合由一个金属件和一个白色塑料件构成，入槽顺序为先金属件后白色塑料件）。两个斜槽都未设定工件种类时，设备不能启动。

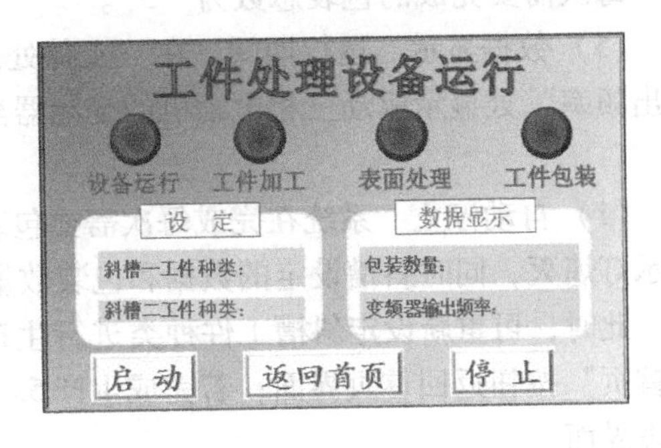

图4-7　“工件处理设备运行”界面

2. 生产过程

工件种类设定完成后，按下“工件处理设备运行”界面上的“启动”按钮，触摸屏上的“设备运行”指示灯常亮，此时，可以向进料口放入工件。进料口的光电传感器检测到工件后，传送带高速正向运行，将工件送往相应位置进行下一个工序的工作。只有在当前工件被处理完后，才可放入下一个工件。

（1）加工　若放入的工件是符合包装要求的金属件或白色塑料件，则送到位置C后停止并进行加工，工件在此处的加工时间为3s，加工期间“工件加工”指示灯常亮。其在加工期间按下按钮模块上的按钮SB1，则为加工故障，此时“工件加工”指示灯闪烁（每秒闪烁一次），同时由该处的气缸将正在进行加工的工件推入斜槽三。待释放按钮模块上的按钮SB1后，“工件加工”指示灯熄灭，加工故障排除，此时可重新向进料口投入下一个工件。

若放入的工件是不符合包装要求的金属件或白色塑料件，则传送带高速正向运行，将工件直接送到位置C后停止，并由该处的气缸将其推入斜槽三。

若放入的工件是黑色塑料件，则传送带低速正向运行，将工件直接送往位置D，再由机械手搬运到料盘（机械手动作要合理）中。工件放入料盘后，料盘的直流电动机转动5s，进行不合格工件处理。

（2）表面处理　加工完成后，“工件加工”指示灯熄灭，同时进入表面处理工序。加工完成的工件被送到位置D后，由该处的机械手将其搬运到平台上进行表面处理，表面处理时间为2s。进行表面处理期间，“表面处理”指示灯常亮；表面处理完成后，“表面处理”指示灯熄灭。

（3）入仓　表面处理完成后，机械手将工件搬运回位置D后，传送带低速反向运行，按要求将工件送往相应的斜槽，并由气缸将工件推入斜槽。

（4）打包　斜槽设定的工件种类为“1”或“2”时，该斜槽每推入三个工件进行一次包装；斜槽设定的工件种类为“3”时，该斜槽每推入两个组合工件就进行一次包装。同时，触摸屏“工件处理设备运行”界面（图4-7）上的数据显示区域显示两个斜槽已完成包装的总数量。每次包装时间为3s，包装期间“工件包装”指示灯闪烁（每秒闪烁一次），提示正在包装，包装期间可向正在进行包装的斜槽中推入工件。

每次需要完成的包装总数为“5”。

（5）数据显示　运行期间，在“工件处理设备运行”界面上的数据显示区域“变频器输出频率”处显示驱动三相电动机的变频器当前输出频率。

3. 停止运行

（1）自动停止　系统在完成每次需要包装的总数后自动停止，触摸屏上的“设备运行”指示灯熄灭，同时斜槽设定的数据和包装数量清零。

此时，可重新设定斜槽工件种类进行生产；若不需要再生产，可按下触摸屏上的“返回首页”按钮返回首页界面；若完成生产5s后仍未设定斜槽工件种类，触摸屏将自动返回首页界面。

（2）按停止按钮停止　按下触摸屏“工件处理设备运行”界面上的“停止”按钮，设备在完成当前设置后停止。

三、组装与调试记录（15分）

1）在工件处理设备组装图（图4-8）中，料盘有两个安装尺寸：“尺寸A”为________mm，“尺寸B”为________mm。（1分）

2）工件处理设备高速运行时，变频器的输出频率为________Hz，电动机旋转磁场的转速是________r/min；工件处理设备低速运行时，变频器的输出频率为________Hz，电动机旋转磁场的转速是________r/min。（2分）

3）安装在出料斜槽处的推料气缸型号为________，该气缸从活塞的左侧进气时，活塞杆伸出；要使活塞杆缩回，应从活塞的________进气。在气缸的两端安装有磁性开关，用于检测________________，该磁性开关的型号为________________。（2分）

4）设备使用了电感传感器、光电传感器和光纤传感器，电感传感器的工作原理是________________________________，所以它能感受到金属材料。（2分）

5）变频器主电路主要由________、________和________等组成。（3分）

6）________和________是气压传动中两个最重要的参数。（1分）

7）三菱FX系列PLC的扫描周期为________，用________写程序可以节省扫描时间。（1分）

8）电气控制系统常用的保护措施有________、________和________，使用________、________和________可以起相应的保护作用。（3分）

四、设备组装图

工件处理设备组装图如图4-8所示。

五、电气原理图

工件处理设备电气原理图如图4-9所示。

六、气动系统图

工件处理设备气动系统图如图4-10所示。

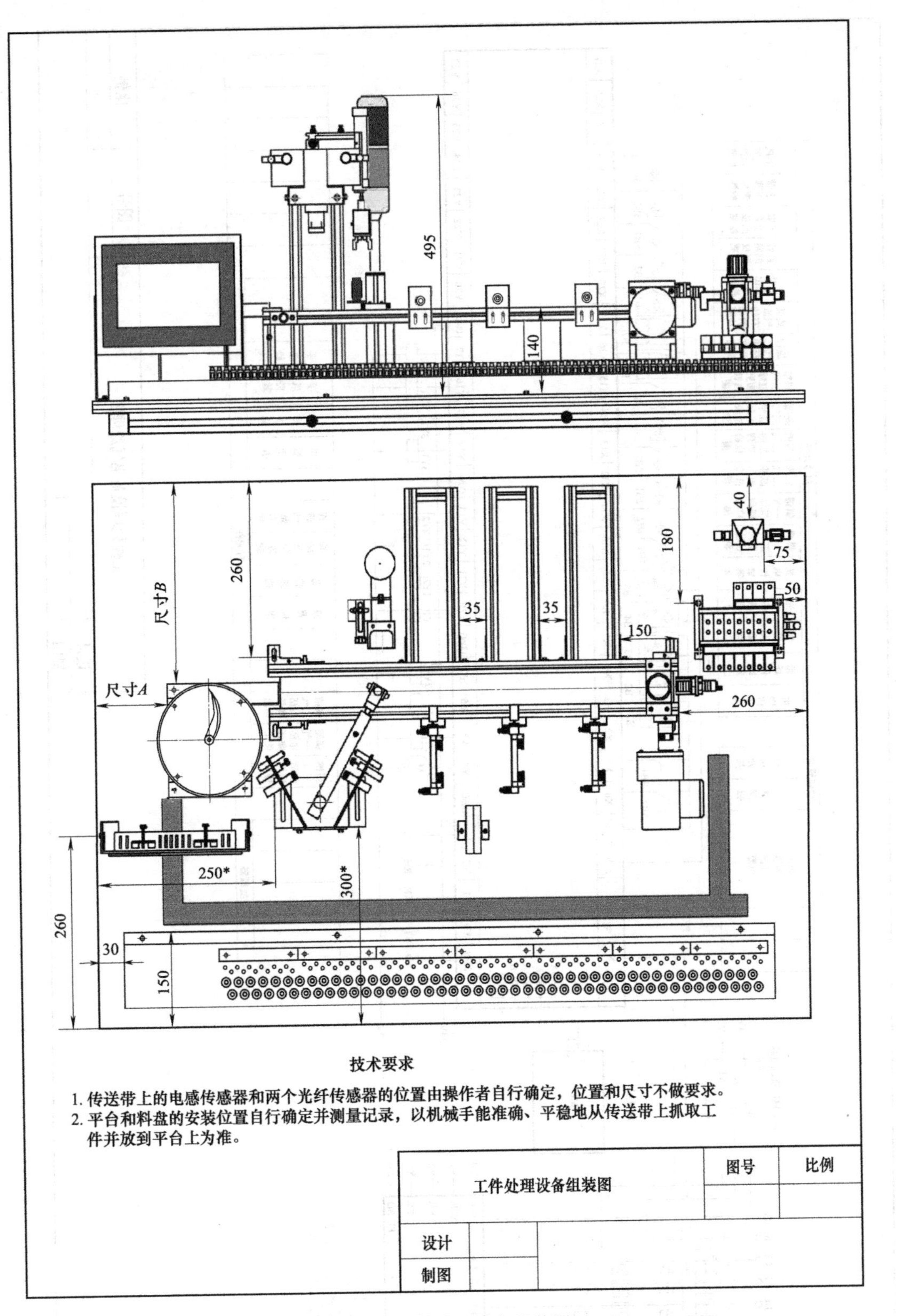

图 4-8　工件处理设备组装图

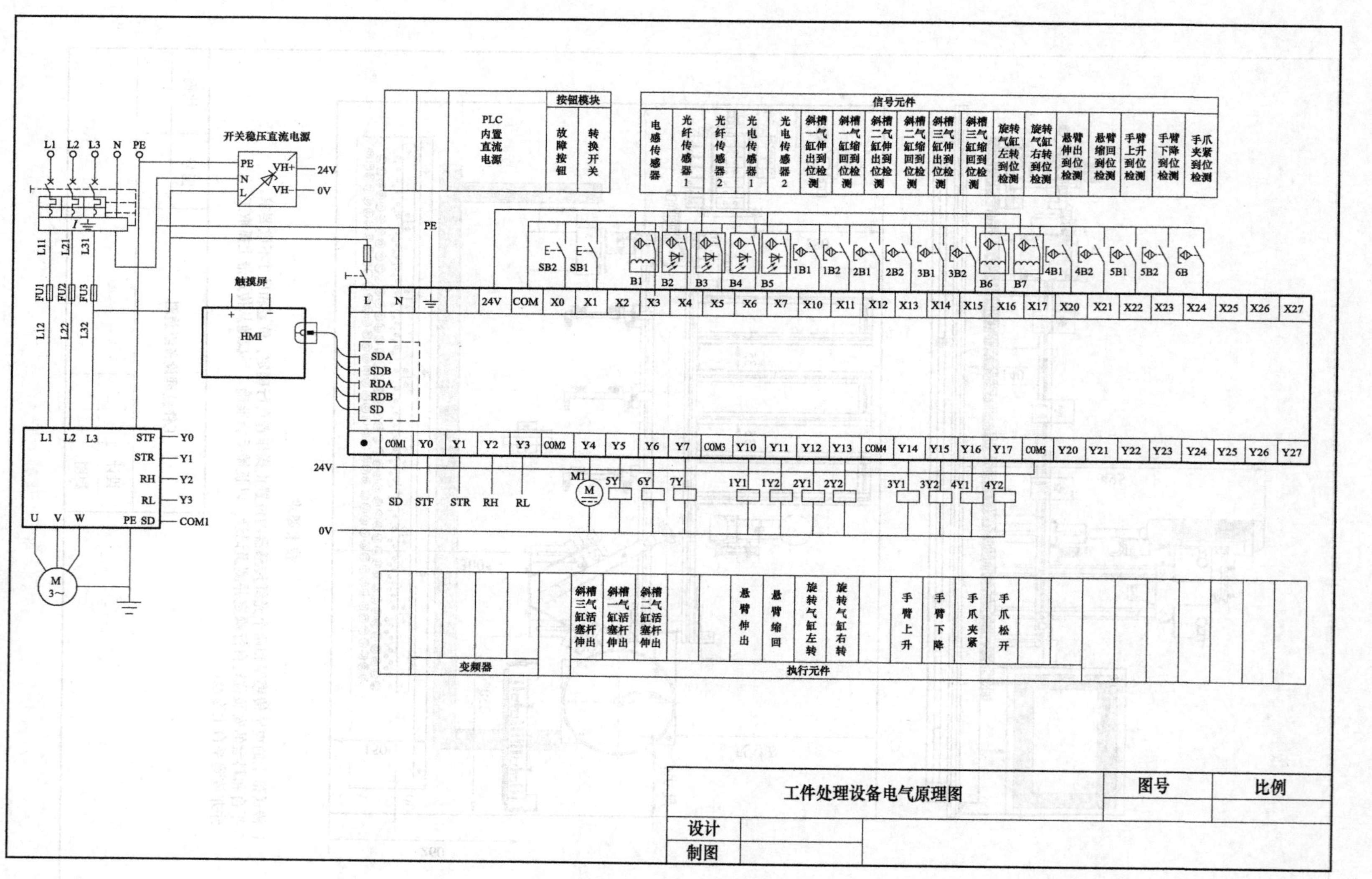

图 4-9　工件处理设备电气原理图

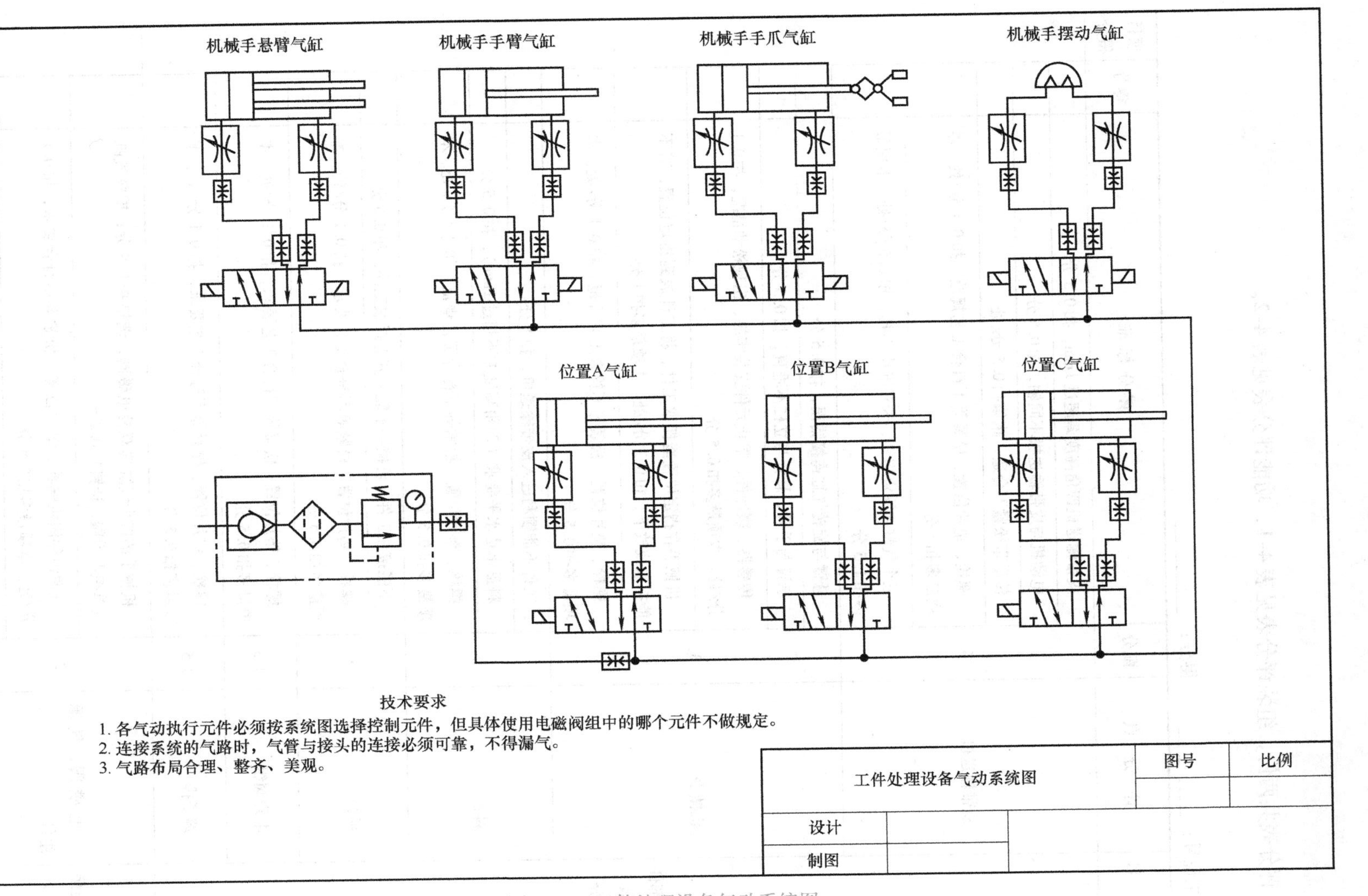

图 4-10　工件处理设备气动系统图

七、评分表

评分表共两份，组装评分表见表4-1，功能评分表见表4-2。

表4-1 组装评分表

工位号：________ 得分：________

项目	评分点	配分	评分标准	得分	项目得分
机械部件组装（11分）	皮带输送机	4	皮带输送机四角高度差超过1mm，扣0.5分		
			电动机与皮带输送机不同轴，扣0.5分		
			传送带松紧不合适、跑偏扣0.5分/处		
			螺栓、垫片位置、松紧等不符合工艺规范，扣0.1分/处。本项最多扣1分		
			三个气缸未固定牢靠、未对准中心孔，扣0.5分/处。本项最多扣1.5分		
	机械手	3	悬臂与旋转气缸连接错误，扣0.5分		
			悬臂与手臂、悬臂与立柱不垂直，扣0.5分		
			传感器、缓冲件、限止元件安装牢靠，出现松动情况，扣0.1分/处。本项最多扣0.5分		
			机械手在指定位置能抓取工件、将工件放到指定位置，若不能抓取或放下，扣0.3分/处。本项最多扣1分		
			螺栓、垫片位置、松紧等不符合工艺规范，扣0.1分/处。本项最多扣0.5分		
	料盘	2	工件不能顺利进入皮带输送机，扣1分		
			料盘未达水平要求（四角高度差不超过1mm），扣0.5分		
			螺栓、垫片位置、松紧等不符合工艺规范，扣0.1分/处。本项最多扣0.5分		
	平台	1	不能接住工件，机械手不能从其上抓取工件，扣0.5分		
			螺栓、垫片位置、松紧等不符合工艺要求，扣0.1分/处。本项最多扣0.5分		
	电磁阀组	0.5	螺栓、垫片位置、松紧等不符合工艺要求，扣0.1分/处。本项最多扣0.5分		
	端子排	0.5	螺栓、垫片位置、松紧等不符合工艺要求，扣0.1分/处。本项最多扣0.5分		
气路连接（9分）	电磁阀、气源组件	2	机械手的四个气缸选双控电磁阀，选错扣0.8分；推料气缸选单控电磁阀，选错扣0.2分		
			气源组件固定螺栓、垫片位置、松紧等不符合要求，扣0.1分/处。本项最多扣0.5分		
			压力、进气量调节合适，若不合适，扣0.5分		

（续）

项　目	评 分 点	配分	评 分 标 准	得分	项目得分
气路连接（9分）	气管	3	长度合适。气管过长、过短或长短不一，扣0.4分/条。本项最多扣1分		
			不得漏气。漏气扣0.5分/处。本项最多扣2分		
	气路布局及绑扎	4	气路横平竖直、走向合理、不从设备内部穿过，不符合要求扣1分		
			气管绑扎间距不在60~80mm范围内，扣0.2分/处。本项最多扣2分		
			气管在台面上的固定，间距不在120~160mm范围内，扣0.2分/处。本项最多扣1分		
电路连接（10分）	导线与接线端子连接	2	缺少冷压端子，扣0.1分/处。本项最多扣1分		
			连接处露铜，扣0.1分/处。本项最多扣1分		
	号码管及其编号	2	不套号码管，扣0.1分/处。本项最多扣0.8分		
			号码管长度与长度平均值相差超过2mm，扣0.2分		
			未编号，扣0.1分/处。本项最多扣0.8分		
			号码字迹清晰、方向一致，否则扣0.2分		
	行线槽安装	1	行线槽盖好盖板，出线口完好，否则扣0.5分		
			固定点、分支、转角不符合工艺规范，扣0.2分/处。本项最多扣0.5分		
	电路走向及绑扎	3	导线进入线槽，否则扣0.5分		
			电路横平竖直、走向合理、不从设备内部穿过，不符合要求扣0.5分		
			导线绑扎间距不在60~80mm范围内，扣0.2分/处。本项最多扣1分		
			导线在台面上的固定间距不在120~160mm范围内，扣0.2分/处。本项最多扣1分		
	插拔线梳理	2	插拔线梳理整齐、美观、符合工艺规范，得2分；完全未梳理不得分，梳理不合要求，扣0.1分/处，本项最多扣1.5分		
组装与调整记录（15分）	详见“三、组装与调试记录”	1	详见“组装与调试记录”1）~8）		
		2			
		2			
		2			
		3			
		1			
		1			
		3			

表 4-2 功能评分表

工位号：__________ 得分：__________

项目	评分点	配分	评分标准	得分	项目得分
设备调试（19 分）	首页界面	5	接通电源后，绿色警示灯闪烁，得 1 分。通电后系统处于初始状态，指示灯正确，得 3 分；不能恢复初始状态，扣 0.2 分/处，此处最多扣 2 分。首页界面缺少部件、多余部件，扣 0.2 分/处；形状不正确、多字、少字、错别字，扣 0.1 分/处，此处最多扣 1 分		
	调试界面	4	开关 SA2、指示灯、密码输入操作正确，得 2 分。调试界面缺少部件、多余部件，扣 0.2 分/处；形状不正确、多字、少字、错别字，扣 0.1 分/处，此处最多扣 2 分		
	输送机检测	4	按钮、指示灯、频率、方向、时间、气缸动作错误，扣 0.5 分/处。本项最多扣 4 分		
	机械手检测	4	按钮、指示灯错误，扣 0.5 分/处，此处最多扣 1 分；机械手动作错误，扣 0.5 分/处，此处最多扣 3 分		
	料盘检测	2	按钮、指示灯、电动机错误，扣 0.5 分/处。此处最多扣 2 分		
设备生产（24 分）	生产界面	4	开关 SA2、指示灯操作正确，得 1 分。生产界面缺少部件、多余部件，扣 0.2 分/处；形状不正确、多字、少字、错别字，扣 0.1 分/处，此处最多扣 3 分		
	工件种类设定	3	不能设定种类，扣 2 分，设定不符合要求，扣 1 分/处；两斜槽都未设定种类仍能启动，扣 1 分		
	启动	2	启动、指示灯、变频器频率、方向不符合要求，扣 0.5 分/处。本项最多扣 2 分		
	加工	5	加工位置、时间、指示灯不符合要求，扣 0.5 分/处，此处最多扣 2 分；加工故障处理不符合要求，扣 0.5 分/处，此处最多扣 1 分；不符合工件处理不正确，扣 0.2 分/处，此处最多扣 1 分；不合格工件处理不正确，扣 0.2 分/处，此处最多扣 1 分		
	表面处理	2	机械手动作、指示灯、时间不符合要求，扣 1 分/处。本项最多扣 2 分		
	入仓	2	入仓位置、数量不符合要求，扣0.5 分/处。本项最多扣2 分		
	包装	2	包装不符合要求，扣 0.5 分/处，此处最多扣 1 分；包装数据不符合要求，扣 1 分		
	数据显示	2	不能显示数据，扣 1 分/处；数据显示不正确，扣 0.5 分/处。本项最多扣 2 分		
	自动停止	2	不能自动停止，扣 2 分；停止状态、数据处理不符合要求，扣 0.5 分/处。本项最多扣 2 分		

（续）

项目	评分点	配分	评 分 标 准	得分	项目得分
机械部件协调功能（2分）		2	送到传送带的工件在传送带的中心、气缸动作平稳、机械手能将工件取走并送到指定位置、电动机运转正常、各部分运行协调，各得0.5分		
安全文明（10分）		10	违反赛场规定和纪律、不符合安全操作要求、乱摆放工具，扣3~5分/处		

实训任务五

仿真花组装定型设备组装与调试

说明：本次组装与调试的机电一体化设备为仿真花组装定型设备。请仔细阅读相关说明，理解实训任务与要求，使用亚龙235A设备，在240min内按要求完成指定的工作。

一、实训任务与要求

1）按仿真花组装定型设备组装图（图5-7）组装设备，并满足图样中的技术要求。

2）按仿真花组装定型设备气动系统图（图5-9）连接设备的气路，并满足图样中的技术要求。

3）参考PLC输入/输出端子（I/O）分配表（表5-1）和电气原理图（图5-8）连接输入/输出电路。连接的电路应符合以下要求：

① 凡是连接的导线，必须套上写有编号的号码管。交流电动机的金属外壳与变频器的接地极必须可靠接地。

② 工作台上的各传感器、电磁阀控制线圈、送料直流电动机、警示灯的连接线必须放入线槽内；为减少对控制信号的干扰，工作台上交流电动机的连接线不能放入线槽中。

表5-1 PLC输入/输出端子（I/O）分配表

输入端子			功能说明	输出端子			功能说明
三菱PLC	西门子PLC	松下PLC		三菱PLC	西门子PLC	松下PLC	
X0	I0.0	X0	SB3	Y0	Q0.0	YA	传送带正转
X1	I0.1	X1	SB4	Y1	Q0.1	YB	传送带反转
X2	I0.2	X2	SB5	Y2	Q0.2	YC	传送带高速
X3	I0.3	X3	SB6	Y3	Q0.3	YD	传送带中速
X4	I0.4	X4	SA1	Y4	Q0.4	Y0	送料电动机
X5	I0.5	X5	SA2	Y5	Q0.5	Y1	
X6	I0.6	X6	光纤传感器1	Y6	Q0.6	Y2	红色警示灯
X7	I0.7	X7	光纤传感器2	Y7	Q0.7	Y3	报警蜂鸣器
X10	I1.0	X8	电感传感器	Y10	Q1.0	Y4	黄色指示灯HL1
X11	I1.1	X9	光电传感器	Y11	Q1.1	Y5	绿色指示灯HL2
X12	I1.2	XA	进料口漫反射传感器	Y12	Q1.2	Y6	红色指示灯HL3
X13	I1.3	XB	旋转气缸左限位检测	Y13	Q1.3	Y7	手爪夹紧

（续）

输入端子			功能说明	输出端子			功能说明
三菱PLC	西门子PLC	松下PLC		三菱PLC	西门子PLC	松下PLC	
X14	I1.4	XC	旋转气缸右限位检测	Y14	Q1.4	Y8	手爪松开
X15	I1.5	XD	手爪夹紧到位检测	Y15	Q1.5	Y9	手臂上升
X16	I1.6	XE	手臂上升到位检测	Y16	Q1.6	Y10	手臂下降
X17	I1.7	XF	手臂下降到位检测	Y17	Q1.7	Y11	悬臂伸出
X20	I2.0	X10	悬臂伸出到位检测	Y20	Q2.0	Y12	悬臂缩回
X21	I2.1	X11	悬臂缩回到位检测	Y21	Q2.1	Y13	旋转气缸左转
X22	I2.2	X12	气缸Ⅰ伸出到位检测	Y22	Q2.2	Y14	旋转气缸右转
X23	I2.3	X13	气缸Ⅰ缩回到位检测	Y23	Q2.3	Y15	
X24	I2.4	X14	气缸Ⅱ伸出到位检测	Y24	Q2.4	Y16	气缸Ⅱ伸出
X25	I2.5	X15	气缸Ⅱ缩回到位检测	Y25	Q2.5	Y17	气缸Ⅰ伸出
X27	I2.7	X17	急停				

4）正确理解设备的调试、工作要求以及指示灯的亮灭方式、异常情况的处理等，编写设备的PLC控制程序并设置变频器的参数。

注意：在使用计算机编写程序时，应随时保存已编好的程序，保存的文件名为“工位号+A”（如3号工位文件名为“3A”）。

5）按触摸屏界面制作和监控要求的说明制作触摸屏界面，设置和记录相关参数，实现触摸屏对设备的监控。

6）调整传感器的位置和灵敏度，调整机械部件的位置，完成设备的整体调试，使设备能按照要求完成仿真花组装定型任务。

二、仿真花组装定型设备说明

仿真花组装定型设备（图5-1）有“调试”和“运行”两种工作模式。将转换开关SA1置于左边时（常闭触点闭合，常开触点断开），设备处于“调试”模式；将转换开关SA1置于右边时（常闭触点断开，常开触点闭合），设备处于“运行”模式。“运行”模式又有两种工作方式，将转换开关SA2置于左边时（常闭触点闭合，常开触点断开），为工作方式一；将转换开关SA1置于右边时（常闭触点断开，常开触点闭合），为工作方式二。仿真花组装定型设备的工作任务是：机械手根据订单需求将存放在甲料仓的花苞（金属件）、乙料仓的花朵（白色塑料件）、丙料仓的绿叶（黑色塑料件）取到生产线上，逐个放置到送料直流电动机已运送到位的花枝上。花枝共有三个品种，分别是无叉单头花枝（金属件）、一叉双头花枝（白色塑料件）和两叉三头花枝（黑色塑料件）。取到生产线上的花苞、花朵、绿叶的品种和数量初检合格后送到组装定型区加热定型，二次检验合格后送至成品区。一叉双头花枝和两叉三头花枝各枝头间相距5cm，组装时，按花苞、花朵、绿叶的顺序安装，这样仿真花束的花苞、花朵和绿叶错落有致，更具观赏性。每个枝头只能装花苞、花朵

或绿叶中的一种。

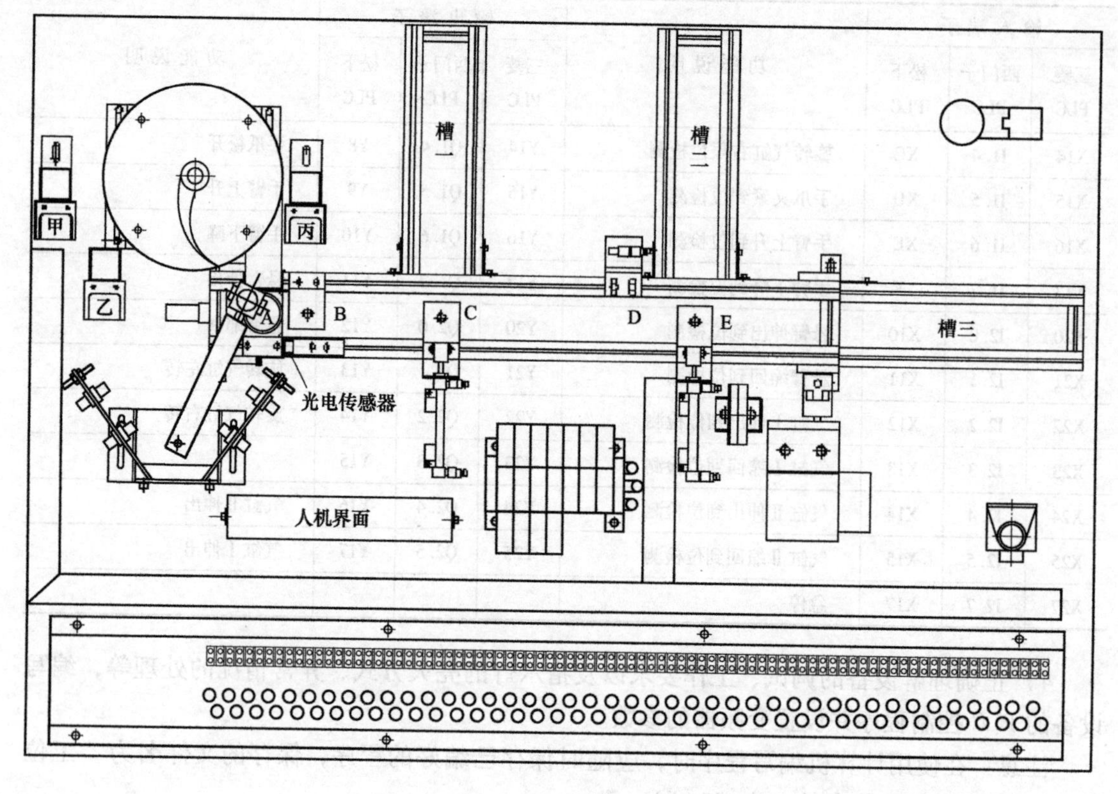

图 5-1 仿真花组装定型设备示意图

相关部件的初始位置是：机械手的悬臂靠在左限位位置，手臂气缸的活塞杆缩回，悬臂气缸缩回，手爪松开，C、E 位置的气缸活塞杆缩回，送料盘、皮带输送机的拖动电动机不转动。

开机后，绿色警示灯闪烁，指示已接通电源。上述部件在初始位置时，触摸屏初始位指示灯（绿色）亮，设备才能启动。若上述部件不在初始位置，则红色警示灯闪烁，并在触摸屏初始界面上动态显示哪些部件不在初始位置，如图 5-2 所示。按下触摸屏初始界面上的“回初始位”按钮，各部件自动有序地回到初始位置，之后红色警示灯熄灭，触摸屏初始位指示灯亮，设备可以启动。

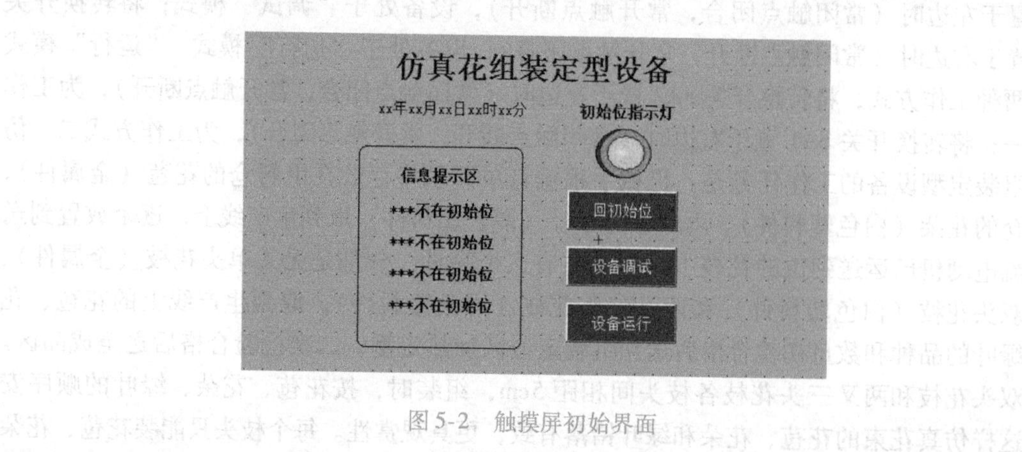

图 5-2 触摸屏初始界面

（一）“调试”模式

设备在投入运行前必须经过调试，检查各运动部件是否能正常工作，以确保生产过程中设备能可靠运行。将 SA1 置于左边，按下人机界面初始界面上的“设备调试”按钮，指示灯 HL1 以亮 1s 灭 1s 的方式闪烁，提示设备处于“调试”模式。进入“调试”模式后，人机界面自动切换到调试界面，如图 5-3 所示。

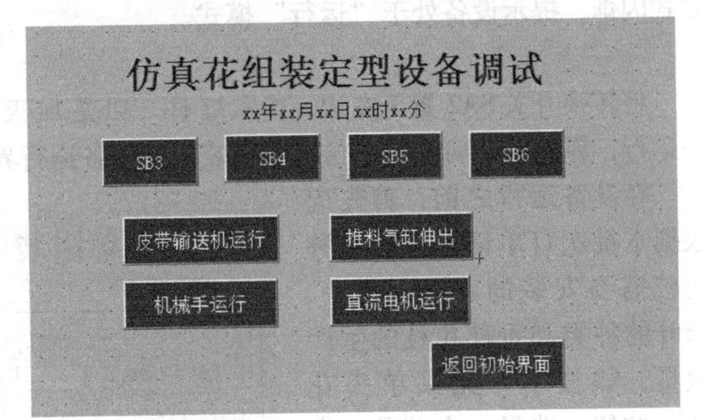

图 5-3　设备调试界面

1. 送料直流电动机的调试

要求送料直流电动机起动后没有卡阻、转速异常或不转等情况，送料位置应准确、合理。在送料盘内随机放入三个花枝，按下按钮 SB3 或触摸屏上的“SB3”，送料直流电动机转动，花枝被送入皮带输送机落料口 A 位置，释放按钮 SB3 或触摸屏上“SB3”，送料直流电动机停止转动，直到三个花枝全部被送入皮带输送机落料口 A 位置，送料直流电动机调试结束。送料直流电动机转动时，触摸屏上的“直流电机运行”指示灯闪烁，提示直流电动机正在调试运行。

2. 机械手的调试

要求各气缸活塞杆动作、速度协调，无碰擦现象；每个气缸的磁性开关安装位置合理、信号准确；机械手最后停止在左限位位置，手爪松开，其余各气缸活塞杆处于缩回状态。

在甲料仓、乙料仓和丙料仓中分别放入花苞、花朵和绿叶，按下按钮 SB4 或触摸屏上的“SB4”，机械手依次从甲料仓、乙料仓和丙料仓将花苞、花朵和绿叶抓至皮带输送机落料口 A 位置。可重复调试机械手的上述动作过程。在机械手动作的时间段，触摸屏上的“机械手运行”指示灯闪烁，提示机械手正在调试运行。

3. 皮带输送机的调试

要求皮带输送机在调试过程中没有不转、打滑或跳动过大等异常情况。

按下按钮 SB5 或触摸屏上的“SB5”，皮带输送机的三相交流异步电动机（以下简称交流电动机）以 35Hz 的频率正转（从左向右）；松开按钮 SB5 或触摸屏上的“SB5”，交流电动机停止转动。如此反复按下按钮 SB5 或触摸屏上的“SB5”，可调试皮带输送机的运行。皮带输送机转动时，触摸屏上的“皮带输送机运行”指示灯闪烁，提示皮带输送机正在调试运行。

4. 推料气缸的调试

要求各气缸活塞杆动作、速度协调，无碰擦现象；各个气缸活塞杆最后处于缩回状态。

按下按钮 SB6 或触摸屏上的“SB6”，两个推料气缸活塞杆伸出；松开按钮 SB6 或触摸屏上的“SB6”，两个推料气缸活塞杆缩回。如此反复按下按钮 SB6 或触摸屏上的“SB6”，可调试各个气缸的动作情况。推料气缸伸出时，触摸屏上的“推料气缸伸出”指示灯闪烁，提示推料气缸正在调试运行。

（二）“运行”模式

将 SA1 置于右边，按下初始界面上的“设备运行”按钮，指示灯 HL1 以亮 1s 灭 2s 的方式闪烁，提示设备处于“运行”模式。

1. 工作方式一

将转换开关 SA2 置于左边，指示灯 HL2 以亮 1s 灭 1s 的方式闪烁，指示设备以工作方式一运行，界面自动切换到“仿真花组装定型设备运行界面一”，如图 5-4 所示。

在设备运行之前，首先应根据本批次订单情况设定每种花枝需要安装的花苞、花朵、绿叶的种类和每种花枝的生产数量，如按下“无叉单头花枝”按钮，选择一个花朵，生产两枝；按下“一叉双头花枝”按钮，选择一个花苞和一个花朵，生产一枝；按下“两叉三头花枝”按钮，选择一个花苞、一个花朵和一个绿叶，生产一枝。

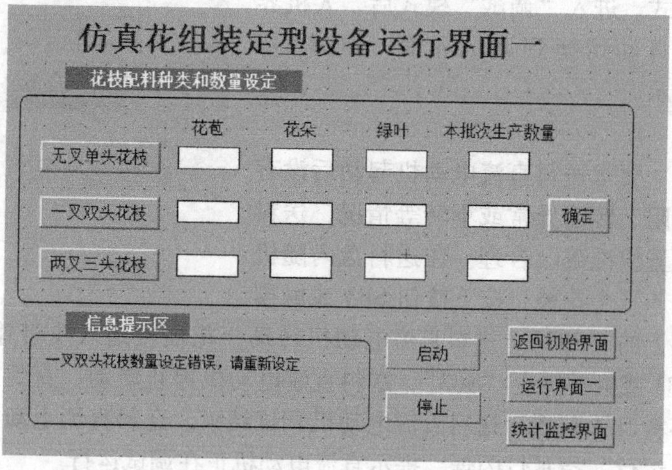

图 5-4 仿真花组装定型设备运行界面一

设定种类不允许重复，如不允许出现按下“一叉双头花枝”按钮，而选择两个花朵的情况。如果设定种类重复或设定数量错误，信息提示区内将提示“××××数量设定错误，请重新设定”。设定完毕后，按下“确定”按钮，花枝设定完成。

按下“启动”按钮或按钮 SB5，设备启动，送料直流电动机转动，料盘内随机放置的花枝被送入皮带输送机落料口 A 位置，当 A 位置检测到花枝时，送料直流电动机停止转动，传送带以 25Hz 的频率从左往右运行，当花枝到达 B 位置时，传送带停止，机械手根据花枝的种类和触摸屏的设定从相应的料仓取料。当 A 位置检测到第一个来料时，传送带以 25Hz 的频率从左往右运行，在第一个料到达 B 位置后，传送带停止，机械手放入第二个料，如此循环。当机械手完成所有料的放置，停止在原位时，皮带以 25Hz 的频率自左往右运行，在 BC 区间进行第一次检验，检验合格的花枝、花苞、花朵和绿叶按来料顺序和间隔被送至 CD 区间进行组装定型并进行二次检验。检验合格后，皮带以 35Hz 的频率自左往右运行，合格的仿真花被送至成品库（槽三）。完成一支仿真花的组装定型后，送料直流电动机再次转动，料盘内随机放置的花枝被送入皮带输送机落料口 A 位置，当 A 位置检测到花枝时，送料直流电动机停止转动；传送带以 25Hz 的频率从左往右运行，当花枝到达 B 位置时，传送带停止，机械手根据示教设定从相应的料仓取料，当 A 处检测到第一个来料时……，如此循环，直到完成触摸屏设定的生产任务，设备停止运行。中途按下“停止”按钮，设备完成本枝仿真花的组装定型后停止工作。

2. 工作方式二

将转换开关 SA2 置于右边，指示灯 HL2 以亮 1s 灭 2s 的方式闪烁，指示设备以工作方式

二运行。界面自动切换到“仿真花组装定型设备运行界面二”，如图5-5所示。

在设备运行之前，首先应根据本批次订单情况设定每种花枝需要安装的花苞、花朵、绿叶的种类和每种花枝的生产数量，其中每种花枝需要安装的花苞、花朵、绿叶的种类使用示教的方式设定，每种花枝的生产数量在触摸屏上设定。

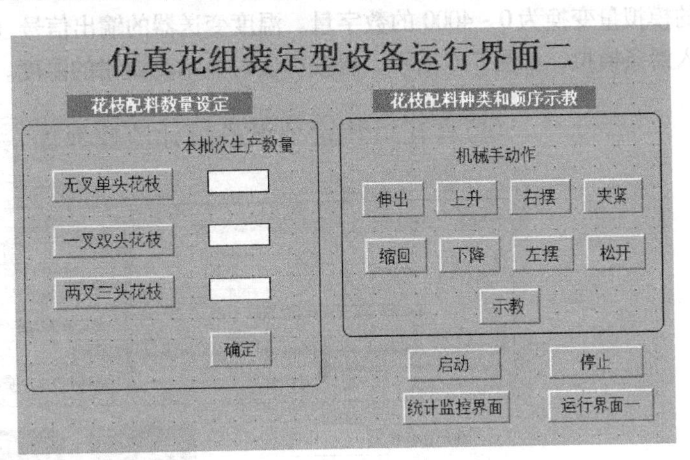

图5-5　仿真花组装定型设备运行界面二

例如，按下触摸屏上的“示教”按钮，送料直流电动机转动，料盘内放置的无叉单头花枝被送入皮带输送机落料口A位置；当A位置检测到花枝时，送料直流电动机停止转动，传送带以25Hz的频率从左往右运行。当花枝到达B位置时，传送带停止，选择触摸屏上的机械手动作按钮，手动将花苞抓至皮带输送机落料口A位置并放料，释放“示教”按钮，完成无叉单头花枝需要安装花苞的设定。再如，按下触摸屏上的“示教”按钮，送料直流电动机转动，料盘内放置的一叉双头花枝被送入皮带输送机落料口A位置，当A位置检测到花枝时，送料直流电动机停止转动，皮带以25Hz的频率从左往右运行。当花枝到达B位置时，传送带停止，选择触摸屏上的机械手动作按钮，手动将花苞抓至皮带输送机落料口A位置并放料；再选择触摸屏上的机械手动作按钮，手动将花朵抓至皮带输送机落料口A位置并放料。最后释放“示教”按钮，完成一叉双头花枝需要安装花苞和花朵的种类和顺序的设定。用同样的示教方法，可以完成两叉三头花枝需要安装花苞、花朵、绿叶的种类和顺序的设定。选择工作方式二时，一个花枝多头设定组装种类允许重复，即允许出现一叉双头花枝选择组装两个花朵的情况。设定完毕后，按下“确定”按钮，花枝设定完成。

按下“启动”按钮或按钮SB5，设备启动，送料直流电动机转动，料盘内随机放置的花枝被送入皮带输送机落料口A位置。当A位置检测到花枝时，送料直流电动机停止转动，传送带以25Hz的频率从左往右运行；当花枝到达B位置时，传送带停止，机械手根据示教设定从相应的料仓取料。当A位置检测到第一个来料时，传送带以25Hz的频率从左往右运行；当第一个来料到达B位置后，传送带停止，机械手放入第二个需要的料……，如此循环仿真花的其他组装定型工作过程同工作方式一。

3. 仿真花的组装及加温定型

仿真花的花枝、花苞、花朵和绿叶都是由皂基材料制成的，一次检验合格的花枝、花苞、花朵和绿叶按来料顺序和间隔被送至CD区间进行组装定型，即将花苞、花朵和绿叶按来料位置用特制的高温钳固定在花枝上，并从美学角度略微调整它们的呈现角度。触摸屏加热指示灯可以显示高温钳正在加热，温度不足和过热在触摸屏上也有显示。高温钳加热温度为140～150℃，组装定型时间是5s。如果在5s内温度未达到140℃或超过150℃，则蜂鸣器报警3s，定型失败。高温钳上装有PT100温度传感器，量程为0～300℃的变送器的输出信号为4~20mA，模拟量输入模块（本任务中此A/D模块用触摸屏和PLC模拟）将4~20mA的模拟量变换为0~4000的数字量。温度变送器的输出信号（4~20mA）在触摸屏界面上用输入滑条模拟，如图5-6所示。触摸屏实时显示高温钳的温度。高温钳的动作不由本设备控制。

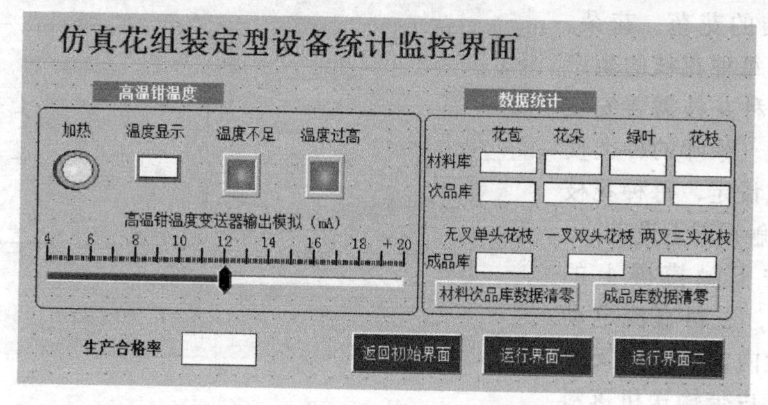

图5-6 仿真花组装定型设备统计监控界面

4. 生产统计

为了提高生产合格率，需要在“仿真花组装定型设备统计监控界面”中统计一定时间内，材料库和次品库里的花苞、花朵、绿叶和花枝的数量，以及成品库内无叉单头花枝、一叉双头花枝和两叉三头花枝的数量，并且可以根据需要用界面上的“材料次品库数据清零”和“成品库数据清零”按钮清除统计数据。“仿真花组装定型设备统计监控界面”还会实时显示“生产合格率”[生产合格率=成品库内仿真花的数量/(成品库内仿真花的数量+次品库内花枝的数量)]。

5. 异常情况

1）如果送料直流电动机送来的花枝不符合生产要求，则当花枝到达B位置后，机械手不从料仓抓料，皮带输送机将花枝运送到C位置，由C位置推料气缸的推手将花枝推入材料库（槽一），送料直流电动机再次转动，送花枝到A位置……只有当送来的花枝符合生产需要时，机械手才会按要求取料。

2）在BC区间进行第一次检验，如果机械手取来的料与触摸屏设定不符合，则传送带以25Hz的频率从左往右运行，由C位置推料气缸的推手将所有料（包括花枝）逐个推入材料库（槽一）。造成一次检验不合格的原因之一是存放在甲料仓、乙料仓、丙料仓的料存在混料现象，即料仓放错了料。

3）在CD区间进行第二次检验，首先由D位置气缸带动的机构拆开（拆除动作用气缸伸出三次模拟）定型失败的次品仿真花，再由E位置推料气缸的推手将它们逐个推入次品库（槽二）。

4）任何时刻如果按下急停按钮，设备立刻可靠地停止工作，以确保生产安全。

三、设备组装图

仿真花组装定型设备组装图如图5-7所示。

四、电气原理图

仿真花组装定型设备电气原理图如图5-8所示。

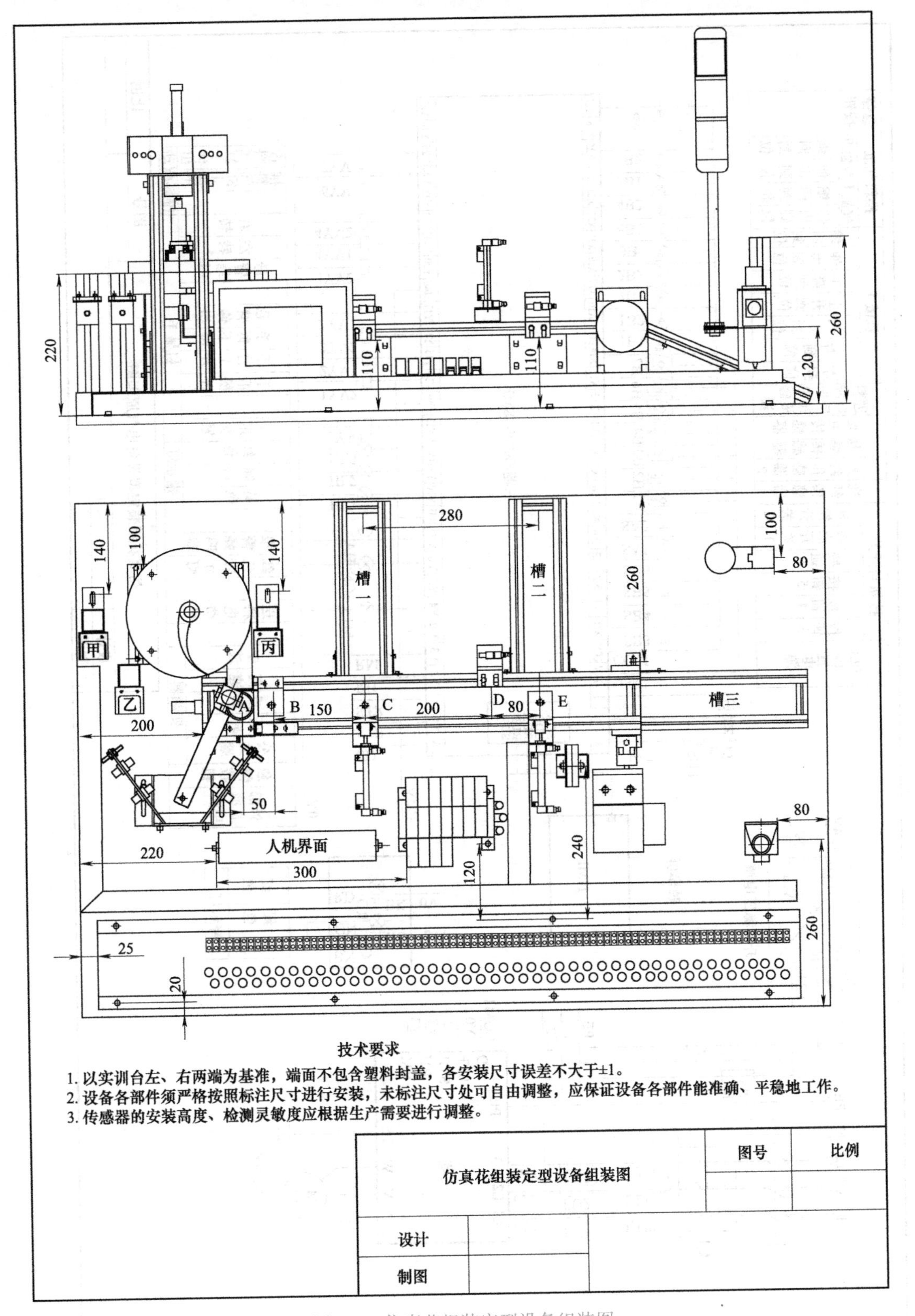

图 5-7　仿真花组装定型设备组装图

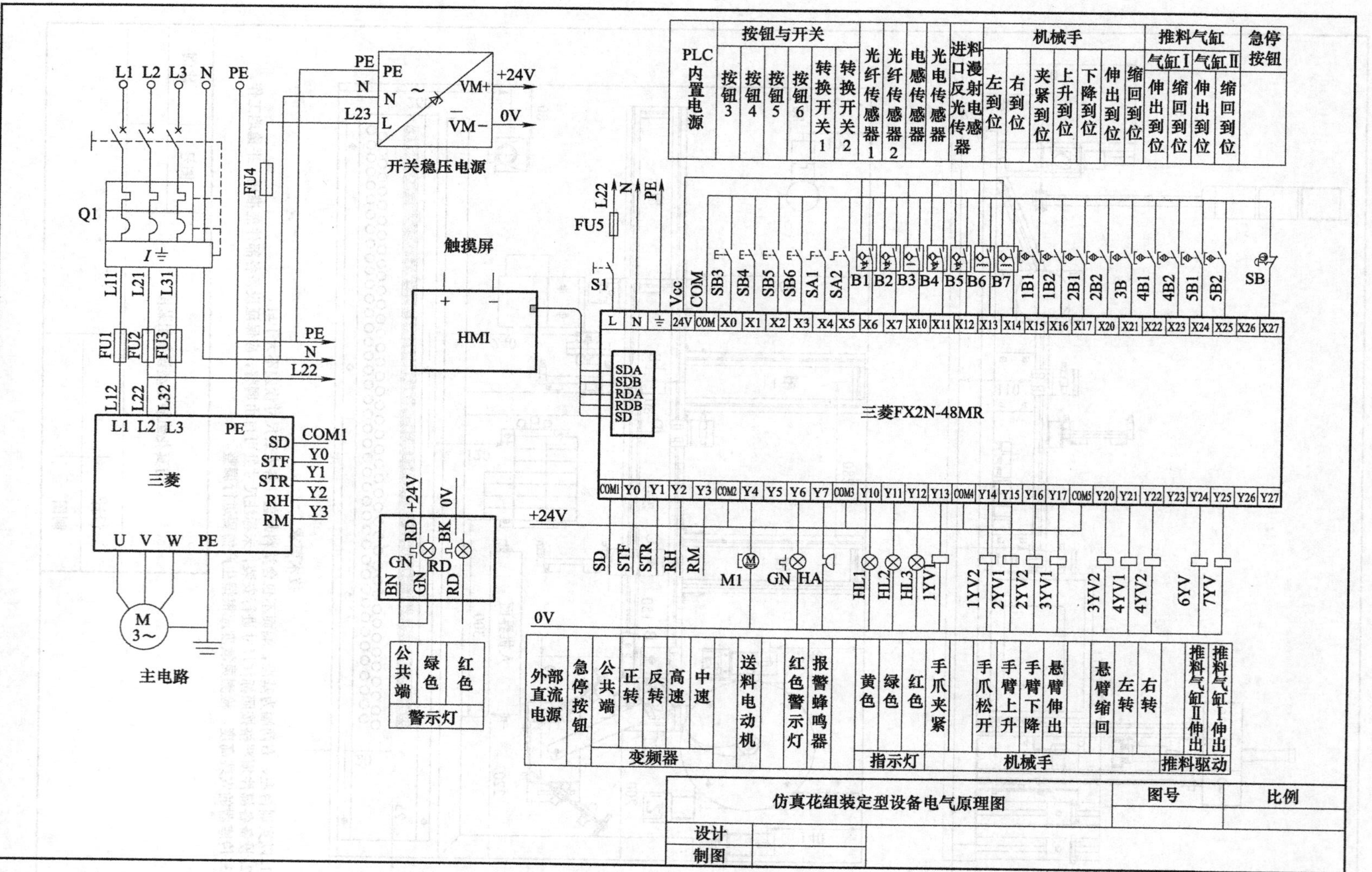

图5-8　仿真花组装定型设备电气原理图

五、气动系统图

仿真花组装定型设备气动系统图如图 5-9 所示。

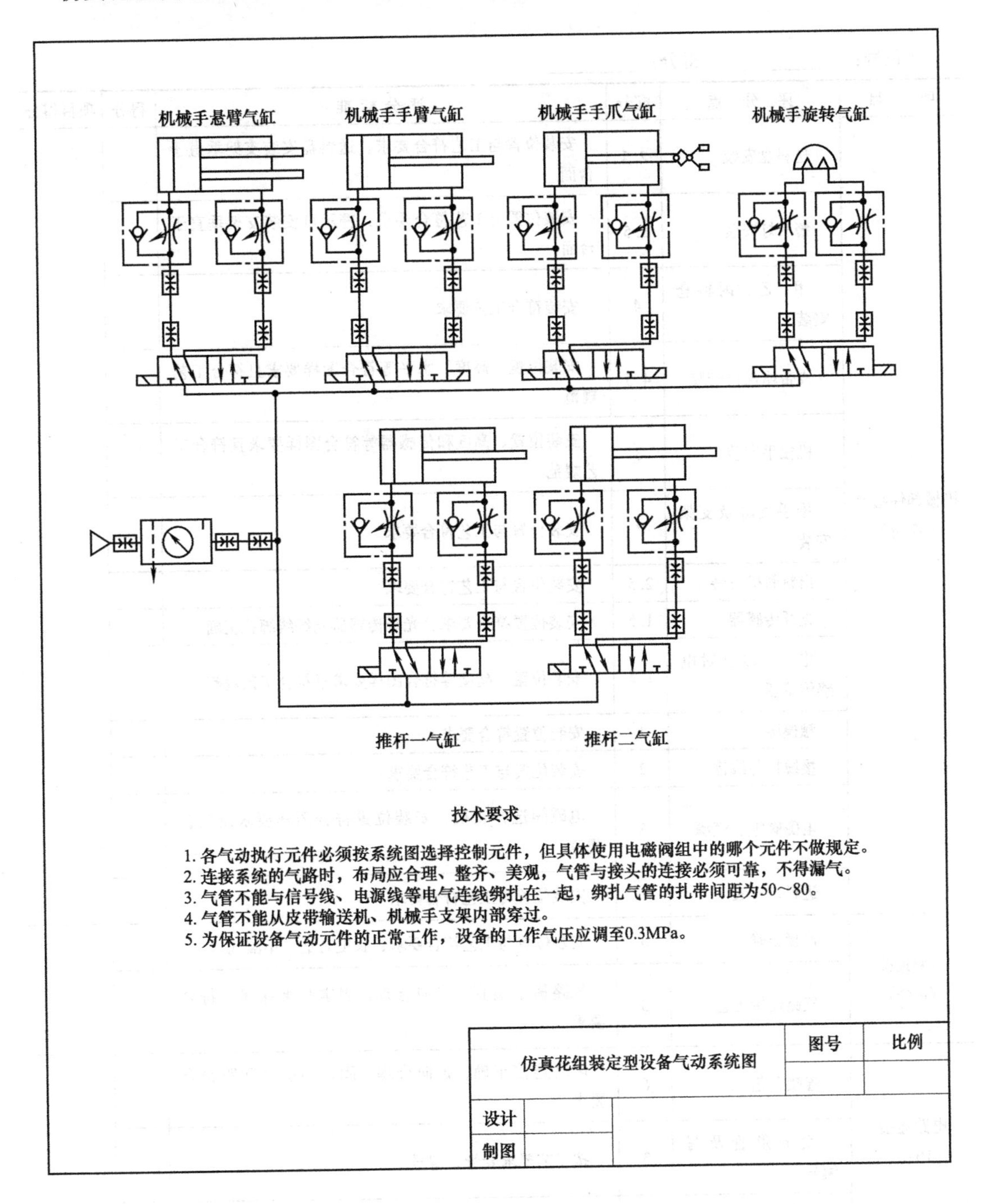

图 5-9　仿真花组装定型设备气动系统图

六、评分表

评分表共三份，组装评分表见表5-2，过程评分表见表5-3，功能评分表见表5-4。

表5-2 组装评分表

工位号：__________ 得分：__________

项目	评分点	配分	评分标准	得分	项目得分
机械部件组装（32分）	送料盘安装	2.5	安装位置与工艺符合要求，送料盘安装支架垂直于台面		
	警示灯安装	3.5	安装位置与工艺符合要求，警示灯安装支架垂直于台面		
	甲、乙、丙料仓安装	4	安装符合工艺要求		
	皮带输送机安装	4.5	安装位置、高度、水平等符合图样要求且符合工艺规范		
	机械手安装	3	安装位置、高度和传感器等符合图样要求且符合工艺规范		
	推手气缸及支架安装	2	安装位置与工艺符合要求		
	出料斜槽安装	2.5	安装位置与工艺符合要求		
	光纤传感器	1.5	安装位置符合要求，光纤传感器光纤线绑扎正确		
	电感、漫反射电感传感器	1.5	安装位置、高度等符合图样要求且符合工艺规范		
	触摸屏	1	安装位置符合要求		
	接线排与线槽	2	安装位置与工艺符合要求		
	电磁阀组、气源	3	电磁阀选择正确，安装位置符合图样要求及工艺规范		
	进料口安装	1	安装位置与工艺符合要求		
气路连接（8分）	连接正确	3	安装位置与工艺符合要求，长度合适，不漏气		
	气路连接工艺	5	气路横平竖直、走向合理，固定与绑扎间距符合要求		
电路连接（10分）	连接工艺	6	电路连接正确、走向合理，固定与绑扎间距符合要求		
	套异形管及写编号	3	按工艺要求套管、编号		
	保护接地	1	按图样正确、可靠接地		

表 5-3 过程评分表

工位号：__________ 得分：__________

项目	评 分 点	配分	考 评 点	得分	项目得分
工作过程（10 分）	着装	1	身着工作服，穿电工绝缘鞋，符合职业岗位要求		
	安全	1	不带电连接、改接电路，通电调试电路经考评人员同意		
		1	操作符合规范，未损坏零件、元件		
		1	设备通电、调试过程中未出现熔断器熔断、剩余电流断路器动作或安装台带电等情况		
	素养	1	工具、量具、零部件摆放符合规范，不影响操作		
		1	工作结束后，清理工位，整理工具、量具，现场无遗留		
		1	爱护赛场设备设施，不浪费材料		
	更换元件	1	更换的元件经裁判检测，确为损坏元件		
	赛场表现	1	积极完成工作任务，不怕困难，始终保持工作热情		
		1	遵守考场纪律，服从考评人员指挥，积极配合赛场工作人员，保证测试顺利进行		

表 5-4 功能评分表

工位号：__________ 得分：__________

项 目		评 分 点	配分	评 分 标 准	扣分	得分
设备调试（10 分）		初始位置	2	绿色警示灯闪亮、红警示灯闪亮，原位，回原点		
		触摸屏初始界面	2	触摸屏首页界面时间显示、部件、文字，指示灯、按钮功操作提示		
		设备调试界面	2	部件能实现功能、信息提示		
		传输带的调试	1.2	交流电动机分别在 35Hz 的频率下起动和停止		
		机械手调试	0.9	从甲、乙、丙三料仓抓料送到 A 点		
		推料气缸调试	0.4	C、E 位置气缸活塞杆伸出、缩回		
		指示灯	0.4	HL1、HL2 指示灯状态		
		直流电动机调试	0.7	直流电动机起动、停止		
		两地控制功能	0.4	触摸屏和按钮/指示灯模块上的按钮同时起作用		
设备运行（26 分）	工作方式一（9.3 分）	设备运行界面一	2.5	部件及功能满足要求		
		单头花枝按设定选料	0.8	机械手取料正确		
		送错花枝	1	花枝不符合生产要求，在 C 点打入材料库		
		双头花枝按设定选料	1.6	机械手取料正确，放置顺序正确		
		三头花枝按设定选料	2.4	机械手取料正确，放置顺序正确		
		一次检验	1	能验出料仓错料，来料逐个打入材料库		

（续）

项目		评分点	配分	评分标准	扣分	得分
设备运行（26分）	工作方式二（8.6分）	设备运行界面二	2.6	部件及功能满足要求		
		单头花枝按示教选料	1	机械手取料正确，放置到位		
		双头花枝按示教选料	2	机械手取料正确，放置顺序正确		
		三头花枝按示教选料	3	机械手取料正确，放置顺序正确		
	两种工作方式共用部分（8.1分）	监控统计界面	4.1	部件及功能满足要求		
		组装定型	0.5	5s加热定型		
		二次检验	2	温度过低或过高时蜂鸣器报警，定型失败打入次品库		
		设备停止	0.5	按下设备运行界面上的“停止”按钮，完成当前任务并自动停止		
		皮带输送带速度	0.5	运行频率为25Hz、35Hz		
		急停	0.5	按下“急停”按钮，设备立刻停止工作		
整机调试（4分）		机械部件位置调节	2	机械手能准确抓住物料，能将物料放在指定位置，皮带输送机没有明显跳动，传送带不跑偏		
		气缸与传感器	2	气缸活塞杆伸出与缩回速度适中、传感器安装位置符合要求、灵敏度调节符合要求		

实训任务六

智能生产设备组装与调试

说明：本次组装与调试的机电一体化设备为××智能生产设备。请仔细阅读相关说明，理解实训任务与要求。使用亚龙235A设备，在240min内按要求完成指定的工作。

一、实训任务与要求

1）按××智能生产设备组装图（图6-12）组装设备，并实现该设备的生产功能。

2）按××智能生产设备电气原理图（图6-13）连接控制电路，所连接的电路应符合工艺规范要求。

3）按××智能生产设备气动系统图（图6-14）安装气动系统的执行元件、控制元件并连接气路，调节气动系统的工作压力、执行元件的进气量，使气动系统按要求实现功能。气路的布局、走向、绑扎应符合工艺规范要求。

4）正确理解××智能生产设备的生产过程和工艺要求、意外情况的处理等，制作触摸屏界面，编写PLC控制程序并设置变频器参数。

注意：在使用计算机编写程序时，应随时在计算机E盘中保存已编好的程序，保存文件名为“工位号+A”（如3号工位文件名为“3A”）。

5）安装传感器并调整其灵敏度，调整机械部件的位置，完成××智能生产设备的整机调试，使××智能生产设备能按照要求完成生产任务。

6）填写组装与调试记录。

注意：

① 本次组装与调试的××智能生产设备用触摸屏控制。

② 可以同时使用触摸屏和按钮模块上按钮、开关进行控制，但没有加分。

③ 可以单独使用按钮模块上的按钮、开关进行控制。这时，需要在××智能生产设备电气原理图上画出增加的电路，但不能改动原电路。单独使用按钮模块上的按钮、开关进行控制时，不能得触摸屏的相关分数。

二、××智能生产设备说明

××智能生产设备（图6-1）能够按照顾客的需求，完成产品原料配置、加工成型与检测、产品分拣包装、产品信息记录等功能。

××智能生产设备通电后，若气动机械手在B料台/废品仓上方且手爪张开，各推送气缸的活塞杆在缩回位置，加工装置/成品仓、皮带输送机的电动机停止在初始位置，则触摸屏显示首页如图6-2所示。若××智能生产设备的相关部件不在初始位置，则需要手动复位，复位后出现触摸屏首页。

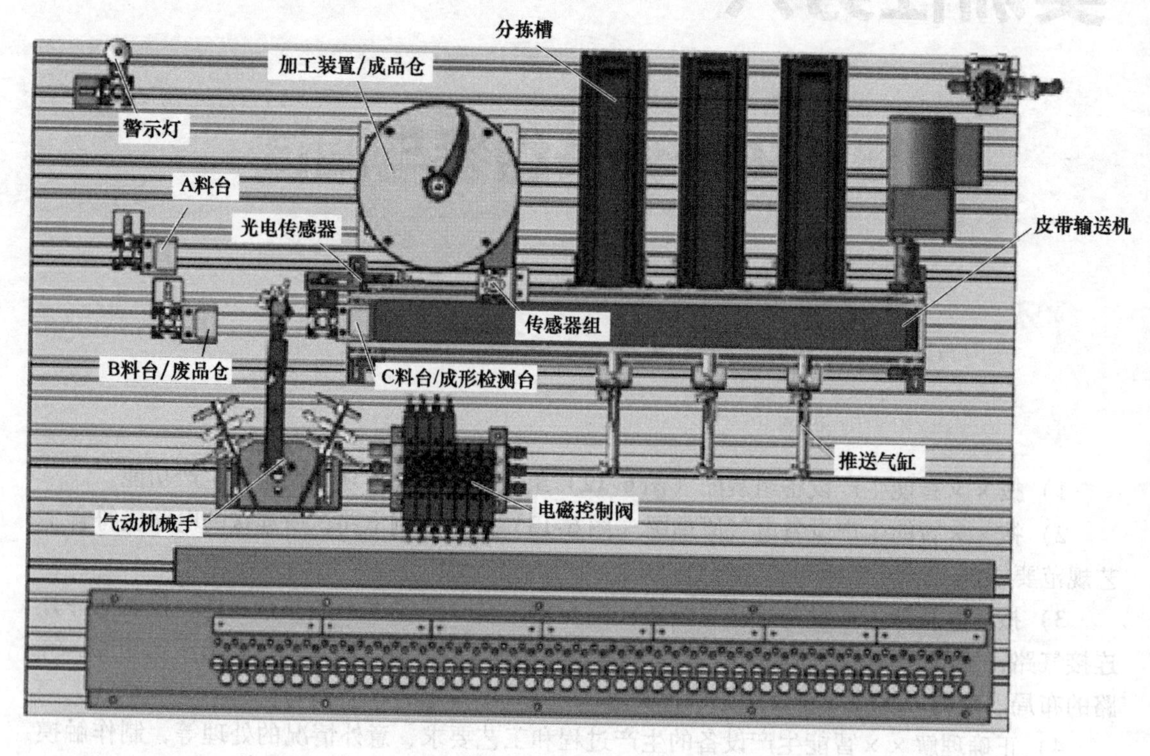

图6-1　××智能生产设备

按“进入”按钮，“进入”按钮变色且弹出“密码：”文本框，如图6-3所示，在文本框中输入密码（235A），可进入触摸屏的下一界面。若输入密码错误，则出现“重输密码：”文本框，如图6-4所示，输入正确密码后可进入下一界面；若输入密码仍错误，则出现“你不能进入，请离开!”的警告（图6-5），且“进入”按钮闪烁5s后熄灭，返回图6-2所示触摸屏首页后，可再次按“进入”按钮。输入正确密码后出现的界面如图6-6所示。这时可进行配料选择与包装方案选择，只有完成这两项选择后，才可进行下一步操作。

图6-2　触摸屏首页

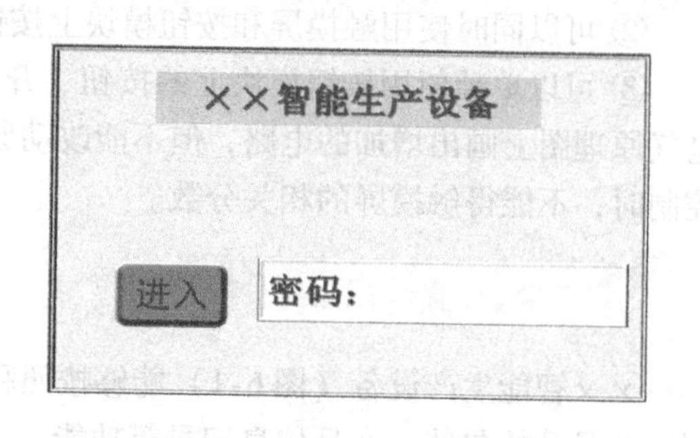

图6-3　要求输入密码文本框

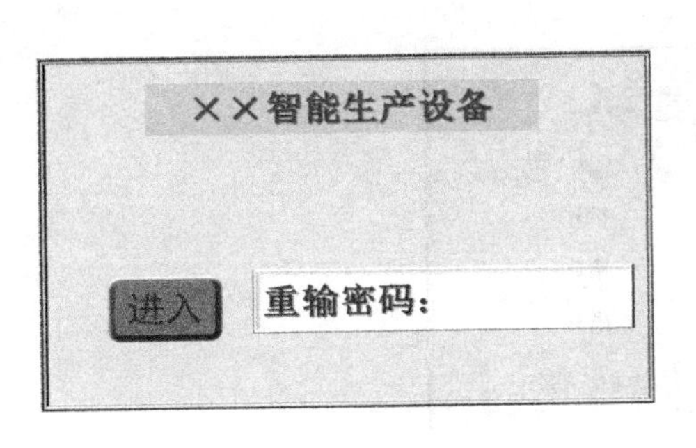

图 6-4　要求重输密码文本框

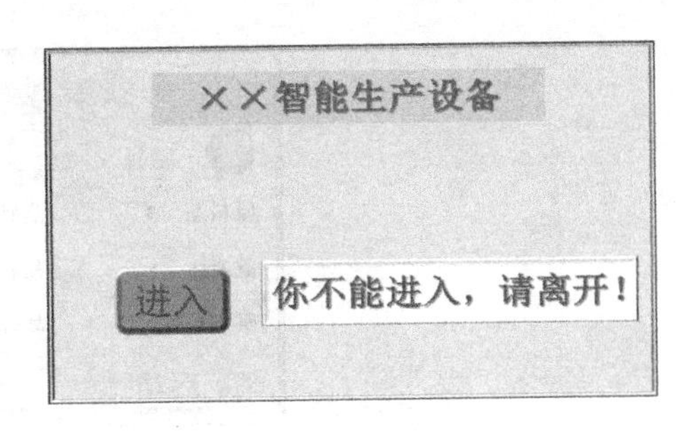

图 6-5　再次输错密码的界面

1. 配料选择和包装方案选择

（1）配料选择　××智能生产设备生产的产品由原料 A（用黑色塑料元件模拟）、原料 B（用金属元件模拟）、原料 C（由白色塑料元件模拟）按不同配置比例，构成不同的品种。按“配料选择”按钮，在下面的各原料种类文本框中输入数字（表示需要的元件个数），即为配料选择。在输入“原料 C”的数量后，配料选择完成。

（2）包装方案选择　包装方案即设定进入各分拣槽中各个品种的数量（每个分拣槽中放入的元件总数不超过 5 个）。该产品的品种 A 由黑色塑料元件模拟，品种 B 由金属元件模拟，品种 C 由白色塑料元件模拟。输入品种 C 槽 3 的数量后，包装方案选择完成。

完成配料选择和包装方案选择后，按“修改”按钮，可对选择的参数进行修改；按“确认”按钮，进入设备运行界面，如图 6-7 所示。

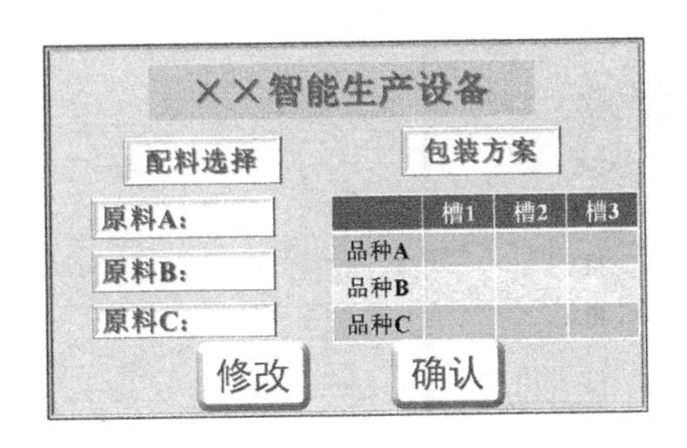

图 6-6　配料与包装选择界面

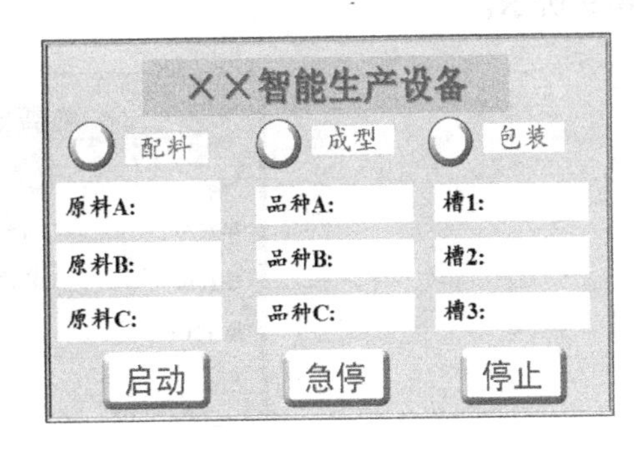

图 6-7　设备运行界面

2. 运行

按“启动”按钮后，设备开始运行，××智能生产设备首先按配料选择设定的配料种类和数量进行配料，这时“配料”指示灯亮，记录框中记录配送并到达加工装置的原料数量。配料时，机械手分别从 A 料台、B 料台、C 料台将原料 A、B、C 搬运到加工机构，每种原料到达加工机构时，加工机构的直流电动机反转 1s。配料过程中的设备运行界面如图 6-8 所示。当按配料选择中设定的种类和数量都已送到××智能生产设备的加工机构时，“配料”指示灯熄灭，加工机构的直流电动机反转 5s 后，自动进入成型检测环节。

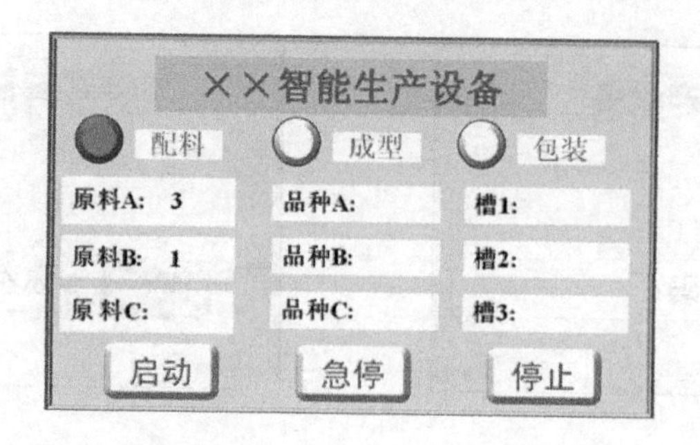

图 6-8　配料过程中的设备运行界面

3. 成型和检测

××智能生产设备进入成型检测环节时，“成型”指示灯亮，将已经配色完成（配色与品种的颜色一致）的毛坯由加工机构的直流电动机正转送出，毛坯到达出料口后，直流电动机停止转动。变频器输出频率为 25Hz 的三相交流电，使皮带输送机的三相交流异步电动机反转，将毛坯送到成型检测台（C 料台）上，然后机械手移动到成型检测台上方，手臂下降、手爪张开，模拟冲压成型。冲压一次，为品种 A；冲压两次，为品种 B；冲压三次，为品种 C。完成产品的冲压后，由机械手搬运回成品仓，完成冲压的产品记录在“成型”栏下的记录框中。若在冲压过程中机械手手爪合拢，冲压的产品将变为废品，由机械手搬运到废品仓（B 料台）。每一品种的成型数量为包装选择中设定的数量，完成包装选择中设定的品种及其数量的产品成型后，“成型”指示灯熄灭，设备自动进行分拣与包装。××智能生产设备成型检测过程中的设备运行界面如图 6-9 所示。

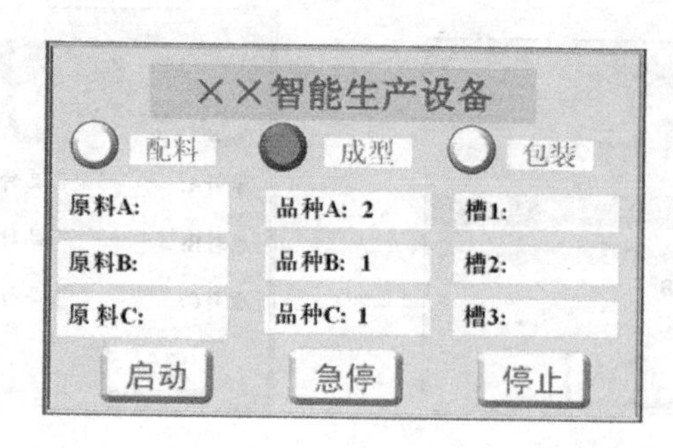

图 6-9　成型检测过程中的设备运行界面

4. 分拣包装

××智能生产设备分拣包装时，“包装”指示灯亮。成品仓的直流电动机正转，将产品送到皮带输送机上，变频器输出频率为 30Hz 的三相交流电，使皮带输送机的三相交流异步电动机正转，根据包装选择设定的品种和数量将产品送入设定的槽中，将成品仓中的产品全部送完后，设备自动停止。当从成品仓中送出的产品不符合入槽要求时，变频器输出频率为 25Hz 的三相交流电，使皮带输送机的三相交流异步电动机反转，将产品送到检测平台后由机械手搬运回成品仓。

分拣包装过程中的设备运行界面如图 6-10 所示。在××智能生产设备完成当前任务的

过程中，按下“停止”按钮，当前任务停止并默认为完成当前任务。再按“启动”按钮时，××智能生产设备自动进入下一工作任务。

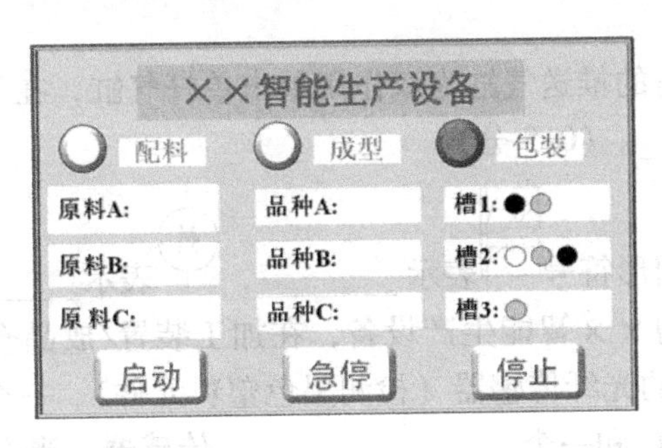

图6-10 分拣包装过程中的设备运行界面

××智能生产设备在运行过程中出现紧急情况时，可按下“急停”按钮。按下“急停”按钮后，设备保持当前状态。紧急情况解除后，再次按下“急停”按钮，设备从急停时的状态开始继续完成剩余的工作。

××智能生产设备在完成配料、成型检测、分拣包装的工作后，触摸屏出现图6-11所示的信息记录界面，该界面记录了原料配置、包装情况、生产时间等信息。

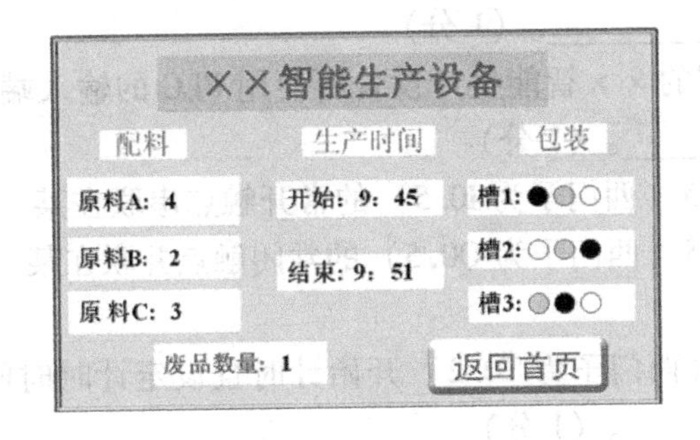

图6-11 产品信息记录界面

其中，原料配置是指送达机构的各种原料的实际数量。生产过程中，开始记录的时间为在运行界面上按下“启动”按钮的时间；结束时间是指完成最后一个产品分拣，“包装”指示灯熄灭时的时间。包装信息中，用与产品品种相同颜色的图形表示各槽中的品种、数量的实际排列情况。

在该界面上按“返回首页”按钮，设备切断电源关机。

三、组装与调试记录（15分）

1）本次组装与调试的××智能生产设备，控制机械手转动的气动执行元件的名称是____________，型号为______________。（1分）

2）拖动皮带输送机的电动机为__________电动机，该电动机的磁极对数为________，当该电动机的电源频率为50Hz时，其旋转磁场的转速为________r/min，改变该电动机的电源频率时，电动机的________也随之改变。（2分）

3）在××智能生产设备的位置安装的传感器为______________，这个传感器的型号为

________。(1分)

4）本次组装与调试的插装机器人C料台/成型检测台所使用传感器的图形符号为________。(0.5分)

5）××智能生产设备的推送气缸为双作用单出单杆气缸，在气动系统图中，该气缸的图形符号为____________。(0.5分)

6）在电路图中，用图形符号 表示________，Ⓜ表示______。(1分)

7）本次组装与调试的××智能生产设备，在加工装置/成品仓出口附近的一个支架上安装了一个检测光通量小的光纤传感器（检测黑色塑料元件）、一个检测光通量大的光纤传感器（检测白色塑料元件）和一个______________传感器。当送出品种A时，能检测到信号的传感器为____________________；当送出品种B时，能检测到信号的传感器为____________；当送出品种C时，能检测到信号的传感器为______________。(2分)

8）在本次组装与调试过程中，使用量程为300mm的钢直尺测量尺寸，在0~10mm区间，钢直尺的分度值为__________；在100~300mm区间，钢直尺的分度值为________。(1分)

9）本次组装与调试的××智能生产设备所使用变频器输出的额定功率为______，输出的频率范围为______________。(1分)

10）本次组装与调试的××智能生产设备所使用PLC的输入端子数为________，输出端子数为______________。(1分)

11）将输入继电器X5（西门子为I0.5）的常开触点串联在某一支路上，使用的指令是______；将输出继电器Y5（西门子为Q0.5）的常闭触点并联在某一支路上，使用的指令是__________。(1分)

12）驱动计时器T2（西门子为T0.2）开始计时且设定计时时间为0.5s的指令为____________________。(1分)

13）本次组装与调试的××智能生产设备的触摸屏与PLC通信时，在触摸屏上选择的PLC型号为__________，选择的通信方式为__________。(1分)

14）组装与调试××智能生产设备过程中，在绑扎未进线槽的导线时，扎带绑扎的间距为________mm，安装台面上线夹的安装间距为__________mm。(1分)

四、设备组装图

××智能生产设备组装图如图6-12所示。

五、电气原理图

××智能生产设备电气原理图如图6-13所示。

六、气动系统图

××智能生产设备气动系统图如图6-14所示。

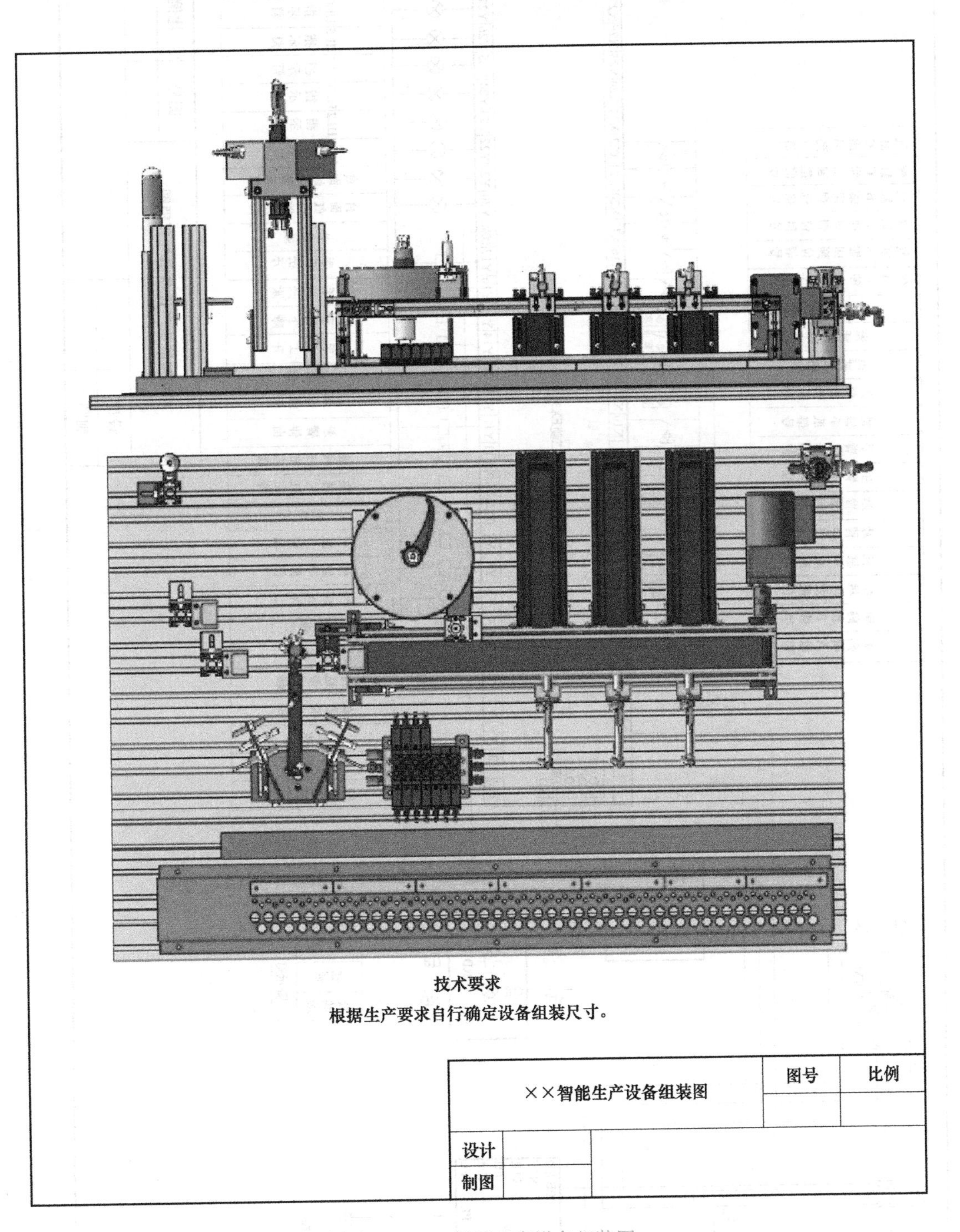

图 6-12 ××智能生产设备组装图

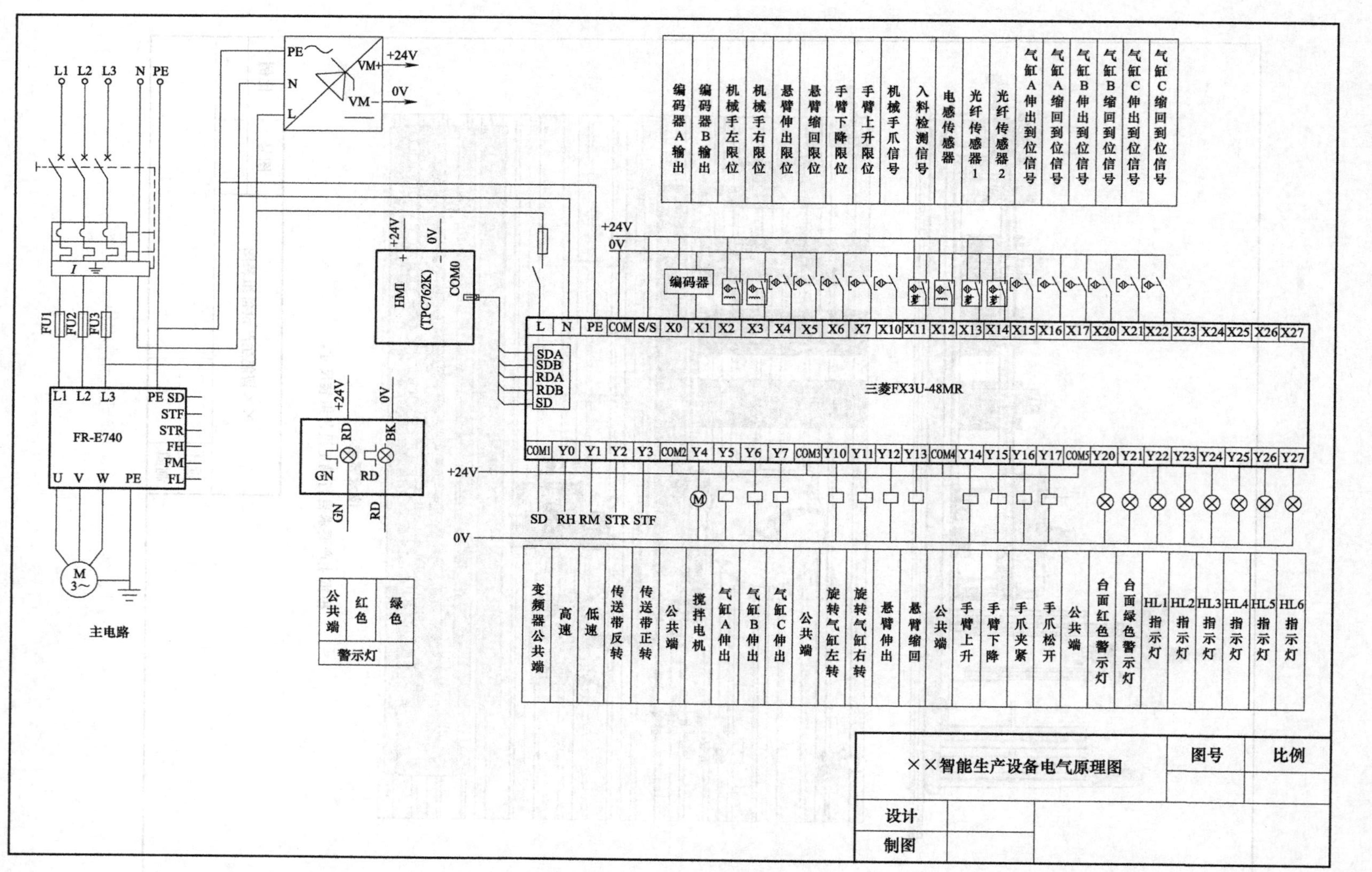

图 6-13　××智能生产设备电气原理图

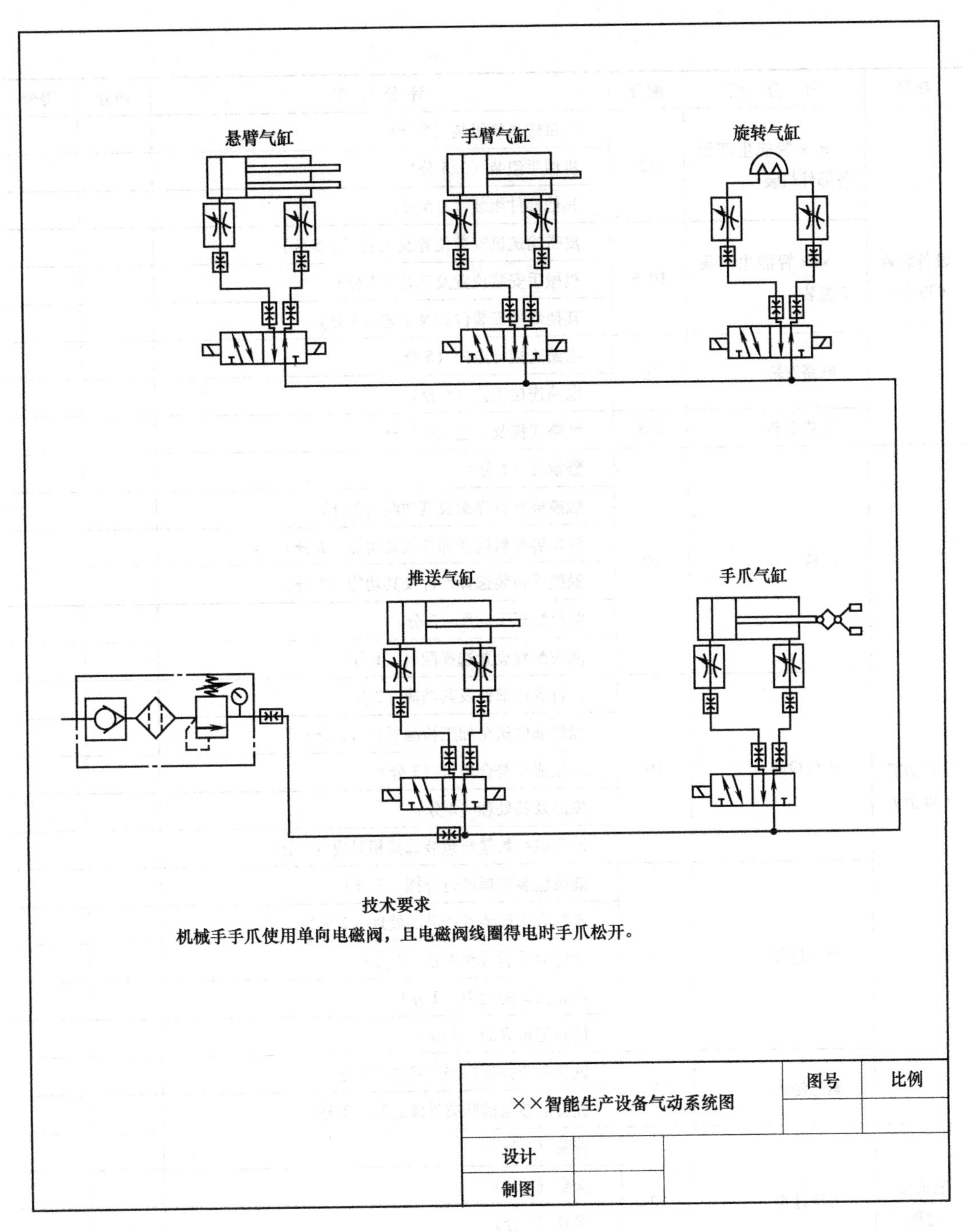

图 6-14　××智能生产设备气动系统图

七、评分表（表6-1）

表6-1　组装与调试评分表

项目	评分点	配分	评分标准	扣分	得分
设备组装（39分）	××智能生产设备部件组装	12	皮带输送机组装（5分）		
			机械手组装（3.5分）		
			其他部件组装（3.5分）		
	××智能生产设备组装	10.5	皮带输送机安装位置及工艺（4.5分）		
			机械手安装位置及工艺（3分）		
			其他部件安装位置及工艺（3分）		
	电路安装	10	电路连接与走向（5分）		
			电路连接工艺（5分）		
	气路安装	6.5	气路连接及工艺（6.5分）		
设备功能（36分）	配料	10	警示灯（1分）		
			触摸屏首页界面及其功能（2分）		
			触摸屏配料选择部件及其功能（2分）		
			触摸屏包装选择部件及其功能（2分）		
			配料机械手动作（2分）		
			能按配料设置选择配料（1分）		
	成型检测	10	运行界面部件及其功能（2分）		
			能将部件送至加工检测平台（2分）		
			冲压成型符合要求（3分）		
			废品及其处理（2分）		
			冲压成品数量与包装选择相对应（1分）		
	分拣包装	12	能按包装选择进行分拣（3分）		
			不符合入槽要求产品的处理（2分）		
			分拣完成后自动停止（2分）		
			停止按钮的使用（2分）		
			信息记录界面（3分）		
	紧急停止	4	设备停止并保持当前状态（2分）		
			设备能按当前状态继续运行（2分）		
记录与过程（25分）	工作过程	10	着装（1分）		
			安全（4分）		
			素养（3分）		
			更换元件（2分）		
	组装与调试记录	15	详见“三、组装与调试记录”1）~14）		

实训任务七

电子元件插装机组装与调试

说明：本次组装与调试的机电一体化设备为电子元件插装机。请仔细阅读相关说明，理解实训任务与要求，使用亚龙235A设备，在240min内按要求完成指定的工作。

一、实训任务与要求

1）按电子元件插装机组装图（图7-7）组装设备，并满足图样中的技术要求。其中，触摸屏的安装位置自定，要求安装合理、方便操作。

2）按电子元件插装机气动系统图（图7-9）连接气路。气管与接头的连接必须可靠，不得漏气；气路的走向应合理，符合安全要求；气管与信号线、导线等不能绑扎在一起。

3）根据电子元件插装机电气原理图（图7-8）连接电路，所连接的电路应符合以下要求：

① 连接的导线必须套上写有编号的号码管；交流电动机金属外壳与变频器的接地极必须可靠接地；变频器的公共端不能与其他输出端公共端连在一起。

② 工作台上各传感器、电磁阀控制线圈、送料直流电动机、警示灯、触摸屏的连接线必须放入线槽内；为减少对控制信号的干扰，工作台上交流电动机的连接线不能放入线槽中。

4）正确理解电子元件插装机的调试、工作要求以及触摸屏界面要求、正常工作过程和故障状态的处理等，编写电子元件插装机的PLC控制程序，制作触摸屏界面并设置通信参数、变频器参数。

注意：在使用计算机编写程序时，应随时保存已编好的程序，保存的文件名为“工位号+A”（如1号工位文件名为“1A”），保存位置为桌面。

5）调整传感器的位置和灵敏度，调整机械部件的位置，完成电子元件插装机的整体调试，使其能按照要求进行工作。

二、电子元件插装机说明

电子元件插装机示意图如图7-1所示。物料在皮带输送机上运行排列的位置和间距如图7-2所示。

接通电源后，若设备在初始位置，则绿色警示灯闪烁；若不在初始位置，则红色警示灯闪烁。触摸屏初始界面如图7-3所示，该界面显示出不在初始位置的部件数。按下复位按钮SB4，设备复位。若已经在初始位置，10s内也不能启动，如果在10s内按下启动按钮SB1，则蜂鸣器鸣叫2s，提示设备还在预热。

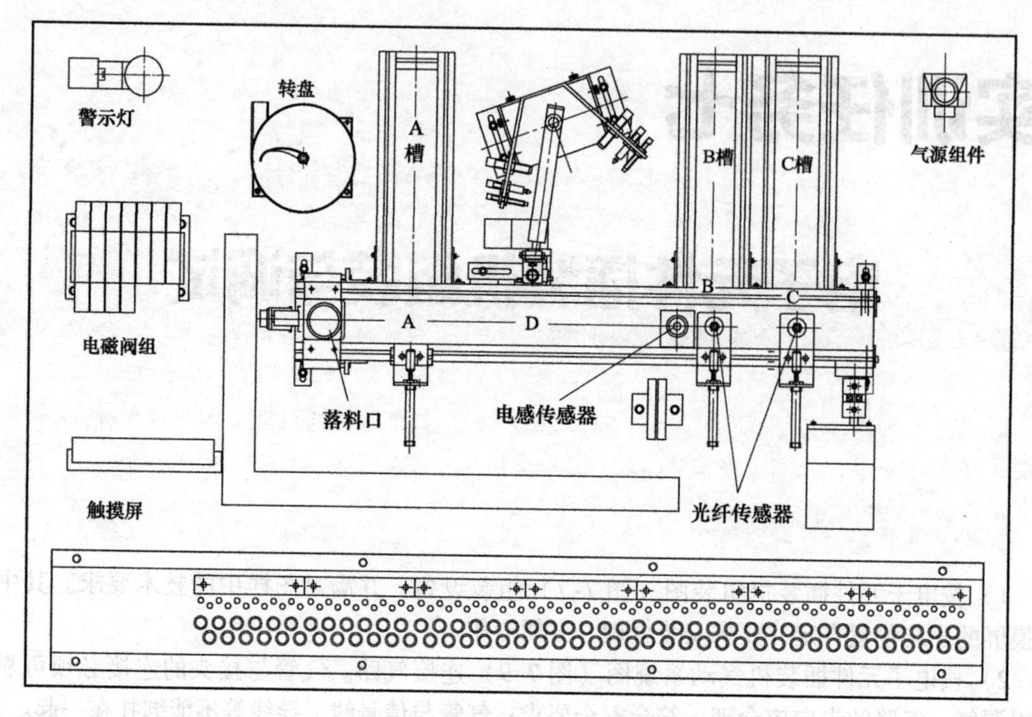

图 7-1　电子元件插装机示意图

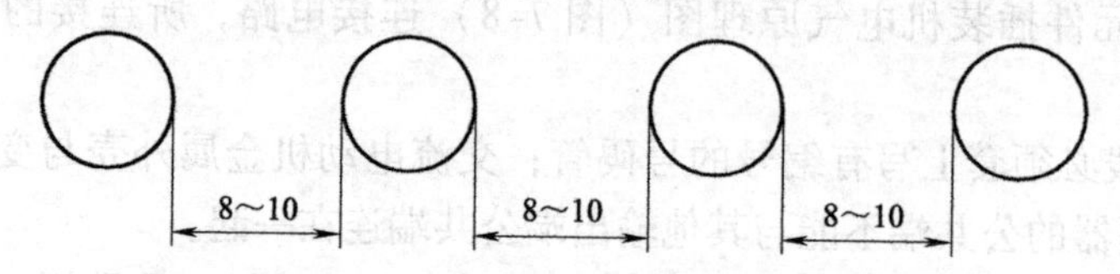

图 7-2　物料在皮带输送机上运行排列的位置和间距示意图

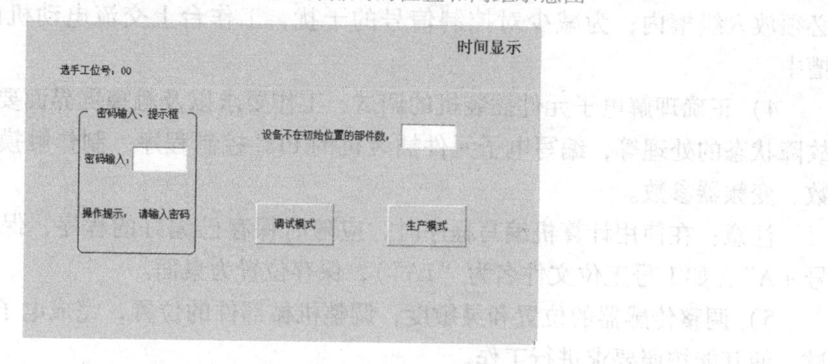

图 7-3　初始界面

设备有“调试”和“生产”两种模式，可在触摸屏初始界面进行切换。但如果有部件不在初始位置或密码输入不正确，则不能进行切换，设备不能工作。此时，“密码输入、提示框”将提示：“请输入密码”“密码输入错误重新输入”或“密码输入正确可切换界面”，密码为“YL235A”。

（一）电子元件插装机的调试

电子元件插装机的调试可分为皮带输送机、机械手、三个推料气缸、指示灯四大部分的调试。在触摸屏“调试界面”上按下“调试启动”按钮，装置按照以下顺序运行：皮带输

送机的三相交流异步电动机以10Hz的频率正向转动2s，再以20Hz的频率反向转动2s，再以30Hz的频率正向转动2s，再以60Hz的频率反向转动2s；接着机械手动作，旋转气缸向左转动，悬臂气缸活塞杆伸出，手臂气缸活塞杆下降，手爪夹紧后再松开，接着以相反的顺序让机械手动作；然后三个气缸活塞杆分别推出，再分别缩回；三个指示灯各亮1s，最后蜂鸣器鸣叫3s，调试自动结束。

在调试的过程中按下“调试停止”按钮（图7-4），则调试过程结束。

在进行调试时，为了使某一部件达到最佳工作状态，可以使用“动作锁定”功能，锁定某一部件的调试，例如在调试机械手时按下“动作锁定”按钮，则不断循环调试机械手，直到松开“动作锁定”按钮，才能进行下一个部件的调试。

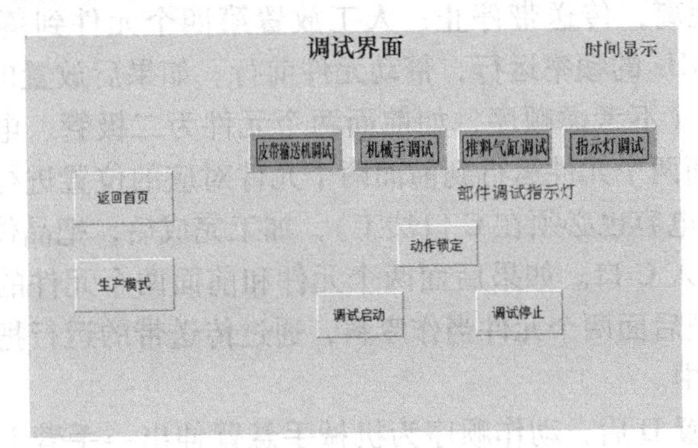

图7-4　“调试界面”

完成调试后，皮带输送机停止，送料直流电动机停止；机械手停留在右限位位置，悬臂缩回到位，手臂上升到位，手爪松开；气缸A、B、C活塞杆处于缩回位置。这些部件完成调试的位置称为初始位置。

（二）电子元件插装机的生产过程

电子元件插装机有两种生产模式，分别为电子元件预处理模式和排序生产模式，“生产界面”如图7-5所示。注意：在当前模式停止之后才可进行模式切换。

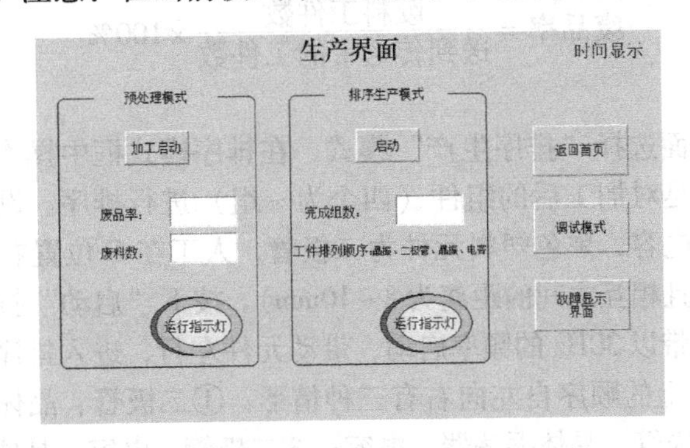

图7-5　“生产界面”

预处理模式主要是对元件进行加工和分拣，即加工完成后把不合格的元件挑选出来。排序生产模式主要是对电子元件进行有序的选择。

1. 预处理模式

在生产模式切换界面选择“预处理”模式，切换到预处理框，人机界面用文字显示该生产模式，在生产模式框中操作。该模式下需要四个元件一组进行预处理，可操作上一级机械把元件从落料口放入（本次任务为人工放置）。人工放置一个工件到皮带输送机落料口，然后按下“加工启动”按钮，HMI 界面“运行指示灯”常亮，电动机以 20Hz 的频率运行，带动元件前行大约 10mm 的距离，传送带停止。然后人工放置第二个元件到落料口，按下“加工启动”按钮，电动机以 30Hz 的频率运行，带动元件前行，当第一个元件到达 B 位置时，传送带停止，对第一个元件加工 2s，然后电动机以 30Hz 的频率运行，带动元件前行；当第二个元件到达 C 位置时，传送带停止，对第二个元件加工 2s，然后传送带带动元件以 30Hz 的频率运行，返回落料口附近，并给下一个元件留下 8 ~ 10mm 距离；接着人工放置第三个元件到皮带输送机落料口，按下“加工启动”按钮，电动机以 20Hz 的频率运行，带动元件前行 8 ~ 10mm 的距离，传送带停止；人工放置第四个元件到落料口，按下“加工启动”按钮，电动机以 30Hz 的频率运行，带动元件前行。如果后放置的两个元件的材质和前面两个元件的材质相同（不考虑顺序，如前面两个元件为二极管、电容，后面两个元件为电容和二极管），则后面两个元件运行到前面两个元件对应的位置进行加工（如第一个电容在 C 口加工，则后面的电容也必须在 C 口加工），加工完成后，把晶体振荡器推入 A 口，电容推入 B 口，二极管推入 C 口。如果后面两个元件和前面两个元件的材质不同（只要有一个不同就算不同），则把后面两个元件当作废料，通过传送带的运行把元件送到 D 位置，由机械手把废料送入转盘中。

当废料元件到达位置 D 后，动作顺序为机械手悬臂伸出→手臂下降→手爪夹紧抓取元件→手臂上升→悬臂缩回→机械手向左转动→悬臂伸出→伸出到位延时 1s 后手爪松开，元件掉在处理盘内→悬臂缩回→机械手右转回原位后停止。

元件掉入处理盘后，处理盘电动机转动，对掉入盘内的元件进行处理，处理时间为晶体振荡器 3s，电容 2s，二极管 1s，处理时间到后处理盘电动机停止转动。

如果机械手空夹，则在机械手刚上升到位时就马上下降再夹。

加工完四个元件（作为一组）之后，继续处理下一组元件。在生产界面上动态显示废料数和废品率，两者的关系为

$$废品率 = \frac{废料工件数}{送到传送带的工件数} \times 100\%$$

2. 排序生产模式

在生产模式切换界面选择“排序生产”模式，在排序模式框中操作，人机界面用文字显示该生产模式。此模式是对加工后的组件（四个为一组）进行排序。设定金属元件为晶体振荡器，白色塑料元件为电容，黑色塑料元件为二极管，人工在 C 位置右端放置四个元件（要求三种元件必须都有，且相互之间的距离为 8 ~ 10mm）。按下“启动”按钮，“生产界面”“运行指示灯”常亮，传送带以 30Hz 的频率启动，带动元件左行，进入排序选择过程。根据工艺要求，电子元件在 PBC 上的顺序自左向右有三种情形：①二极管、晶体振荡器、电容、二极管；②晶体振荡器、二极管、晶体振荡器、电容；③二极管、电容、晶体振荡器、电容。所有元件必须借助物料平台、机械手在传送带上进行排序，元件间距为 8 ~ 10mm，并且在触摸屏上实时显示皮带输送机上二极管、晶体振荡器、电容的位置顺序和完成的组数。

（三）异常情况处理

1. 紧急停止

系统运行过程中遇到各类意外事故，需要紧急停止时，应按下急停开关 QS，系统将立刻

停止运行并保持急停瞬间的状态，同时蜂鸣器鸣叫报警。再次启动时，必须复位急停开关，系统以急停瞬间的状态继续运行，同时蜂鸣器停止鸣叫。触摸屏上实时显示急停的次数。

2. 突然断电

运行过程中突然断电时，系统停止运行并保持断电瞬间的状态。恢复供电后，HL1 以 4Hz 的频率闪烁，蜂鸣器鸣叫报警，再次按下启动按钮后 HL1 熄灭，蜂鸣器停止鸣叫，系统以断电瞬间的状态继续运行。触摸屏上实时显示突然断电的次数。

“故障显示界面”如图 7-6 所示。

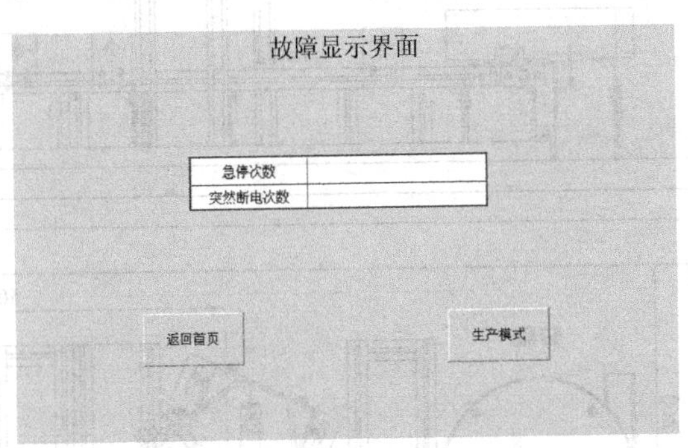

图 7-6　“故障显示界面”

三、组装与调试记录（9 分）

1）选择型号为________的电感传感器安装在________。（1 分）

2）本装置选用了________变频器，型号为________。该变频器的额定输出功率是________kW，额定工作电压是________V。（2 分）

3）机械手悬臂气缸为________作用的________气缸，控制该气缸动作的电磁阀是________，其型号为________。（2 分）

4）气源组件上压力表的量程是________，分装机工作时调节的压力为________。（1 分）

5）组装完成后，经测量，接料平台上表面距安装台台面的高度为________mm。（0.5 分）

6）在整体调试后，机械手手爪距工作台台面的实际尺寸是________mm。（0.5 分）

7）按下触摸屏首页界面上的________，密码输入正确后，拨动 SA1 至左档位，触摸屏界面将切换到________界面。（1 分）

8）触摸屏“设备生产”界面中的“运行指示灯”应使用触摸屏元件库中的________来制作，用 PLC 中的________控制。（1 分）

四、设备组装图

电子元件插装机组装图如图 7-7 所示。

五、电气原理图

电子元件插装机电气原理图如图 7-8 所示。

六、气动系统图

电子元件插装机气动系统图如图 7-9 所示。

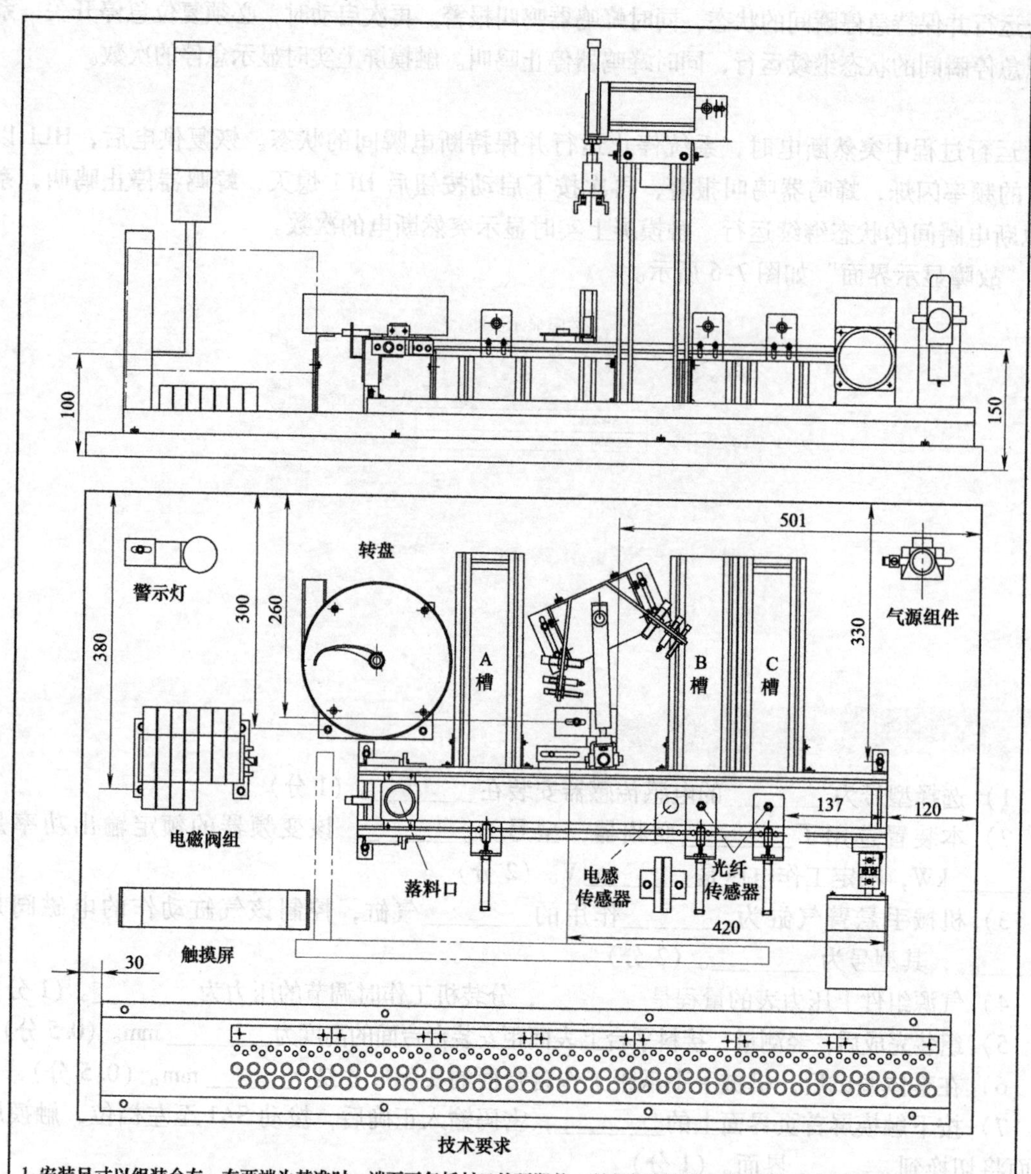

技术要求

1. 安装尺寸以组装台左、右两端为基准时，端面不包括封口的硬塑盖。所有实际安装尺寸与标注尺寸之间的误差不大于±1。
2. 皮带输送机的水平度按支架到安装台的安装高度检测，四个支承脚处的安装高度与公称尺寸的差不大于0.5；检测平台上沿到安装台面的参考高度为153。
3. 机械手的安装尺寸根据工作的实际情况进行调整，必须确保机械手能准确抓取和输送工件。
4. 传感器的灵敏度请根据实际生产要求进行调整，根据实际需要确定各个传感器的安装位置。
5. 三相交流异步电动机转轴与皮带输送机主辊筒轴之间联轴器的同心度不能有明显偏差，皮带输送机主辊筒轴与副辊筒轴应平行，不能出现传送带与支架产生摩擦的情况。
6. 所有支架及部件的安装要求牢固可靠，安装的固定螺栓必须垫有垫片。

电子元件插装机组装图			图号	比例
设计				
制图				

图 7-7　电子元件插装机组装图

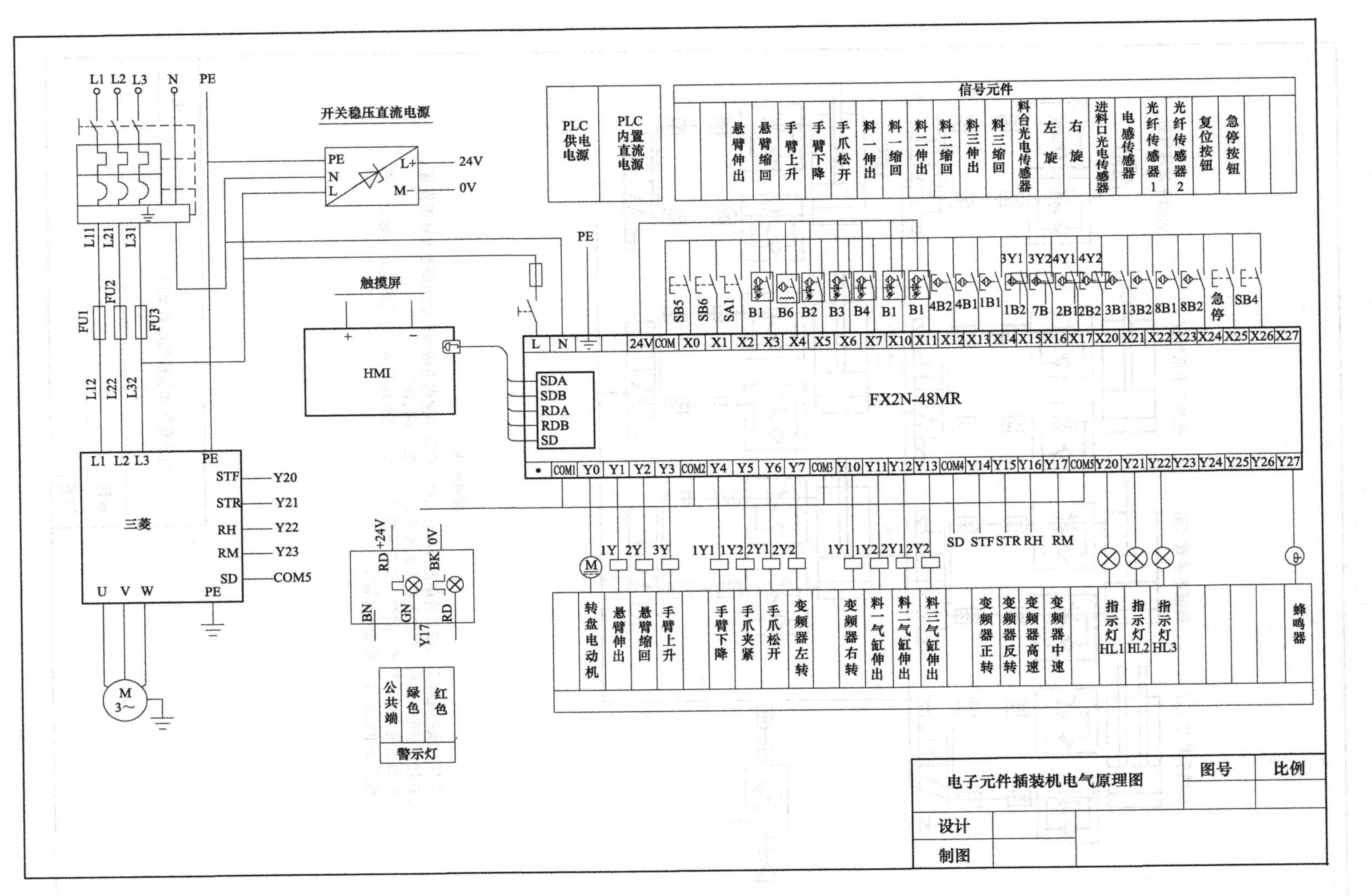

图 7-8　电子元件插装机电气原理图

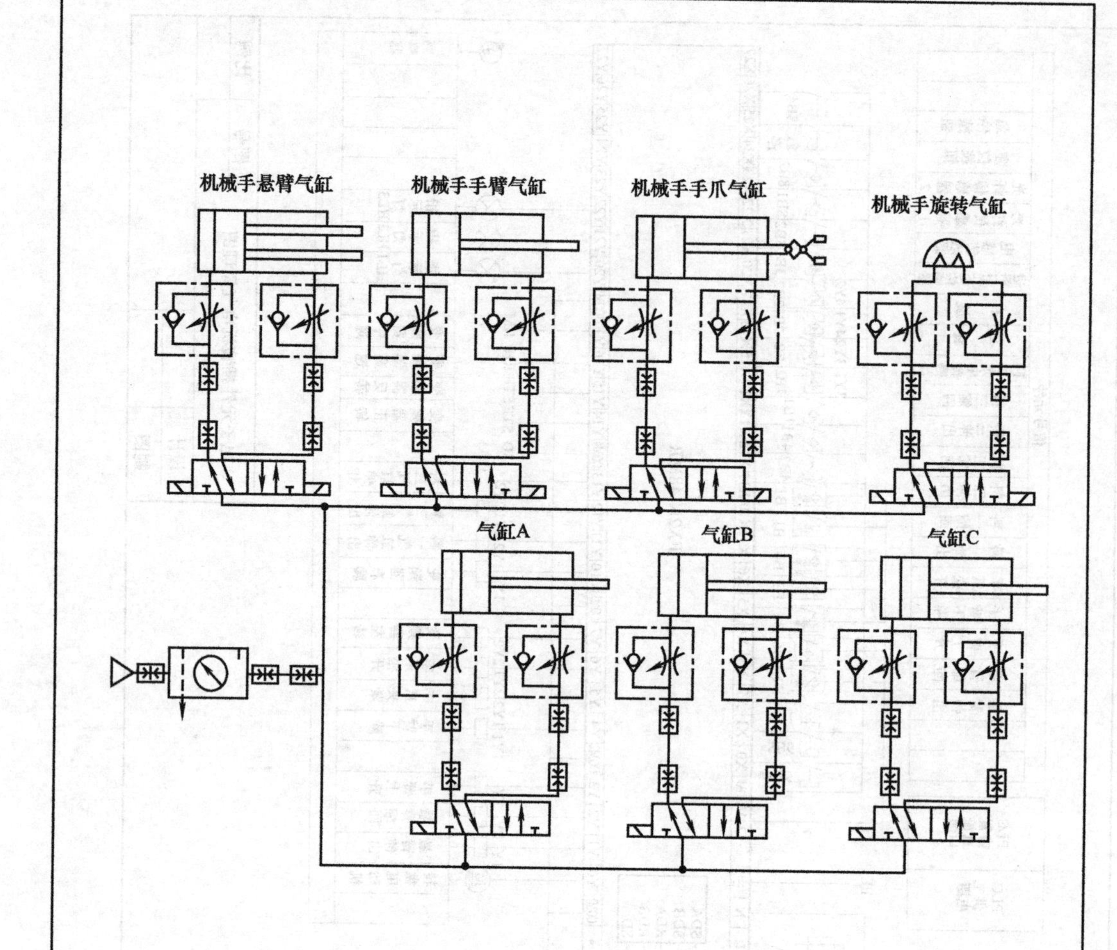

技术要求

1. 各气动执行元件必须按系统图选择控制元件，但具体使用电磁阀组中的哪个元件不做规定。
2. 连接系统的气路时，气管与接头的连接必须可靠，不得漏气。
3. 气路布局合理、整齐、美观。气管不能与信号线、电源线等电气连线绑扎在一起，气管不能从皮带输送机、机械手内部穿过。

电子元件插装机气动系统图		图号	比例
设计			
制图			

图 7-9　电子元件插装机气动系统图

七、评分表

评分表共三份，组装评分表见表7-1，过程评分表见表7-2，功能评分表见表7-3。

表7-1　组装评分表

工位号：________　　得分：________

项目	评分点	配分	评分标准	得分	项目得分
部件组装及测试（19分）	皮带输送机	5	皮带输送机、接料口高度差超过±1mm，扣0.5分/mm，此处最多扣2分；到边缘的距离差超过±1mm，扣0.5分/处，此处最多扣2分；电动机与皮带输送机连接同轴度明显超差，扣1分		
	机械手装置	5	机械手组装后不能工作，扣2分，若能工作但动作错误，每个动作扣0.5分；组装后机械手与立柱明显不垂直，扣1分；安装尺寸误差超过±1mm，扣0.5分/处，此处最多扣2分		
	处理盘与警示灯	2	安装尺寸误差超过±1mm，扣1分/处。本项最多扣2分		
	气源组件	1	安装尺寸误差超过±1mm，扣0.5分/处。本项最多扣1分		
	皮带输送机测试	6	皮带输送机不能转动，扣2分；皮带输送机打滑、跑偏，扣2分；频率为60Hz时，大幅度颤动，扣2分。本项最多扣6分		
气路连接（16分）	元件选择	4	气缸用电磁阀与图样不符，扣0.5分/处。本项最多扣4分		
	气路连接	6	漏接、脱落、漏气，扣0.5分/处。本项最多扣6分		
	气路工艺	6	布局不合理，扣1分；布局凌乱，扣1分；长度不合理，扣2分；没有绑扎，扣2分。本项最多扣6分		
电路连接（15分）	元件选择	5	元件选择与试题要求不符，扣0.5分/处。本项最多扣5分		
	连接工艺	5	连接不牢、露铜超过2mm，同一接线端子上连接导线超两条，扣0.5分/处。本项最多扣5分		
	编号管	5	自己连接的导线未套编号管，扣0.2分/处，此处最多扣2分；套管未标号，扣0.2分/处，此处最多扣3分		

表 7-2　过程评分表

项　目	评分点	配分	评 分 标 准	得分	项目得分
工作过程（10分）	着装	1	身着工作服，穿电工绝缘鞋，符合职业岗位要求		
	安全	1	不带电连接、改接电路，通电调试电路经考评人员同意		
		1	操作符合规范，未损坏零件、元件和器件		
		1	设备通电、调试过程中未出现熔断器熔断、剩余电流断路器动作或安装台带电等情况		
	素养	1	工具、量具、零部件摆放符合规范，不影响操作		
		1	工作结束后清理工位，整理工具、量具，现场无遗留		
		1	爱护赛场设备设施，不浪费材料		
	更换元件	1	更换的元件，经裁判检测确为损坏元件		
	赛场表现	1	积极完成工作任务，不怕困难，始终保持工作热情		
		1	遵守考场纪律，服从考评人员指挥，积极配合赛场工作人员，保证测试顺利进行		

表 7-3　功能评分表

项目	评分点	配分	评 分 标 准	得分	项目得分
设备调试（8.5分）	机械手	1	按要求选择调试内容，得 0.5 分；机械手能按要求动作，得 0.5 分		
	皮带输送机	3.5	按要求选择调试内容，得 0.5 分；皮带输送机能按要求转动，得 0.5 分；电动机频率符合规范，得 2.5 分		
	送料机构	1	按要求选择调试内容，得 0.5 分；送料机构能按要求工作，得 0.5 分		
	推料气缸	1	按要求选择调试内容，得 0.5 分；推料气缸能按要求动作，得 0.5 分		
	复位	2	不能按要求复位，扣 0.5 分/处。本项最多扣 2 分		
界面设定（5分）	初始	2	通电后，绿色警示灯闪烁，得 1 分；不在初始位置时，红色警示灯报警，得 1 分		
	首页部件	2	年、月、日、时、分能正确显示，得 0.1 分/处，共 1 分；其余部件（无错字、别字、漏字），得 0.25 分/处，共 1 分		
	密码输入	1	输入正确密码后，能通过调试与生产按钮切换界面，得 0.5 分；输入错误密码时，弹出“密码错误重新输入”的提示，得 0.5 分		

（续）

项目	评分点	配分	评 分 标 准	得分	项目得分
生产模式选择（15.5 分）	预处理	6.5	密码输入正确后，进入生产界面，得 0.5 分；能按预处理要求运行，得 3 分；按下“停止”按钮，能将皮带输送机上的物料处理完后停止，得 2 分；运行指示灯能正确点亮，得 0.5 分；皮带输送机频率正确，得 0.5 分		
	排序生产	9	密码输入正确后，进入生产界面，得 0.5 分；能按元件顺序进行排列，得 6 分；机械手能正确搬运，得 1 分；皮带输送机频率正确，得 1 分；运行指示灯能正确点亮，得 1 分		
数据显示（4.9 分）	记录表格	2.5	表格 2 列 2 行，格式、文字正确，得 0.5 分/处，共 2 分；标题正确，得 0.5 分		
	记录数据	2.4	记录六个数据（位置应正确），得 0.2 分/个，共 1.2 分；记录的数据正确，得 0.2 分/个，共 1.2 分		
整体调试（4.1 分）	物料抓取	1	机械手能准确地将物料送至接料平台，转盘电动机，得 0.5 分/处，共 1 分		
	推料气缸	1.5	准确地将物料推入领料口，得 0.5 分/处，共 1.5 分		
	皮带输送机	0.6	不跳动，得 0.3 分；不跑偏，得 0.3 分		
	进气量调节	1	六个气缸进气量合适，活塞杆伸出与缩回速度适中，得 1 分；进气量过大或过小，扣 0.2 分/处。本项最多扣 1 分		
断电（1 分）	断电保持	1	通电后蜂鸣器鸣叫，得 0.5 分；按下“启动”按钮，蜂鸣器停止鸣叫，系统继续运行，得 0.5 分		
紧急停止（1 分）	急停保持	1	上电后蜂鸣器鸣叫，得 0.5 分；松开“急停”按钮，按下“启动”按钮，蜂鸣器停止鸣叫，系统继续运行，得 0.5 分		

实训任务八

零件分拣及热处理设备组装与调试

说明： 本次组装与调试的机电一体化设备为零件分拣及热处理设备。请仔细阅读相关说明，理解实训任务与要求，使用亚龙235A设备，在240min内按要求完成指定的工作。

一、实训任务与要求

1）按零件分拣及热处理设备组装图（图8-8）组装设备，并满足图样中的技术要求。

2）按零件三区组装图（图8-9）、零件一区和二区组装图（图8-10）组装设备相应机构，并满足图样中的技术要求。

3）按零件分拣及热处理设备气动系统图（图8-11）连接设备的气路，并满足图样中的技术要求。

4）根据PLC输入/输出端子（I/O）分配表（表8-1）连接输入/输出电路，连接的电路应符合以下要求：

① 所有连接的导线，都必须套上写有编号的号码管；交流电动机金属外壳与变频器的接地极必须可靠接地。

② 工作台上各传感器、电磁阀控制线圈、送料直流电动机、警示灯的连接线必须放入线槽内；为减少对控制信号的干扰，工作台上交流电动机的连接线不能放入线槽内。

表8-1 PLC输入/输出端子（I/O）分配表

输入端子			功能说明	输出端子			功能说明
三菱PLC	西门子PLC	松下PLC		三菱PLC	西门子PLC	松下PLC	
X0	I0.0	X0	光电传感器1	Y0	Q0.0	YA	送料电动机
X1	I0.1	X1	光电传感器2	Y1	Q0.1	YB	手爪夹紧
X2	I0.2	X2	手爪夹紧到位检测	Y2	Q0.2	YC	手爪松开
X3	I0.3	X3	手臂上升到位检测	Y3	Q0.3	YD	手臂上升
X4	I0.4	X4	手臂下降到位检测	Y4	Q0.4	Y0	手臂下降
X5	I0.5	X5	悬臂伸出到位检测	Y5	Q0.5	Y1	悬臂伸出
X6	I0.6	X6	悬臂缩回到位检测	Y6	Q0.6	Y2	悬臂缩回
X7	I0.7	X7	旋转气缸左转到位检测	Y7	Q0.7	Y3	旋转气缸左转
X10	I1.0	X8	旋转气缸右转到位检测	Y10	Q1.0	Y4	旋转气缸右转
X11	I1.1	X9	电感传感器	Y11	Q1.1	Y5	气缸1伸出

（续）

输入端子			功能说明	输出端子			功能说明
三菱PLC	西门子PLC	松下PLC		三菱PLC	西门子PLC	松下PLC	
X12	I1.2	XA	光纤传感器1	Y12	Q1.2	Y6	气缸2伸出
X13	I1.3	XB	光纤传感器2	Y13	Q1.3	Y7	气缸3伸出
X14	I1.4	XC	气缸1伸出到位检测	Y14	Q1.4	Y8	传送带正转
X15	I1.5	XD	气缸1缩回到位检测	Y15	Q1.5	Y9	传送带反转
X16	I1.6	XE	气缸2伸出到位检测	Y16	Q1.6	Y10	传送带低速
X17	I1.7	XF	气缸2缩回到位检测	Y17	Q1.7	Y11	传送带高速
X20	I2.0	X10	气缸3伸出到位检测	Y20	Q2.0	Y12	红色警示灯
X21	I2.1	X11	气缸3缩回到位检测	Y21	Q2.1	Y13	
X22	I2.2	X12	SA1	Y22	Q2.2	Y14	报警蜂鸣器
X23	I2.3	X13	SB4	Y23	Q2.3	Y15	黄色指示灯HL1
X24	I2.4	X14	SB5	Y24	Q2.4	Y16	绿色指示灯HL2
X25	I2.5	X15	SB6	Y25	Q2.5	Y17	红色指示灯HL3

5）正确理解设备的调试、工作要求以及指示灯的亮灭方式、异常情况的处理等，编写设备的PLC控制程序并设置变频器参数。

注意：在使用计算机编写程序时，应随时保存已编好的程序，保存的文件名为“工位号+A”（如3号工位文件名为“3A”）。

6）按触摸屏界面制作和监控要求的说明制作触摸屏界面，设置和记录相关参数，实现触摸屏对设备的监控。

7）调整传感器的位置和灵敏度，调整机械部件的位置，完成设备的整体调试，使设备能按照要求完成零件分拣及热处理工作。

二、零件分拣及热处理设备说明

零件分拣及热处理设备（图8-1）有“调试”和“运行”两种模式。转换开关SA1置于左边时，设备处于“调试”模式；转换开关SA1置于右边时，设备处于“运行”模式。“运行”模式有两种功能，可以对甲种零件（用金属工件代替）、乙种零件（用白色塑料工件代替）和丙种零件（用黑色塑料工件代替）进行分拣配套和渗氮处理。无论设备工作在哪种模式，按下急停按钮，设备均应立刻停止工作，以确保安全。

相关部件的初始位置是：机械手的悬臂靠在左限位位置，手臂气缸的活塞杆缩回，悬臂气缸缩回，手爪松开，位置B、C、D的气缸活塞杆缩回，送料盘、皮带输送机的拖动电动机不转动。

开机后，绿色警示灯闪烁，指示接通电源。如果设备不在初始位置，则红色警示灯闪烁；如果设备在初始位置，则红色警示灯熄灭。

（一）设备的工作要求

选择“调试”模式时，HL1以1Hz的频率闪烁；选择“运行”模式时，HL1以0.5Hz

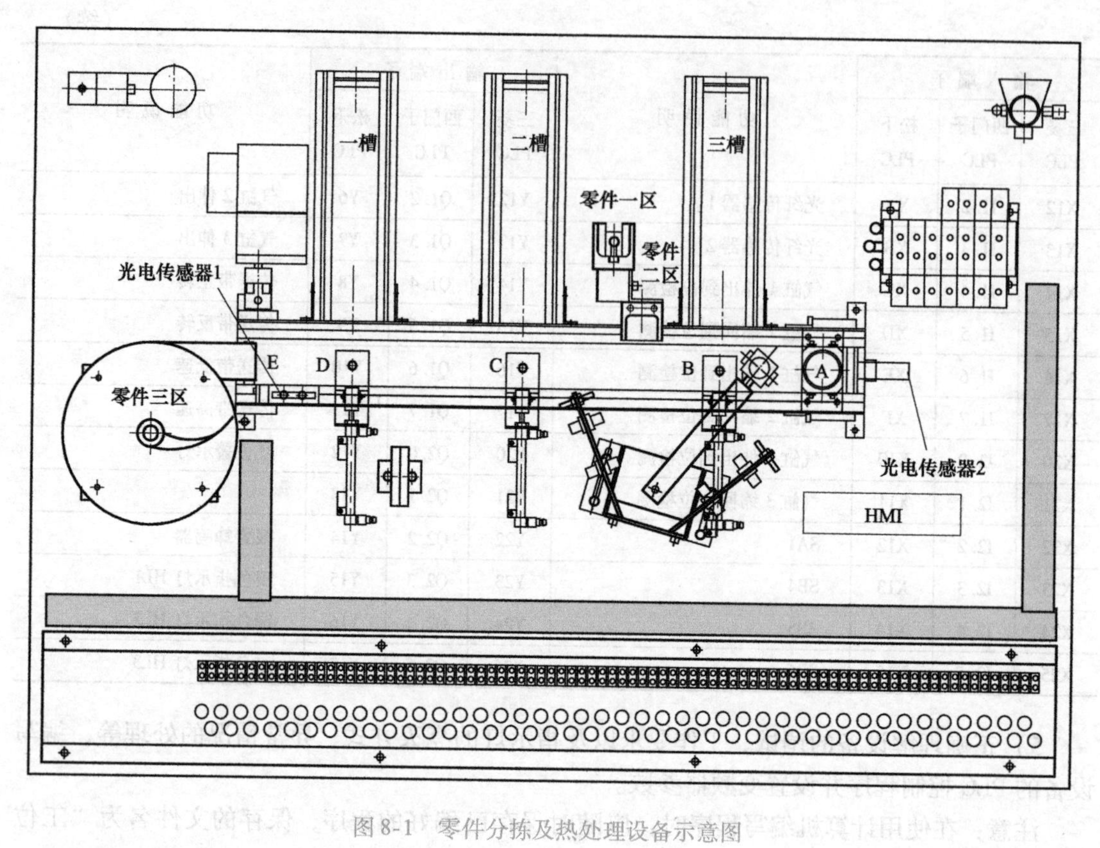

图 8-1　零件分拣及热处理设备示意图

的频率闪烁。

设备启动后首先进入初始界面（图 8-2），通过该界面可以分别进入“调试”模式和“运行”模式，为了防止人为误操作，在进入任意一种模式的操控界面时，必须同时满足以下两个条件：

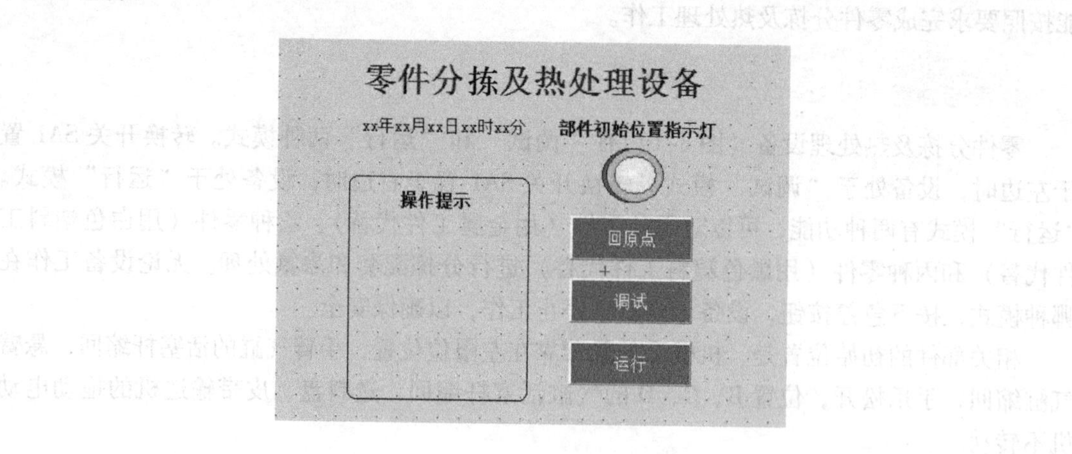

图 8-2　触摸屏初始界面

1）设备必须处于初始位置。即各工作气缸缩回，皮带输送机上无零件且停止，机械手置于左边，悬臂缩回、手臂上升到顶、手爪松开，B、C、D 位置气缸活塞杆处于缩回状态，

皮带输送机的三相交流电动机、送料盘的直流电动机停止转动。系统不在初始位置时，初始界面上的“部件初始位置指示灯”以1次/s的频率闪烁，此时按下初始界面上的“回原点”按钮，系统将以安全的方式回到初始位置，“部件初始位置指示灯”变为常亮。

2）进入的界面必须与SA1选择的工作方式相一致。即要进入“调试”界面时，SA1必须置于左边；进入“运行”界面时，SA1必须置于右边。

如果不满足上述条件，则当操作者按下“调试”或“运行”按钮时，人机界面“操作提示”栏将显示“请检查原点或SA1档位”字样。

（二）“调试”模式

将SA1置于左边，按下初始界面上的“调试”按钮，进入“调试”模式，人机界面自动切换到“分拣及热处理设备调试”界面，如图8-3所示。

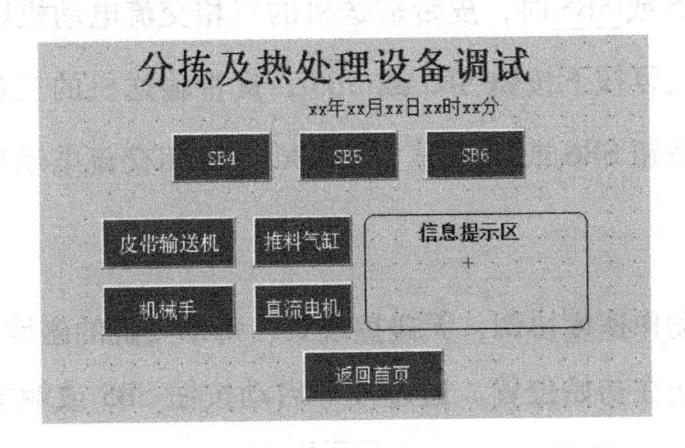

图8-3　“分拣及热处理设备调试”界面

注：为了叙述方便，对于触摸屏上与按钮/指示灯模块中名称相同的按钮，均加方框表示。例如，按钮/指示灯模块中有按钮SB5，而触摸屏上也有按钮SB5，则触摸屏上的为[SB5]，按钮/指示灯模块中的为SB5。

当SA1置于左边时，按下触摸屏首页上的“调试”按钮，将进入“分拣及热处理设备调试”界面，由SB4或[SB4]确定应调试的部件，即按下SB4或[SB4]进行以下切换：

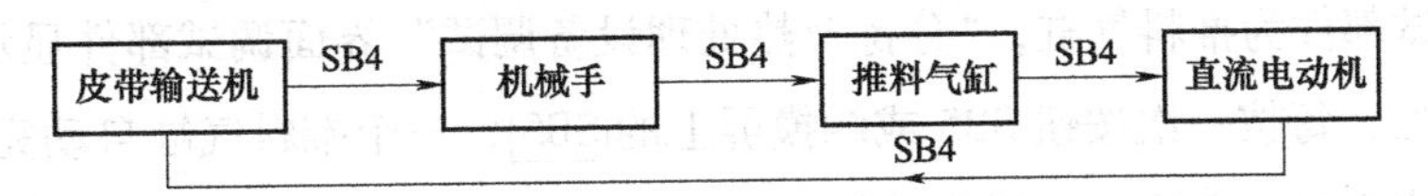

不同调试部件的选定，由按钮/指示灯模块中的HL2、HL3以表8-2所列方式点亮或闪烁（频率为1Hz）来表示。

表8-2　不同调试部件的HL2、HL3点亮方式

调试部件	皮带输送机	机械手	推料气缸	直流电动机
表示方式	HL2点亮	HL2闪烁	HL2、HL3点亮	HL2、HL3闪烁

触摸屏调试界面对调试部件的显示方式如下：选择相应的调试部件时，调试部件显示框线条和文字变点亮为绿色。

如果一个项目正在调试时错误地切换到了另一个项目，则蜂鸣器鸣叫报警，“信息提示区”显示“调试切换错误”。操作者应及时选择回原来的调试项目方可继续原项目的调试，

新切换的调试项目不能进行调试，切换到原来的项目后，蜂鸣器停止报警。

1. 皮带输送机的调试

皮带输送机在调试的每一个频率段都不应出现不转动、打滑或跳动过大等异常情况。

在选定调试部件为皮带输送机后，通过逐次按启动按钮 SB5 或触摸屏上的 SB5 使变频器输出的频率和方向按表 8-3 所列发生变化。

表 8-3　逐次按按钮 SB5 时变频器输出频率和方向的变化

按下次数	1	2	3	4
变频器输出	10Hz，正转	20Hz，正转	30Hz，正转	30Hz，反转

第 5 次按下按钮 SB5 或 SB5 时，皮带输送机的三相交流电动机以第一次按下时 SB5 时的运行方式运行，如此反复按下按钮 SB5 或 SB5，皮带输送机的三相交流电动机按上述顺序循环运行。按下停止按钮 SB6 或触摸屏上的 SB6，三相交流电动机停止运行，从而停止对皮带输送机的调试。

2. 机械手的调试

要求各气缸活塞杆动作速度协调，无碰擦现象；每个气缸的磁性开关安装位置合理、信号准确；机械手最后停止在初始位置。通过按下启动按钮 SB5 或触摸屏上的 SB5，按以下顺序进行调试：第一、二次按下按钮 SB5 或 SB5，旋转气缸右转/左转；第三、四次按下按钮 SB5 或 SB5，悬臂气缸伸出/缩回；第五、六次按下按钮 SB5 或 SB5，手臂气缸下降/上升；第七、八次按下按钮 SB5 或 SB5，手爪夹紧/松开。

按下停止按钮 SB6 或触摸屏上的 SB6，机械手回到初始位置后，停止对机械手的调试。

3. 推料气缸的调试

要求气缸活塞杆动作、速度协调，无碰擦现象；气缸活塞杆最后处于缩回状态。

在选定调试部件为推料气缸，“分拣及热处理设备调试”界面调试部件显示框“推料气缸”变为闪烁后，每按一次按钮 SB5 或触摸屏上的 SB5，三个推料气缸自动完成一次自检，自检的动作方式为气缸Ⅰ伸出，到位后停留 2s→气缸Ⅰ缩回→2s 后气缸Ⅱ伸出，到位后停留 2s→气缸Ⅱ缩回→2s 后气缸Ⅲ伸出，到位后停留 2s→气缸Ⅲ缩回。按下停止按钮 SB6 或触摸屏上的 SB6，气缸Ⅰ、Ⅱ、Ⅲ回到原位后，停止对气缸进行调试，同时调试部件显示框“推料气缸”由闪烁变为常亮。

4. 直流电动机的调试

送料机构的直流电动机启动后应没有卡阻、转速异常或不转等情况。

在选定调试部件为直流电动机，“分拣及热处理设备调试”界面调试部件显示框“直流电机”变为闪烁后，通过逐次按下启动按钮 SB5 或触摸屏上的 SB5，送料机构的直流电动机交替转动、停止。按下停止按钮 SB6 或触摸屏上的 SB6，直流电动机停止转动后，停止送料机构的调试，且调试部件显示框“直流电机”由闪烁变为常亮。

（三）“运行”模式

将 SA1 置于右边，按下触摸屏初始界面上的“运行”按钮，进入“运行”模式，界面自动切换到“设定及运行界面”，如图 8-4 所示。

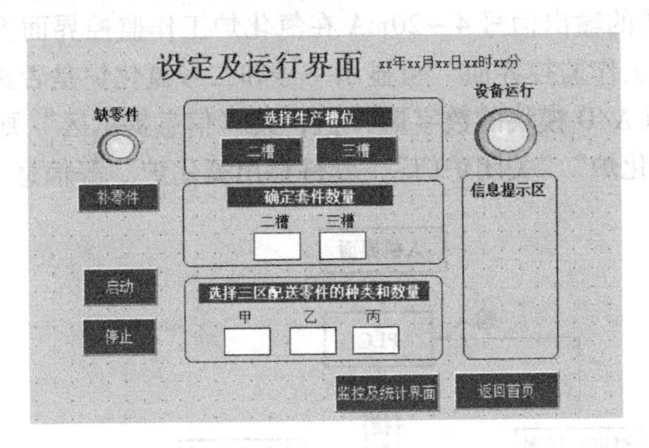

图 8-4　设备“设定及运行界面”

1. 零件分拣配套

零件一区存放着丙种零件（黑色塑料工件）；零件二区随机存放着未曾分类的甲种零件（金属工件）和乙种零件（白色塑料工件）；零件三区分类存放着甲种零件（金属工件）、乙种零件（白色塑料工件）和丙种零件（黑色塑料工件）。零件一区和零件二区的零件由机械手抓至落料口 A 位置进入传送带，按“设定及运行界面”上的设定进行分拣配套。如果发现零件一区和零件二区缺少零件，可由零件三区直接按要求配送，即零件三区的送料机构将需要的零件从 E 位置送进传送带，之后被分拣到需要的槽位。由于氮化炉体积和零件大小的原因，与二槽相连的一号氮化炉一次最多只能处理五套乙、丙组件；与三槽相连的二号氮化炉一次最多只能够处理三套甲、丙组件。如果设置配套数超过套数上限，“设定及运行界面”的“信息提示区”将显示“设置配套数超限”。没有与一槽相连的氮化炉。

操作人员在“设定及运行界面”选择零件配套需进入的槽号，即选择二槽或三槽，也可以两个槽都选。确定每个槽需配套的数量，然后按下“设定及运行界面”上的“启动”按钮，机械手开始从零件一区和零件二区搬运零件，符合设定要求的零件入二槽、三槽，不符合要求的零件被送到 D 位置并推入一槽。如果二槽和三槽同时被选择进配套零件，则二槽优先配套。如果零件一区或零件二区缺少零件，可以在运行界面上设定零件三区补送零件的种类和数量，再按下“设定及运行界面”上的“补零件”按钮，就可以将配套所缺零件补齐，零件三区补送零件时，以三槽为优先。

按下“设定及运行界面”上的“停止”按钮，设备在完成当前设定的配套数后停止零件配套。

2. 配套组件的渗氮处理

甲种、乙种、丙种零件的材质都是 45 钢，为了提高零件的耐磨性、耐蚀性及耐高温性等特性，需要对配套好的零件组进行渗氮处理（即在一定温度下、一定介质中，使氮原子渗入零件表层）。在设备运行期间，若二槽或三槽中的任意一个槽位完成了所设定套件的配套工作，则 5s 后槽中套件将被送至氮化炉门前（氮化炉炉体不在零件分拣及热处理设备中，其控制部分属于本控制系统），准备进行化学热处理。氮化炉工作期间，“设定及运行界面”

的“信息提示区”提示“××氮化炉正在工作”，渗氮工序完成后，该信息消失。氮化炉加热示意图如图 8-5 所示。量程为 0～1000℃的温度变送器的输出信号为 4～20mA，模拟量输入模块（本任务中此 A/D 模块用触摸屏和 PLC 模拟）将 4～20mA 的模拟量变换为 0～4000 的数字量。温度变送器的输出信号 4～20mA 在氮化炉工作监控界面上用输入滑条模拟，如图 8-6 所示。“氮化炉工作监控界面”可显示一号和二号氮化炉是否正在加热、炉膛温度以及该温度所对应的虚拟 A/D 模块的数字量 N 值，其“信息提示区”则按顺序实时显示“打开炉门”“套件送进氮化炉”“关闭炉门”“套件移出氮化炉”等信息。

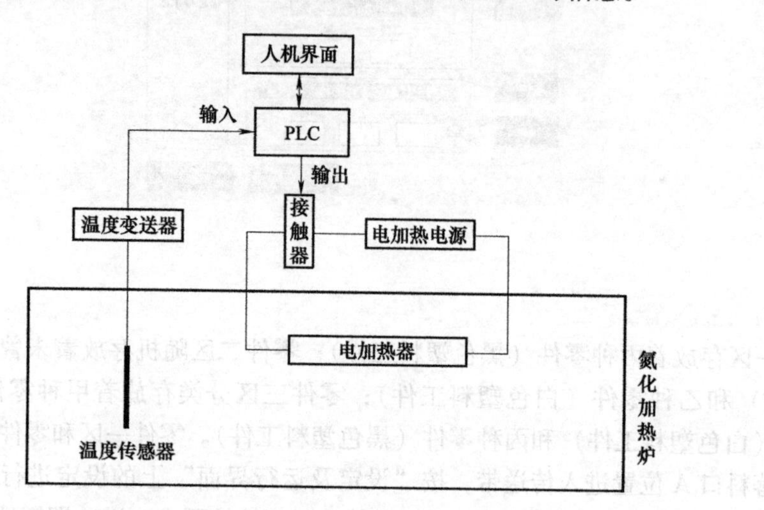

图 8-5　氮化炉加热示意图

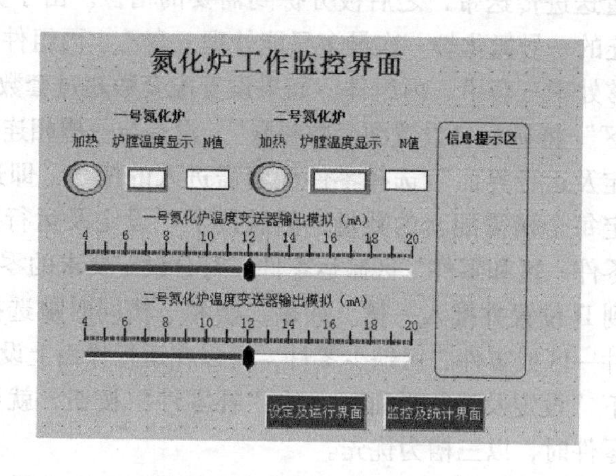

图 8-6　氮化炉工作监控界面

氮化炉加热和保温的技术要求如下：

1）氮化炉加热采用 PLC 控制，用 PLC 输出控制接触器线圈，接触器主触点接入电加热器加热电路。

2）初始状态为炉门关闭，加热器关断。

3）套件被送到氮化炉门前时，如果炉内是空的，则自动开始以下动作步骤（本任务只在触摸屏“设定及运行界面”的“信息提示区”中实时以文字显示各个动作。除加热外，其他动作时间均为 3s）：打开炉门→套件送进氮化炉→关闭炉门→氮化炉加热→达到设定温度

（510℃）→停止加热，保温20h（本任务用停止加热10s来代替）→继续加热至560℃→停止加热，炉冷却10h（本任务用停止加热5s来代替）→打开炉门→套件移出氮化炉→关闭炉门。

如果套件被送到氮化炉门前时，炉内有正在渗氮的套件，则需等炉内套件完成渗氮处理后再自动进炉进行渗氮处理。

4）按下“设定及运行界面”上的“停止”按钮，氮化炉在完成当前炉内套件的渗氮处理后，不再继续工作。

3. 其他注意事项

1）设备分拣配套时，传送带的运行频率为30Hz。

2）在“设定及运行界面”选择零件配套需进入的槽号和配套数量，必须在系统开始工作之前或完成分拣配套工作之后。

3）需要在触摸屏上统计每次工作任务分拣配套的零件数量（下次工作任务开始时，上次的统计结果自动清零）和一个生产周期内渗氮处理成品的总量。设备“监控及统计界面”如图8-7所示，需要时可以按该界面上的“套件数清零”按钮，以便在下个生产周期中重新开始统计成品总量。

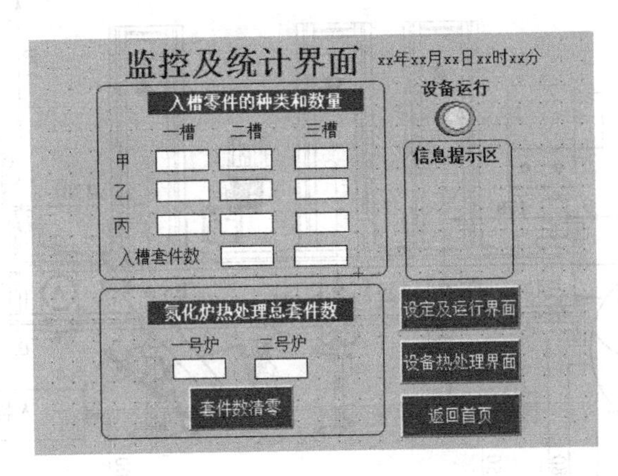

图8-7　设备“监控及统计界面”

4）设备生产分两部分，即零件分拣配套和配套组件的渗氮处理，这两部分应协调高效工作。

4. 意外情况处理

突然停电时，除氮化炉加热和保温工序外，其他工序均保持原来的工作状态；来电后，自动完成后续工作。氮化炉加热和保温工序根据停电时间长短分成两种情况：如果停电时间在30min以内（本任务用停电5s以内代替），则来电后继续自动完成后续工作；如果停电时间超过30min（本任务用停电超过5s代替），套件渗氮品质会受到影响，套件报废，氮化炉需要完成打开炉门→移出报废套件→关闭炉门的动作。

三、设备组装图

组装图共三份，图8-8所示为零件分拣及热处理设备组装图，图8-9所示为零件三区组装图，图8-10所示为零件一区和二区组装图。

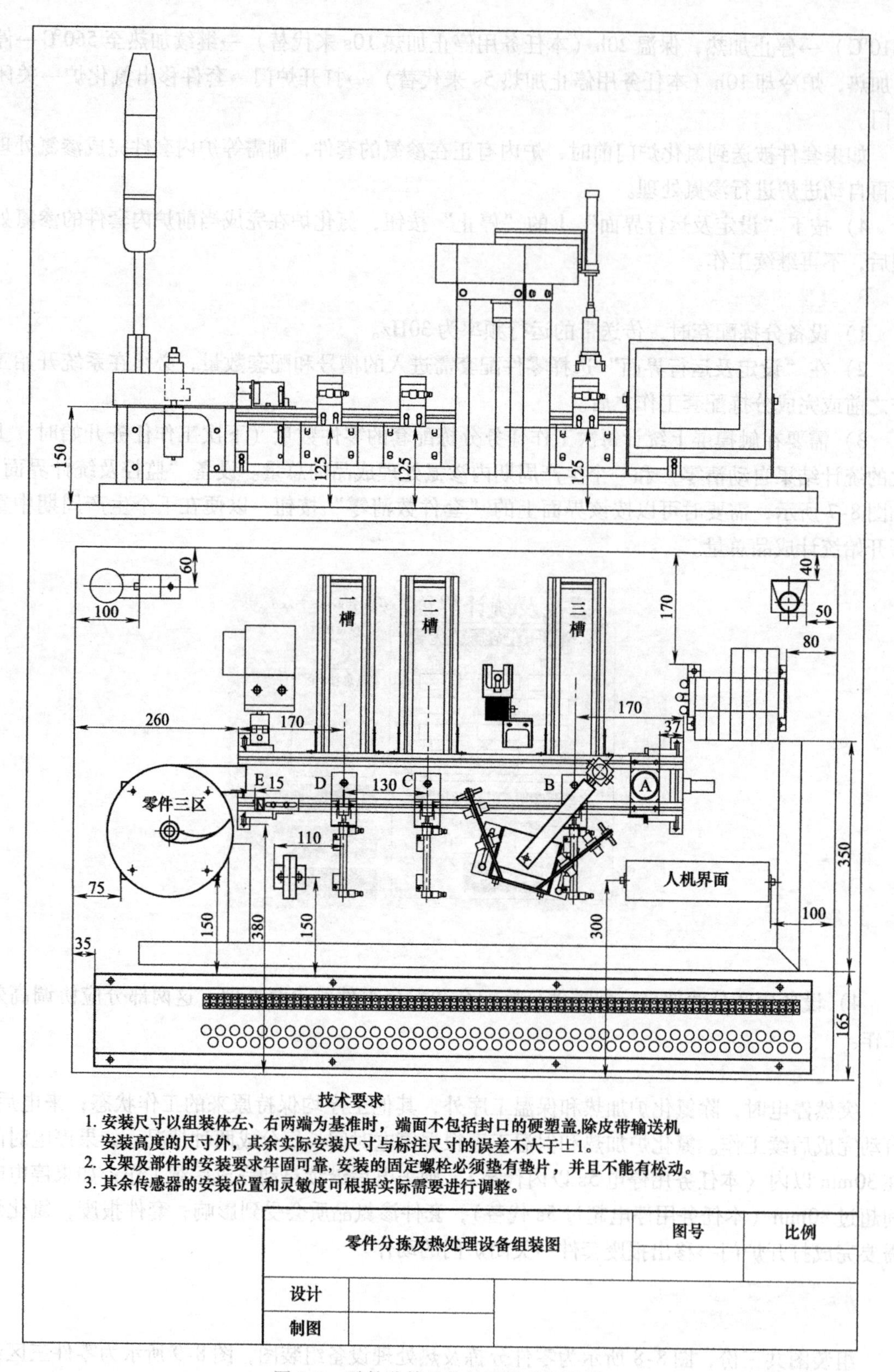

图 8-8　零件分拣及热处理设备组装图

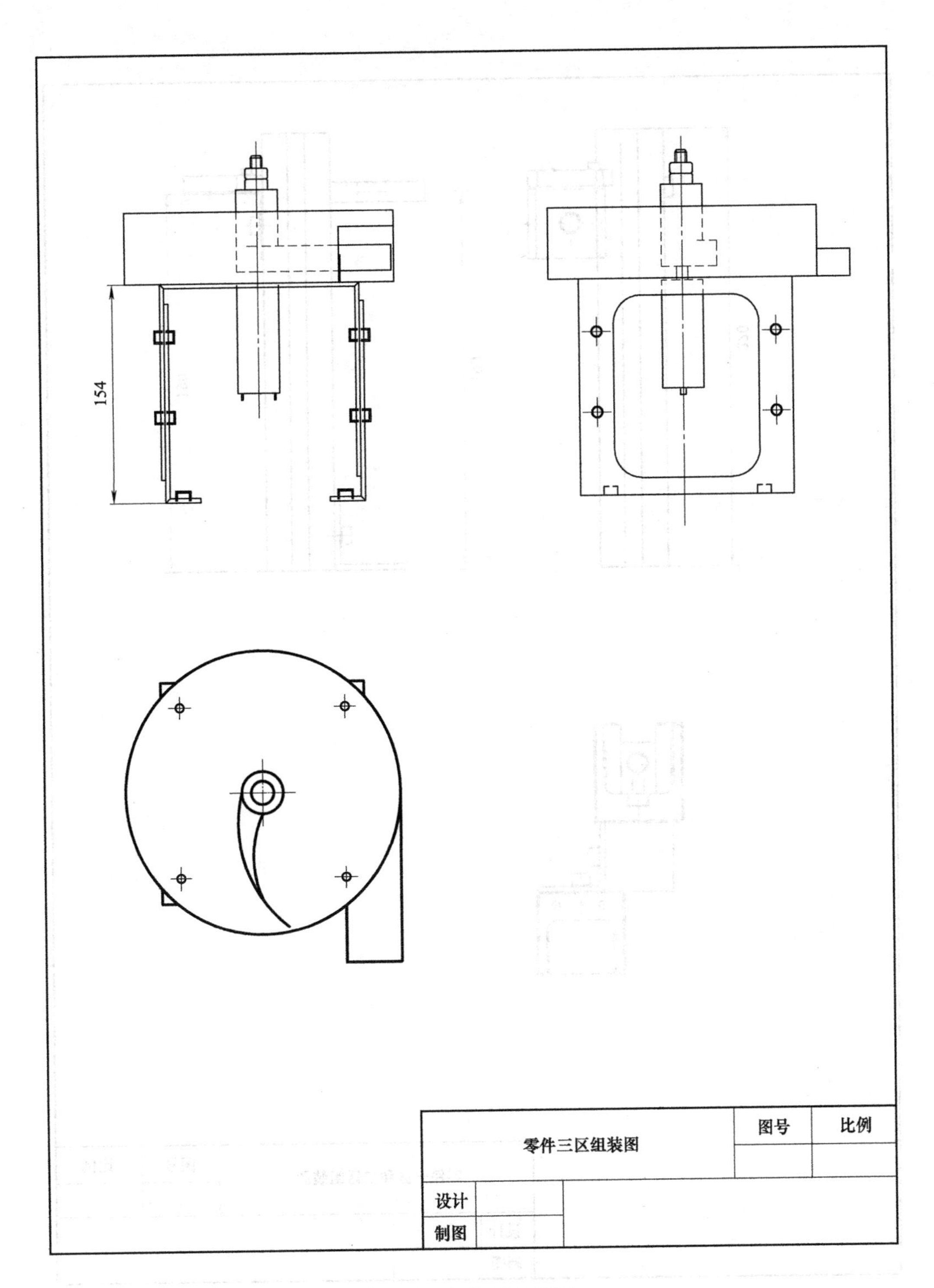

图 8-9　零件三区组装图

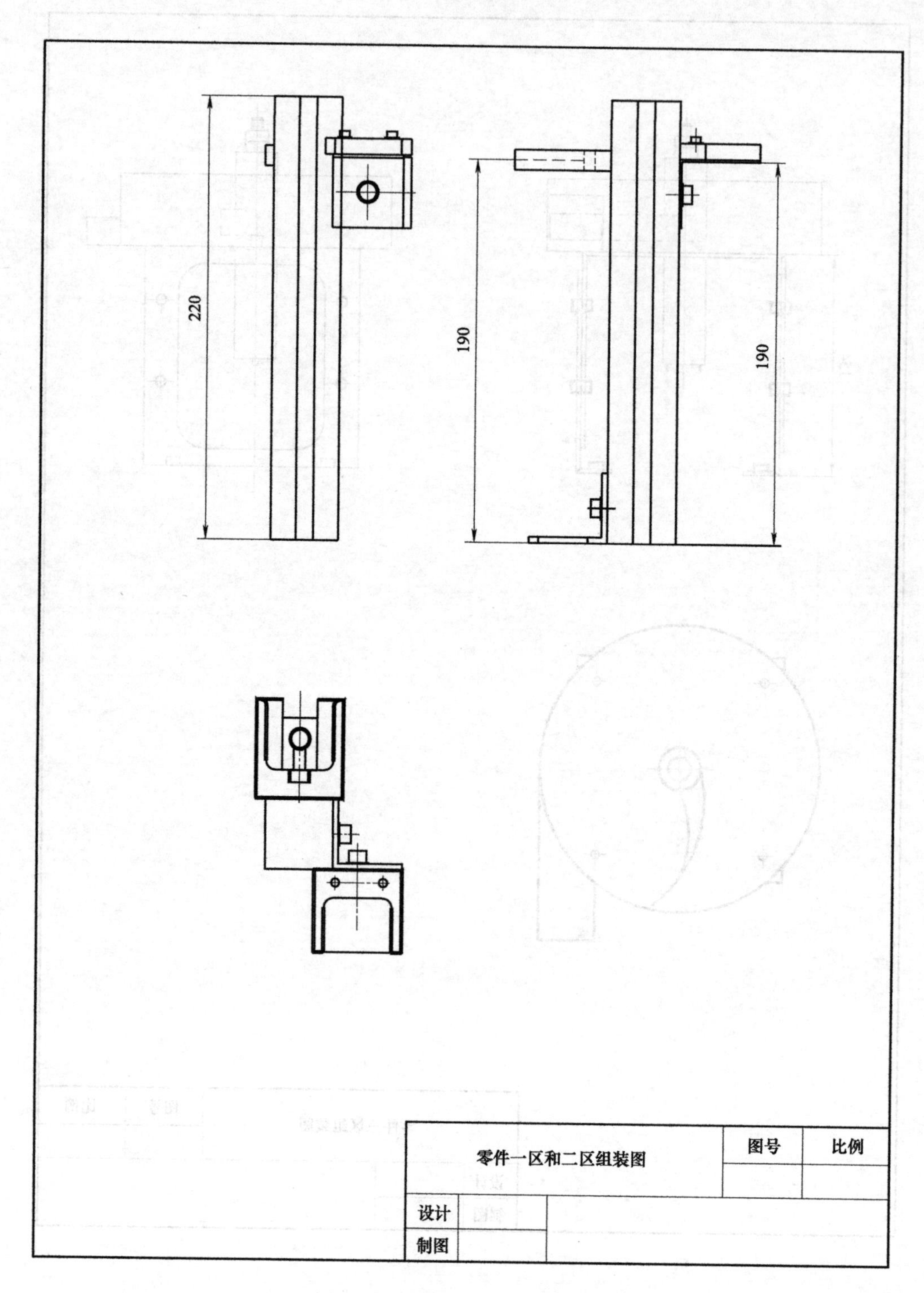

图 8-10　零件一区和二区组装图

四、气动系统图

零件分拣及热处理设备气动系统图如图 8-11 所示。

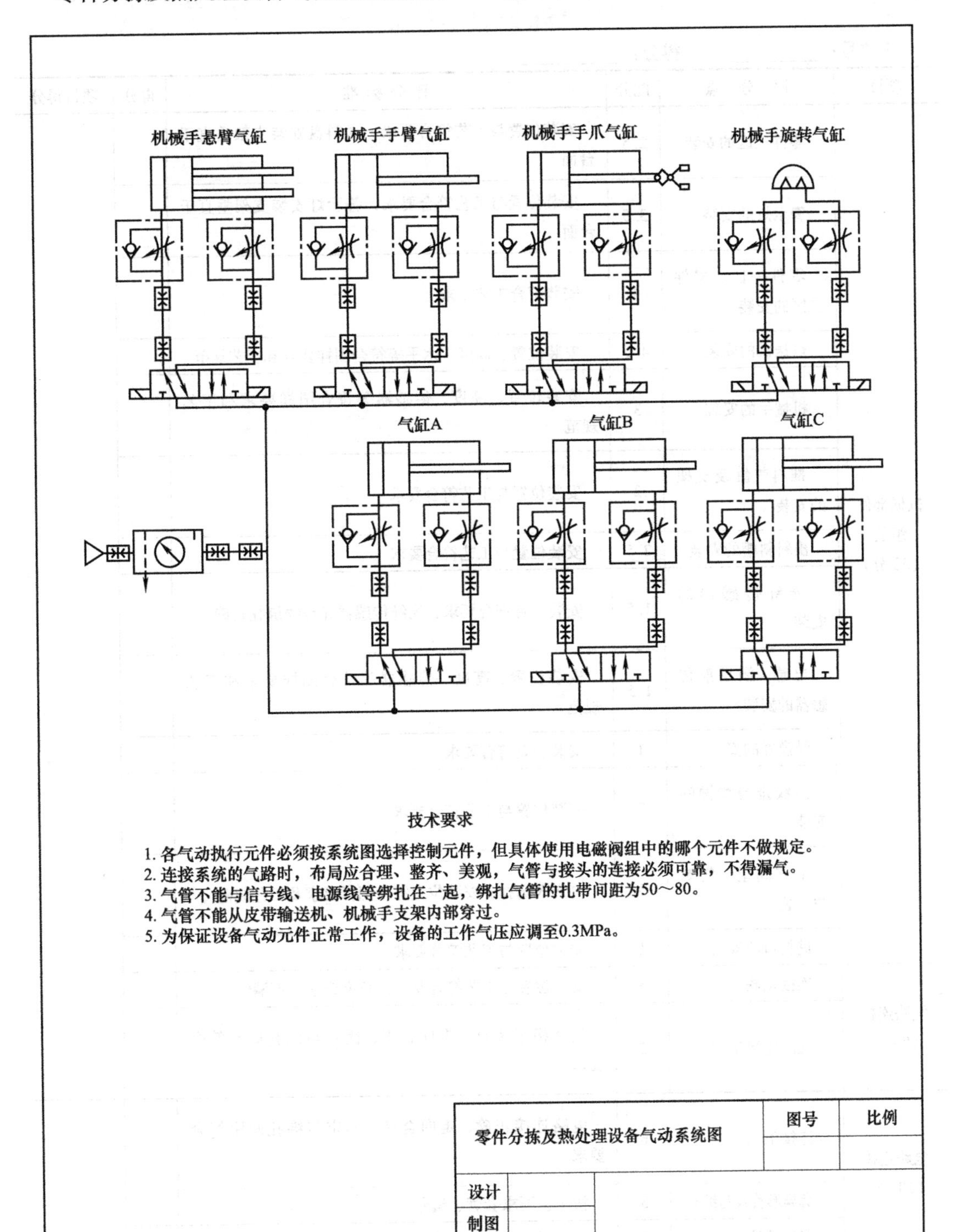

图 8-11　零件分拣及热处理设备气动系统图

五、评分表

评分表共三份，组装评分表见表8-4，过程评分表见表8-5，功能评分表见表8-6。

表8-4 组装评分表

工位号：__________ 得分：__________

项目	评分点	配分	评分标准	得分	项目得分
机械部件组装（32分）	零件三区的安装	2.5	安装位置与工艺符合要求，送料盘安装支架垂直于台面		
	警示灯的安装	3.5	安装位置与工艺符合要求，警示灯安装支架垂直于台面		
	零件一区、零件二区的安装	4	安装符合工艺要求		
	输送机的安装	4.5	安装位置、高度、水平等符合图样要求和工艺规范		
	机械手的安装	3	安装位置、高度、传感器等符合图样要求和工艺规范		
	推料气缸及支架的安装	2	安装位置与工艺符合要求		
	出料斜槽的安装	2.5	安装位置与工艺符合要求		
	光纤传感器的安装	1.5	安装位置符合要求，光纤传感器光纤线绑扎正确		
	电感、漫反射传感器的安装	1.5	安装位置、高度、传感器等符合图样要求和工艺规范		
	触摸屏的安装	1	安装位置符合要求		
	接线排与线槽的安装	2	安装位置与工艺符合要求		
	电磁阀组、气源的安装	3	电磁阀选择、安装位置符合图样要求及工艺规范		
	进料口的安装	1	安装位置与工艺符合要求		
气路连接（8分）	连接正确	3	安装位置与工艺符合要求，长度合适、不漏气		
	气路连接工艺	5	气路横平竖直、走向合理，固定与绑扎间距符合要求		
电路连接（10分）	连接工艺	6	电路连接正确、走向合理，固定与绑扎间距符合要求		
	套异形管及写编号	3	按工艺要求套管、编号		
	保护接地	1	按图样正确、可靠接地		

表 8-5　过程评分表

工位号：__________　　得分：__________

项目	评分点	配分	评分标准	得分	项目得分
工作过程（10分）	着装	1	身着工作服，穿电工绝缘鞋，符合职业岗位要求		
	安全	1	不带电连接、改接电路，通电调试电路经考评人员同意		
		1	操作符合规范，未损坏零件、元件和器件		
		1	设备通电、调试过程中未出现熔断器熔断、剩余电流断路器动作或安装台带电等情况		
	素养	1	工具、量具、零部件摆放符合规范，不影响操作		
		1	工作结束后清理工位，整理工具、量具，现场无遗留		
		1	爱护赛场设备设施，不浪费材料		
	更换元件	1	无更换元件项或更换的元件经考评员检测确为损坏元件		
	赛场表现	1	积极完成工作任务，不怕困难，始终保持工作热情		
		1	遵守考场纪律，服从考评人员指挥，积极配合赛场工作人员，保证测试顺利进行		

表 8-6　功能评分表

工位号：__________　　得分：__________

项　目	评分点	配分	评分标准	得分	项目得分
设备调试（10分）	初始位置	2	绿色警示灯闪烁、红色警示灯闪烁，初始位置，回初始位置正确		
	触摸屏初始界面	2	触摸屏首页时间显示、部件、文字，指示灯、按钮功能操作提示正确		
	设备调试界面	2	部件能实现功能、信息提示		
	皮带输送机调试	1.2	交流电动机分别在 10Hz、20Hz 和 30Hz 的频率下正转和反转		
	机械手调试	0.9	按顺序动作		
	推料气缸的调试	0.4	B、C、D 位置气缸活塞杆逐个伸出、缩回		
	指示灯	0.4	HL1、HL2、HL3 指示灯状态正确		
	直流电动机调试	0.7	直流电动机起动、停止动作正确		
	两地控制功能	0.4	触摸屏和按钮/指示灯模块上的按钮同时起作用		

（续）

项目		评分点	配分	评分标准	得分	项目得分
设备运行（26分）	零件分拣配套（10分）	设备及运行界面	4	部件及功能正确		
设备运行（26分）	零件分拣配套（10分）	选择二槽	0.5	进槽正确，套数满足设定要求		
设备运行（26分）	零件分拣配套（10分）	选择三槽	0.5	进槽正确，套数满足设定要求		
设备运行（26分）	零件分拣配套（10分）	选择二槽和三槽	1	进槽正确，套数满足设定要求，优先配套		
设备运行（26分）	零件分拣配套（10分）	缺零件、补零件	1.5	缺零件指示、补零件成功、补零件三槽优先		
设备运行（26分）	零件分拣配套（10分）	设备停止	1	按要求停止		
设备运行（26分）	零件分拣配套（10分）	信息提示	1	氮化炉工作提示、套数设置提示正确		
设备运行（26分）	零件分拣配套（10分）	皮带输送带速度	0.5	运行频率30Hz		
设备运行（26分）	组件渗氮处理（13分）	氮化炉工作流程信息显示	4	打开炉门、套件进炉、关闭炉门、加热、渗氮完成、打开炉门、套件移出、关闭炉门显示正确		
设备运行（26分）	组件渗氮处理（13分）	氮化炉监控界面	1	部件及功能显示正确		
设备运行（26分）	组件渗氮处理（13分）	渗氮处理	1	加热符合要求		
设备运行（26分）	组件渗氮处理（13分）	温度变送器	2	变送器输出在触摸屏上模拟成功		
设备运行（26分）	组件渗氮处理（13分）	分拣配套和渗氮处理	1	配合协调、效率高		
设备运行（26分）	组件渗氮处理（13分）	设备停止	1	按要求停止		
设备运行（26分）	组件渗氮处理（13分）	监控及统计界面	3	部件及功能显示正确		
设备运行（26分）	保护（3分）	急停	1	按下“急停”按钮，设备立刻停止工作		
设备运行（26分）	保护（3分）	意外情况	1	按要求正确处理突然断电情况		
设备运行（26分）	保护（3分）	其他	1	统计数值自动清零		
整机调试（4分）		机械部件位置调节	2	机械手能准确抓住物料、能将物料放在指定位置、皮带输送机没有明显跳动、传送带不跑偏		
整机调试（4分）		气缸与传感器	2	气缸活塞杆伸出与缩回速度适中，传感器安装位置符合要求、灵敏度调节符合要求		

实训任务九

产品定制装置组装与调试

说明：本次组装与调试的机电一体化设备为××产品定制装置。请仔细阅读相关说明，理解实训任务与要求，使用亚龙235A设备，在240min内按要求完成指定的工作。

一、实训任务与要求

1）按产品定制装置设备组装图（图9-5）、立柱组装图（图9-6）和转盘组装图（图9-7）组装设备，并满足图样中的技术要求。

2）按产品定制装置气动系统图（图9-9）连接设备的气路，并满足图样中的技术要求。

3）参考PLC输入/输出端子（I/O）分配表（表9-1）和产品定制装置电气原理图（图9-8）连接输入/输出电路，连接的电路应符合以下要求：

① 所有连接的导线必须套上写有编号的号码管；交流电动机金属外壳与变频器的接地端必须可靠接地。

② 工作台上各传感器、电磁阀控制线圈、送料直流电动机、警示灯的连接线必须放入线槽内；为减少对控制信号的干扰，工作台上交流电动机的连接线不能放入线槽中。

表9-1 PLC输入/输出端子（I/O）分配表

输入端子				输出端子			
三菱PLC	西门子PLC	松下PLC	功能说明	三菱PLC	西门子PLC	松下PLC	功能说明
X0	I0.0	X0	编码器A相输出	Y0	Q0.0	YA	传送带高速、低速、正转、反转
X1	I0.1	X1	编码器B相输出	Y1	Q0.1	YB	
X2	I0.2	X2	SB3	Y2	Q0.2	YC	
X3	I0.3	X3	SB4	Y3	Q0.3	YD	
X4	I0.4	X4	SB5	Y4	Q0.4	Y0	
X5	I0.5	X5	SA1	Y5	Q0.5	Y1	红色警示灯
X6	I0.6	X6		Y6	Q0.6	Y2	
X7	I0.7	X7	SA2	Y7	Q0.7	Y3	报警蜂鸣器
X10	I1.0	X8	光电传感器	Y10	Q1.0	Y4	黄色指示灯HL1
X11	I1.1	X9	电感传感器	Y11	Q1.1	Y5	绿色指示灯HL2

（续）

输入端子				输出端子			
三菱PLC	西门子PLC	松下PLC	功能说明	三菱PLC	西门子PLC	松下PLC	功能说明
X12	I1.2	XA	光纤传感器1	Y12	Q1.2	Y6	红色指示灯HL3
X13	I1.3	XB	光纤传感器2	Y13	Q1.3	Y7	手爪夹紧
X14	I1.4	XC	旋转气缸左转到位检测	Y14	Q1.4	Y8	手爪松开
X15	I1.5	XD	旋转气缸右转到位检测	Y15	Q1.5	Y9	手臂上升
X16	I1.6	XE	手爪夹紧到位检测	Y16	Q1.6	Y10	手臂下降
X17	I1.7	XF	手臂上升到位检测	Y17	Q1.7	Y11	悬臂伸出
X20	I2.0	X10	手臂下降到位检测	Y20	Q2.0	Y12	悬臂缩回
X21	I2.1	X11	悬臂伸出到位检测	Y21	Q2.1	Y13	旋转气缸左转
X22	I2.2	X12	悬臂缩回到位检测	Y22	Q2.2	Y14	旋转气缸右转
X23	I2.3	X13	推料气缸一伸出到位检测	Y23	Q2.3	Y15	直流电动机
X24	I2.4	X14	推料气缸一缩回到位检测	Y24	Q2.4	Y16	推料气缸一伸出
X25	I2.5	X15	推料气缸二伸出到位检测	Y25	Q2.5	Y17	推料气缸二伸出
X26	I2.6	X16	推料气缸二缩回到位检测				
X27	I2.7	X17	急停				

4）正确理解设备的调试、工作要求以及指示灯的亮灭方式、异常情况的处理等，按要求编写设备的PLC控制程序并设置变频器的参数。

注意：在使用计算机编写程序时，应随时保存已编好的程序，保存的文件名为“工位号+A”（如3号工位文件名为“3A”）。

5）按触摸屏界面制作和监控要求的说明制作触摸屏界面，设置和记录相关参数，实现触摸屏对设备的监控。

6）调整传感器的位置和灵敏度，调整机械部件的位置，完成设备的整体调试，使设备能按照要求完成生产任务。

二、××产品定制装置说明

××产品定制装置（图9-1）具有按用户的需求完成产品原料加工、组装、包装和产品信息记录等功能，是一种小批量、多品种的定制设备。其工作任务是：料盘作为供料单元，可提供金色、白色和黑色三种物料，物料经过加工后成为工件，产品由工件组装而成。每一款产品（由不超过三个不同的工件组成）按设定的生产套数进行包装。××产品定制装置一次可以包装两种产品。

××产品定制装置有“调试”和“运行”两种模式。将转换开关SA1置于左边时，设备处于“调试”模式；将转换开关SA1置于右边时，设备处于“运行”模式。“运行”模

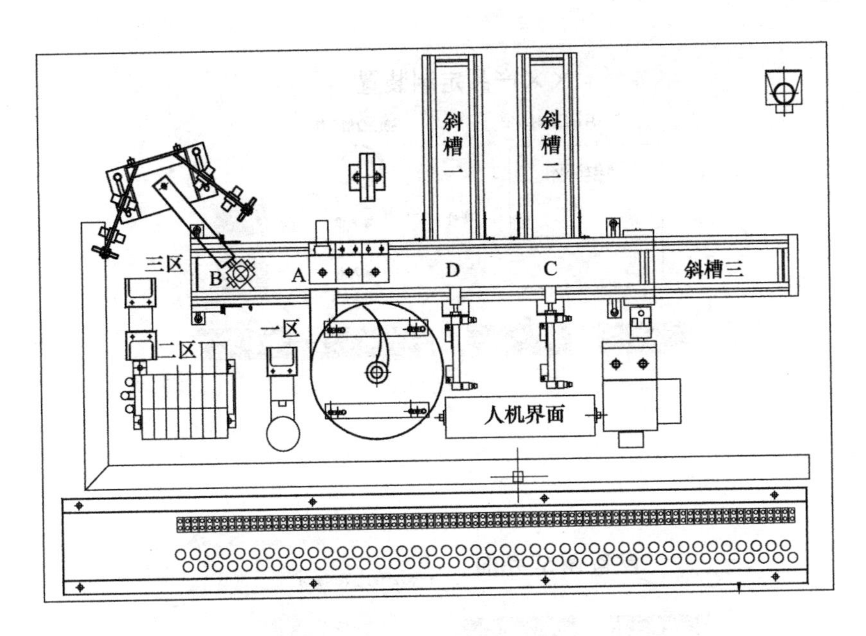

图 9-1　××产品定制装置示意图

式下，可以进行产品原料加工、分拣包装。

相关部件的初始位置是：机械手的悬臂靠在左限位位置，手臂气缸的活塞杆缩回，悬臂气缸缩回，手爪松开，位置 C、D 的气缸活塞杆缩回，送料盘、皮带输送机的拖动电动机不转动。

开机后，绿色警示灯闪烁，指示接通电源。如果设备不在初始位置，则红色警示灯闪烁；如果设备在初始位置，则红色警示灯熄灭。设备回原位的方式自行确定。

只有当设备处于初始位置时，才可以输入各账号及密码，见表 9-2。当输入的账号不是表 9-2 中的任意一个时，触摸屏提示“没有此账号”；输入密码一次错误时，提示“请重新输入密码”；两次错误时，提示“密码错误，请核实!”。

表 9-2　设备的账号及密码

账　号	密　码	权　限
YL235A	111	“调试”模式
YL235B	666	“运行”模式

（一）“调试”模式

在设备首次投入运行前，需要逐个检查各运动元件或部件是否能正常工作，以确保生产过程中设备的可靠运行。

“调试”模式账号及密码输入正确后，将 SA1 置于左边，按下触摸屏初始界面（图 9-2）上的“调试”按钮，人机界面自动切换到“设备调试界面”，如图 9-3 所示。指示灯 HL1 以亮 1s 灭 1s 的方式闪烁，提示设备处于“调试”模式。

1. 料盘直流电动机的调试

要求料盘直流电动机启动后没有卡阻、转速异常或不转等情况，送料位置准确、合理。

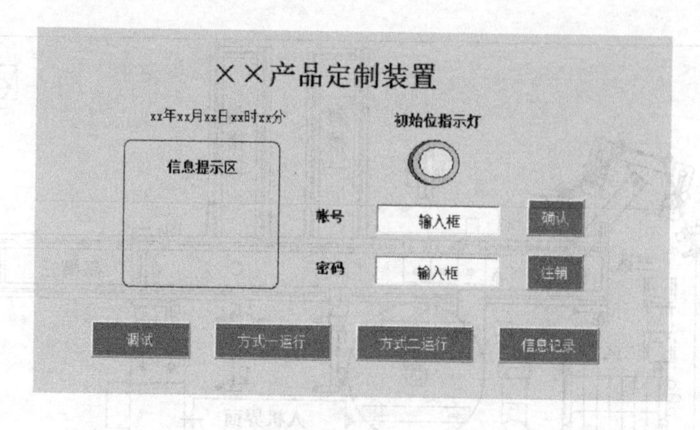

图 9-2　初始界面

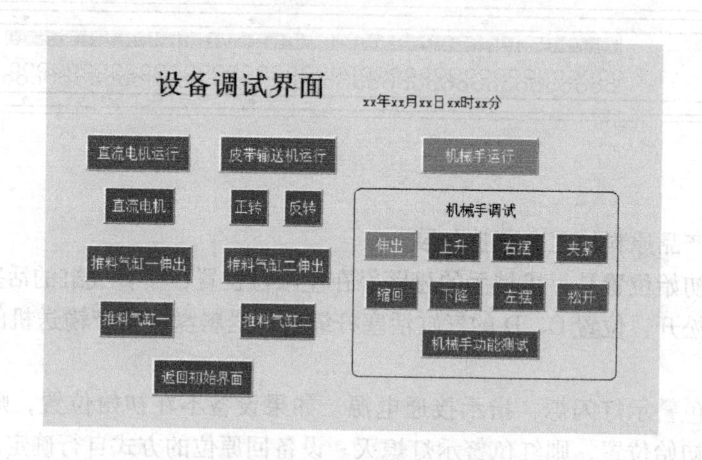

图 9-3　“设备调试界面”

在料盘内随机放入一个工件，按下按钮 SB3 或触摸屏上的“直流电机”按钮，料盘电动机转动，工件被送入皮带输送机；松开按钮 SB3 或触摸屏上“直流电机”按钮，直流电动机停止转动。料盘直流电动机转动时，触摸屏上的“直流电机运行”指示灯闪烁，提示直流电动机正在调试运行。

2. 机械手的调试

要求各气缸活塞杆动作、速度协调，无碰擦现象；每个气缸的磁性开关安装位置合理、信号准确；机械手最后停止在左限位位置，气动手爪松开，其余各气缸活塞杆处于缩回状态。

按下触摸屏上的“右摆”“左摆”“伸出”“缩回”“下降”“上升”“夹紧”或“松开”按钮，机械手逐个单独完成相应的动作。

在工件存放一区、二区和三区分别放置物料，按下触摸屏上的“机械手功能测试”按钮，机械手依次从一区、二区和三区将物料抓起并送至皮带输送机上。

机械手动作期间，触摸屏上的“机械手运行”指示灯闪烁，提示机械手正在调试运行。

3. 皮带输送机的调试

皮带输送机在调试过程中不能有不转、打滑或跳动过大等异常情况。

按下按钮 SB4 或触摸屏上的“正转”按钮，皮带输送机的三相交流异步电动机（以下简称交流电动机）以 35Hz 的频率正转（从左向右）；松开按钮 SB4 或触摸屏上的“正转”按钮，交流电动机停止转动。按下按钮 SB5 或触摸屏上的“反转”按钮，皮带输送机的交流电动机以 25Hz 的频率反转（从右向左），松开按钮 SB5 或触摸屏上的“反转”按钮，交流电动机停止转动。如此反复按下按钮和释放按钮，即可调试皮带输送机的运行。皮带输送机运行时，触摸屏上的“皮带输送机运行”指示灯闪烁，提示皮带输送机正在调试运行。

4. 推料气缸的调试

要求各气缸活塞杆动作、速度协调，无碰擦现象；各气缸活塞杆最后处于缩回状态。

C 位置的推料气缸为推料气缸一，D 位置的推料气缸为推料气缸二。按下触摸屏上的“推料气缸一”按钮，推料气缸一活塞杆伸出；松开触摸屏上的“推料气缸一”按钮，推料气缸一活塞杆缩回。推料气缸一活塞杆伸出时，触摸屏上的“推料气缸一伸出”指示灯闪烁。按下触摸屏上的“推料气缸二”按钮，推料气缸二活塞杆伸出；松开触摸屏上的“推料气缸二”按钮，推料气缸二活塞杆缩回。推料气缸二活塞杆伸出时，触摸屏上的“推料气缸二伸出”指示灯闪烁。如此反复按下和释放按钮，即可调试两个气缸的动作。

按下“设备调试界面”上的按钮时，按钮颜色由浅黑色变为绿色；松开时，按钮恢复成浅黑色。指示灯亮时为绿色；灭时为红色。

（二）“运行”模式

将 SA1 置于右边，指示灯 HL1 常亮，提示设备处于“运行”模式。

“运行”模式账号、密码输入正确后，按下触摸屏初始界面上的“方式一运行”按钮，指示灯 HL2 常亮，指示设备处于“工作方式一”，界面自动切换到“工作方式一生产界面”，如图 9-4 所示。

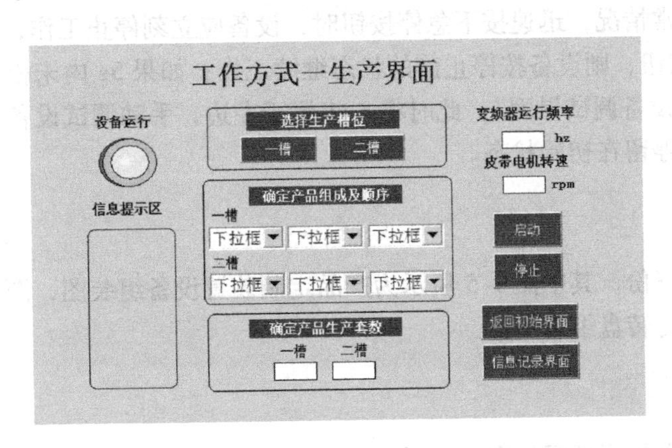

图 9-4 “工作方式一生产界面”

供料单元提供金色、白色和黑色三种物料。另外，有三个存放工件的区域，它们分别是工件存放一区、二区和三区。一区存放金色工件，二区存放白色工件，三区存放黑色工件。假设每个工件存放区域可以存放多个工件。

设备启动前，需要先在“工作方式一生产界面”上选择生产槽位、确定产品组成及顺序（即每种产品需要工件的品种和组装顺序，左边下拉框选的工件先入槽，右边下拉框选的工件后入槽）和产品生产套数。如果设定不符合“每种产品由不超过三个不同的工件组成”这一原则，则“信息提示区”将显示“设置错误，请重新设置!”。

按下“工作方式一生产界面”中的“启动”按钮后，供料单元开始供料，物料由A位置进入皮带输送机。在A位置被检测到物料后，皮带输送机开始运行（运行频率为15Hz）；物料到达B位置时，如果该物料是该批次产品需要的物料，则皮带输送机停止，机械手对物料进行模拟加工（手爪夹紧、松开两次）后，将其搬运到对应的工件存放区域；如果该物料不是该批次产品需要的物料，则皮带输送机直接将它送入三槽后停止（运行频率为35Hz）。一个物料加工处理完毕后，供料单元开始供给下一个物料，如果三个工件存放区已备足该批次产品所需要的工件总量，则供料单元停止供料，机械手按触摸屏上设置的产品组成及顺序将工件逐个抓到皮带输送机上，当最后一个工件被抓到皮带输送机上之后，皮带运输机停5s后启动（用停止的时间来模拟将工件组装成产品），皮带输送机将产品送到已设定的斜槽入口处（运行频率为25Hz），推料气缸将产品推入斜槽。一个产品完成后，继续完成下一个产品，直至完成所设定的产品生产套数。工作方式一生产界面实时显示变频器的运行频率和皮带输送电动机的转速。一个批次的生产任务完成后，需要在触摸屏生产界面上设置下一个批次的生产任务。

（三）“运行”模式中的设备停止

手动停止：按下停止按钮后，皮带输送机以35Hz的频率将其上的物料分拣完成后自行停止。

自动停止：该设备完成本批次设定的生产任务后自行停止，并自行跳至“信息记录界面”，显示本批次产品的生产信息。

（四）“运行”模式中的异常情况

当设备出现异常情况，迅速按下急停按钮时，设备应立刻停止工作，以确保安全。如果在5s内松开急停按钮，则设备按停止前的状态继续工作；如果5s内未松开急停按钮，触摸屏将自动切换到“设备调试界面”，此时将SA1置于左边，手动调试设备回初始位置，松开急停按钮，使设备停留在初始状态。

三、设备组装图

设备组装图共三份，其中图9-5所示为产品定制装置设备组装图，图9-6所示为立柱组装图，图9-7所示为转盘组装图。

四、电气原理图

产品定制装置电气原理图如图9-8所示。

五、气动系统图

产品定制装置气动系统图如图9-9所示。

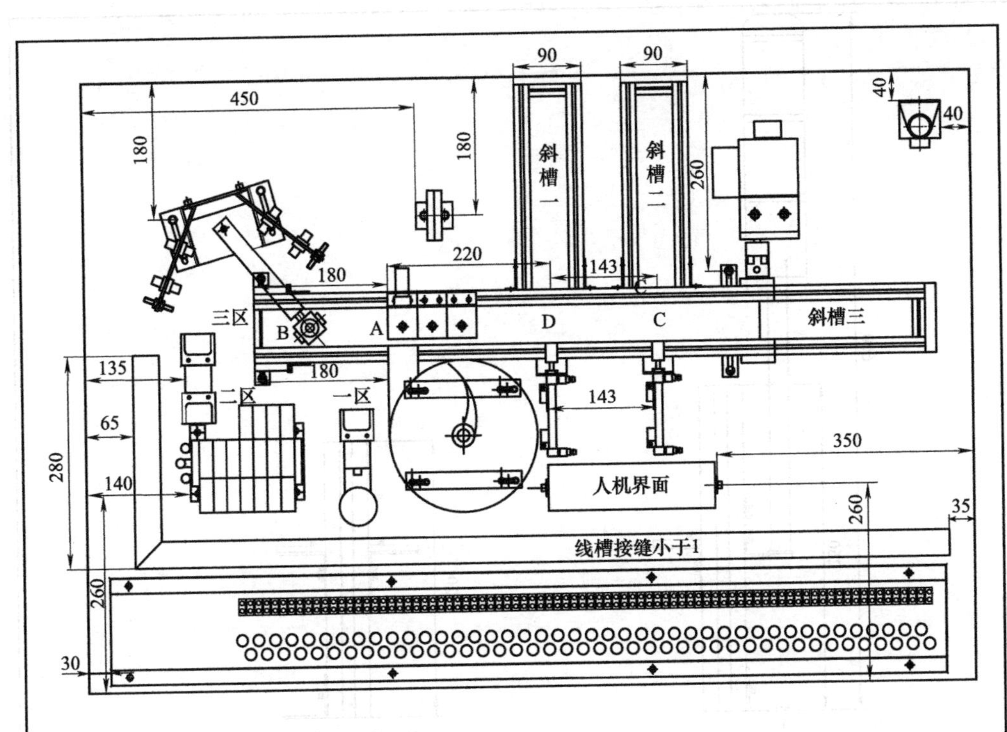

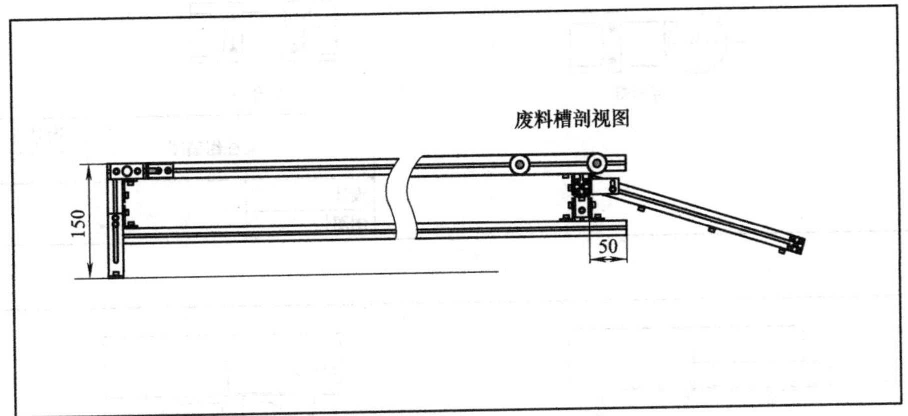

技术要求

1. 以实训台左、右两端为基准，端面不包含塑料封盖，各尺寸安装误差不大于±0.5。
2. 设备各部件须严格按照标注尺寸进行安装，无尺寸处可自由调整，保证各部件能准确、平稳地工作。
3. 传感器的安装高度、检测灵敏度根据生产需要进行调整。

产品定制装置设备组装图		图号	比例
设计			
制图			

图 9-5　产品定制装置设备组装图

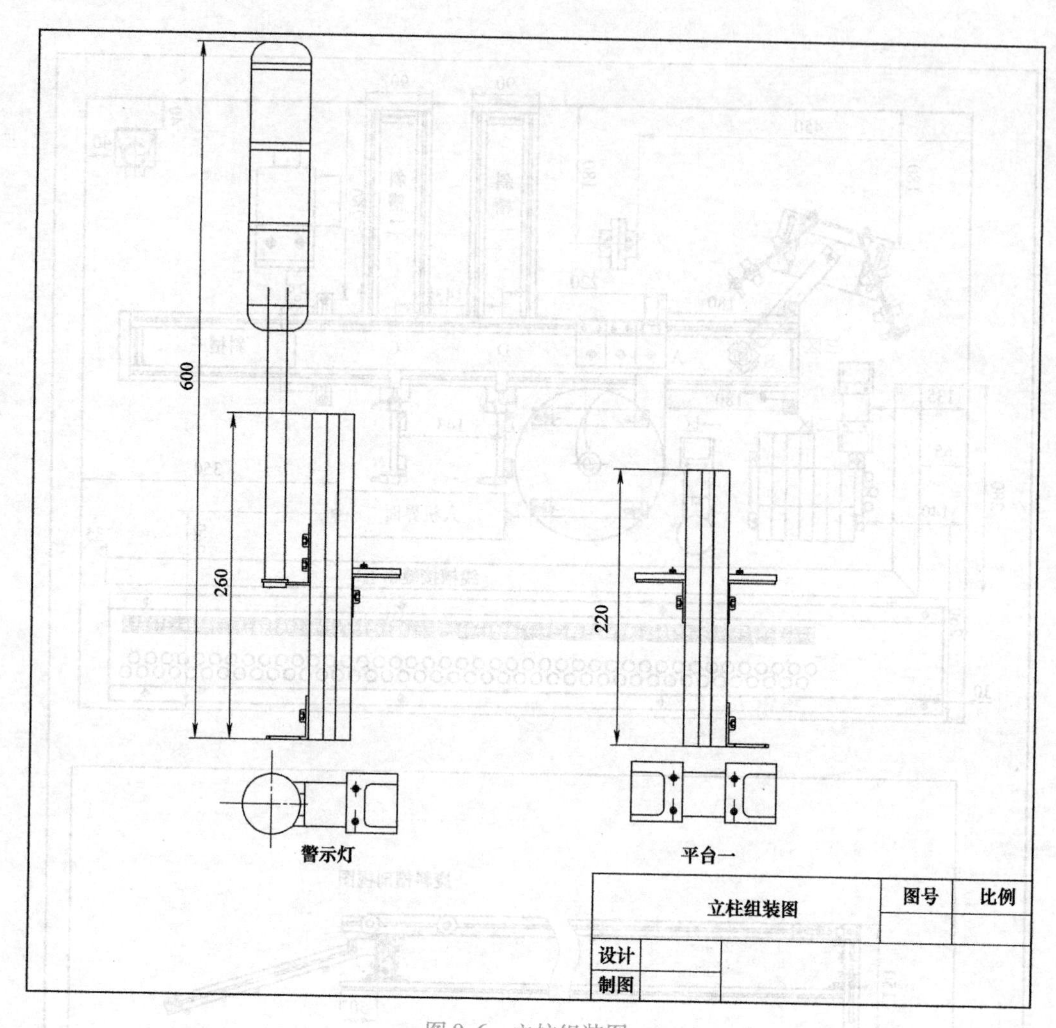

图 9-6　立柱组装图

转盘组装图	图号	比例
设计		
制图		

图 9-7　转盘组装图

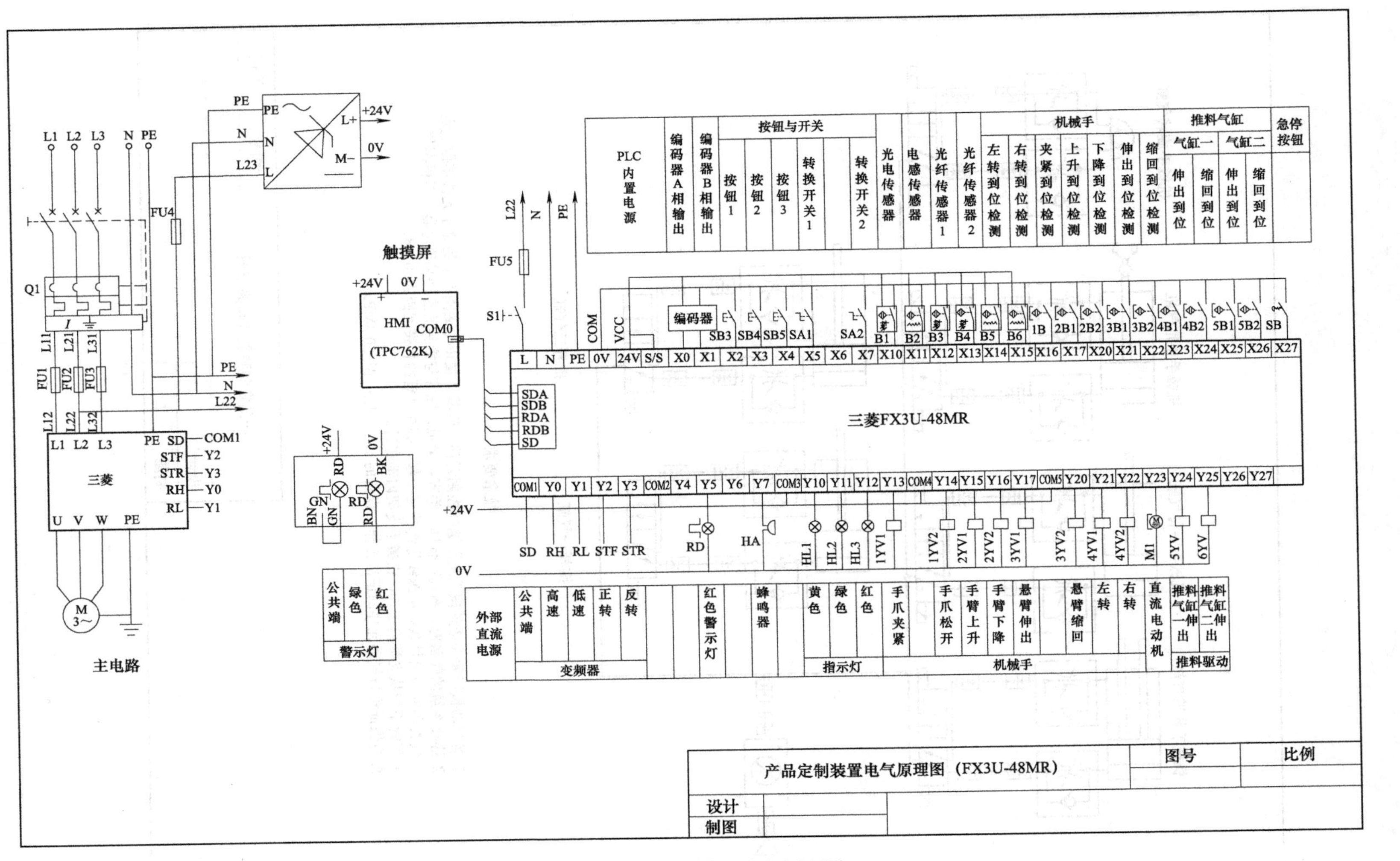

图 9-8　产品定制装置电气原理图

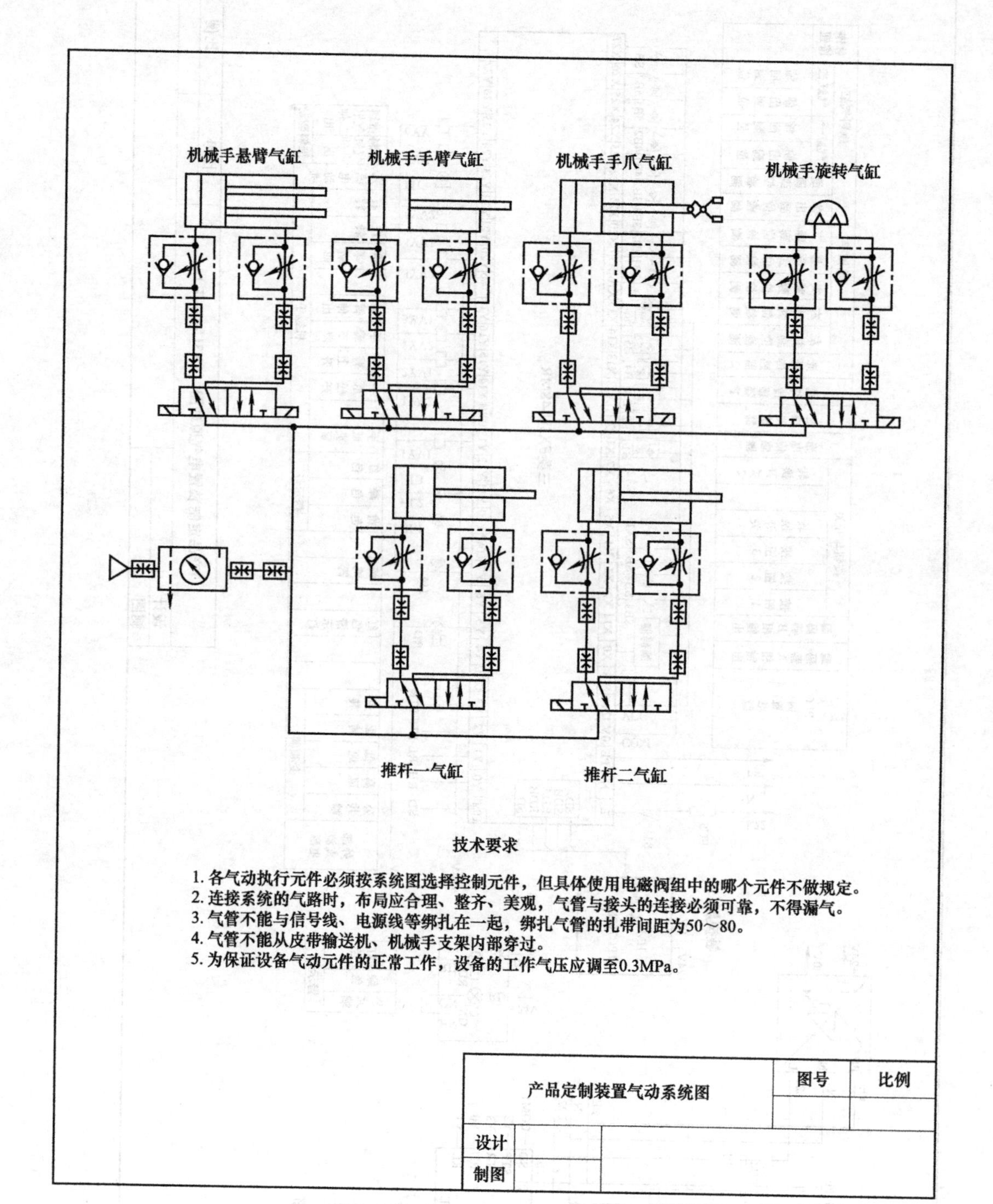

图 9-9　产品定制装置气动系统图

六、评分表

评分表共三份，组装评分表见表9-3，过程评分表见表9-4，功能评分表见表9-5。

表9-3　组装评分表

工位号：＿＿＿＿＿＿　　得分：＿＿＿＿＿＿

项目	评分点	配分	评分标准	得分	项目得分
机械部件组装（32.5分）	料盘直流电机	2	安装尺寸不符合要求，0.5分/处，最多扣1分 固定螺钉松动、未装垫片、固定螺母未安装于转盘电动机内侧，扣0.2分/处，最多扣1分		
	皮带输送机	8	零件齐全，零件安装部位正确，组成完整的皮带输送机；缺零件或位置装错，扣0.5分/处，最多扣3分 尺寸超差、四脚高度差大于0.5mm，扣0.5分/处，最多扣1分 皮带输送机明显不同轴、摩擦噪声明显、未调节传送带松紧度、注油孔未朝上、跑偏等，扣0.5分/处，最多扣2分 螺栓、垫片、松紧等工艺不符合规范，扣0.2分/处，最多扣2分		
	电动机编码器	2.5	螺钉、垫片不齐全、未紧固，电动机与皮带输送机同轴度超差，扣0.5分/处，最多扣1分		
			电动机未安装防振垫片，电源线进入线槽，相线颜色不符合要求，过长电源线未合理安置，扣0.25分/处，最多扣1分 旋转编码器安装不合理、控制线未进线槽，扣0.5分/处		
	警示灯	2	警示灯立柱安装尺寸不符合图样要求，与滑槽固定L形支架未起到固定作用，扣0.5分/处，最多扣1.5分 立柱垂直于台面，安装支架平贴立柱，螺钉、垫片齐全、紧固，不符合要求扣0.2分/处，最多扣0.5分		
	机械手	4.5	零件齐全，零件安装部位正确，组成完整的机械手；缺零件或位置装错，扣0.1分/处，最多扣2分 尺寸超差，立柱与悬臂未垂直，悬臂与手臂未垂直，扣0.2分/处，最多扣1分 悬臂定位螺钉与旋转气缸转轴定位锲口对准，拼接处无明显缝隙，定位螺钉紧固，螺钉、垫片齐全、无松动，不符合要求扣0.5分/处，最多扣1分 节流阀未紧固，扣0.2分/处，最多扣0.5分		
	触摸屏、光纤等	3	安装位置、尺寸不符合图样要求，扣0.5分/处，最多扣2分 螺钉、垫片齐全、紧固，不符合要求扣0.2分/处，最多扣1分		
	传感器支架及推杆	2	皮带输送机上支架的安装不符合图样要求，推料气缸不能准确推料入槽，扣0.5分/处，最多扣1.5分 螺丝、垫片齐全、紧固，不符合要求扣0.1分/处，最多扣0.5分		
	滑料斜槽	2.5	与皮带输送机拼接无缝隙，安装完成后安装端盖，不符合要求扣0.2分/处，最多扣0.5分；安装位置及尺寸不符合图样要求，扣0.5分/处，最多扣2分		

（续）

项目	评分点	配分	评分标准	得分	项目得分
机械部件组装（32.5分）	平台及立柱	2	工件存放一区、二区、三区安装尺寸、高度尺寸不符合要求，扣0.5分/处，最多扣1.5分；立柱垂直于台面，安装支架平贴立柱，螺钉、垫片齐全、紧固，不符合要求扣0.1分/处，最多扣0.5分		
	电磁阀及气源组件	3	电磁阀、气源组件安装位置、尺寸不符合图样要求，扣0.5分/处，最多扣2分；螺钉、垫片齐全、紧固，不符合要求扣0.1分/处，最多扣1分		
	线槽	1	45°拼接缝隙大于1mm，安装长度不符合尺寸要求，扣0.5分/处，最多扣1分		
气路连接（15分）	气路连接及工艺	2	气动元件选择错误，扣0.5分/处，最多扣1分 漏气，扣0.5分/处，最多扣1分		
		10	气路走向合理、横平竖直、长短合适，不符合要求扣0.5分/处，最多扣2分 固定绑扎间距为50~80mm，不符合要求扣0.5分/处，最多扣2分 气管穿过设备内部，扣3分 未使用的电磁阀接口未封堵，扣1分 气缸进/出气节流阀未锁紧，扣0.5分/处，最多扣2分		
		2	未合理使用线夹，扣2分		
		1	气路、电路混合绑扎，扣1分		
电路连接（17.5分）	电路连接及工艺	5	未按电路图连接电路，扣0.5分/处，此项最多扣5分		
		3.5	导线进入线槽，每个进线口不超过两根导线，不符合要求扣0.1分/处，最多扣0.5分 每根导线对应一个接线端子，并用线鼻子压牢，不符合要求扣0.3分/处，最多扣1.5分 每个插线孔上不得超过两个插线，不符合要求扣0.1分/处，最多0.5分 光纤传感器余量未合理绑扎、未用线夹固定在桌面上，扣1分		
		3	端子进线部分，每根导线必须套号码管并合理编号，不符合要求扣0.2分/处，最多扣3分		
		4	导线捆扎间距为50~80mm，不符合要求扣0.5分/处，最多扣2分 合理使用线夹，固定间距为100~160mm，不符合要求扣0.5分/处，最多扣2分		
		1	电动机外壳、皮带输送机机架、机械手、分拣库机构接地线未合理接线，扣0.2分/处，最多扣1分		
		1	接线端露铜超过2mm，扣0.2分/处，最多扣1分		

表 9-4　过程评分表

工位号：__________　　得分：__________

项目	评分点	配分	评分标准	得分	项目得分
工作过程（10 分）	着装	1	身着工作服，穿电工绝缘鞋，符合职业岗位要求		
	安全	1	不带电连接、改接电路，通电调试电路经考评人员同意		
		1	操作符合规范，未损坏零件、元件和器件		
		1	设备通电、调试过程中未出现熔断器熔断、剩余电流断路器动作或安装台带电等情况		
	素养	1	工具、量具、零部件摆放符合规范，不影响操作		
		1	工作结束后清理工位，整理工具、量具，现场无遗留		
		1	爱护赛场设备设施，不浪费材料		
	更换元件	1	无更换元件项或更换的元件经考评员检测确为损坏元件		
	赛场表现	1	积极完成工作任务，不怕困难，始终保持工作热情		
		1	遵守考场纪律，服从考评人员指挥，积极配合赛场工作人员，保证测试顺利进行		

表 9-5　功能评分表

工位号：__________　　得分：__________

项目	评分点	配分	评分标准	得分	项目得分
设备调试（9 分）	初始位置	1	开机，绿色警示灯闪烁，得 0.25 分；非初始位置，红色警示灯闪烁，得 0.25 分；初始位置，红色警示灯熄灭，得 0.25 分；能回初始位置，得 0.25 分		
	触摸屏初始界面	1	部件的功能不正确，扣 0.1 分/处，最多扣 0.5 分 缺少或多出文字符号，扣 0.1 分/处，最多扣 0.5 分		
	设备调试界面	2.7	部件的功能不正确，扣 0.1 分/处，最多扣 1 分 缺少或多出文字符号，扣 0.1 分/处，最多扣 0.5 分 按钮按下、松开时颜色变化错误，扣 0.1 分/处，最多扣 1 分 界面指示灯亮时绿、灭时红，不符合要求扣 0.2 分		
	直流电动机的调试	0.6	直流电动机启动运行无卡阻、停滞，不符合要求扣 0.2 分，最多扣 0.4 分 指示灯闪烁正常，不符合要求扣 0.2 分		
	机械手的调试	1.6	每个动作 0.2 分，最多扣 1.4 分 指示灯闪烁正常，不符合要求扣 0.2 分		
	皮带输送机的调试	0.7	交流电动机以 35Hz 的频率正转，以 25Hz 的频率反转，不符合要求各扣 0.25 分，最多扣 0.5 分 指示灯闪烁正常，不符合要求扣 0.2 分		
	推料气缸的调试	0.6	推料气缸活塞杆一、二伸出、缩回错误扣 0.1 分/处，最多扣 0.4 分 指示灯闪烁正常，不符合要求扣 0.2 分/处，最多扣 0.6 分		
	指示灯	0.2	HL1 以亮 1s 灭 1s 的形式指示调试状态，不符合要求扣 0.2 分		
	两地控制	0.6	SB3、SB4、SB5 不能正常工作，扣 0.2 分/处，最多扣 0.6 分		

（续）

项目	评分点	配分	评分标准	得分	项目得分
	工作方式一生产界面	3.3	部件及功能，不符合要求扣0.1分/处，最多扣1分 缺少或多出文字符号，扣0.1分/处，最多扣0.5分 选择生产槽位、设定产品组成及顺序错误，扣0.25分 在信息提示区不能显示“设置错误，请重新设置！”，扣0.25分 变频器的运行频率和皮带输送机电动机的转速显示错误，扣0.5分/处，最多扣1分 界面不能自动切换，扣0.3分		
	指示灯	0.4	运行模式指示灯HL1常亮，不符合要求扣0.2分 工作方式一指示灯HL2常亮，不符合要求扣0.2分		
方式一运行（12分）	供料	1	按下“启动”按钮，物料由A位置进入皮带运输机，A位置检测到物料后皮带输送机运行（频率为15Hz），不符合要求扣0.2分；物料到达B位置，如果该物料是所需物料，皮带输送机停止，不符合要求扣0.2分；加工完毕能继续供料，不符合要求扣0.3分；存放区备足料后停止供料，不符合要求扣0.3分		
	模拟加工及搬运	1	机械手对需要的物料进行模拟加工（夹紧、松开两次）后搬运到其对应的工件存放区域，不符合要求扣0.8分；对于不需要的物料，皮带输送机直接将其送到三槽后停止（运行频率为35Hz），不符合要求扣0.2分		
	模拟组装及运送	2	机械手按设置的组装顺序将工件逐个抓到皮带输送机上，最后一个工件被抓到皮带上后输送机停5s再启动，不符合要求扣1分；皮带输送机将产品送到设定的斜槽入口（运行频率为25Hz），不符合要求扣0.5分；推料气缸将产品推入斜槽，不符合要求扣0.5分		
	连续工作	1.3	一个产品完成后，继续完成下一个产品，直到完成所设定的产品生产套数，不符合要求扣1分；生产任务完成后，能在触摸屏生产界面上设置下一个批次的生产任务，不符合要求扣0.3分		
	传送带速度	1	变频器频率、带转速不正确，扣0.25分/处		
	停止	1	手动停止：按下停止按钮后，带以35Hz的频率将其上的物料分拣完成后自行停止，不符合要求扣0.4分 自动停止：完成本批次设定的生产任务后设备自行停止，不符合要求扣0.4分；自行跳至信息记录界面，不符合要求扣0.2分		
	急停	1	出现异常情况时按下急停按钮，设备立刻停止工作，不符合要求扣0.3分 5s内松开急停按钮，设备按停止前的状态继续工作，不符合要求扣0.5分；如果5s内未松开急停按钮，触摸屏自动跳到设备调试界面，不符合要求扣0.2分		

（续）

项目	评　分　点	配分	评 分 标 准	得分	项目得分
整机调试（4分）	机械部件位置调节	3	机械手不能抓起工件，扣0.2分/次，最多扣1分 机械手不能将工件准确放在指定位置，扣0.2分/次，最多扣1分 输送机有明显跳动、传送带跑偏，各扣0.5分		
	气缸与传感器	1	气缸活塞杆伸出与缩回速度不正确，扣0.1分/处，最多扣0.5分 传感器安装位置、灵敏度调节不符合要求，各扣0.5分		

实训任务十

糖果礼盒包装设备组装与调试

说明：本次组装与调试的机电一体化设备为××糖果礼盒包装设备。请仔细阅读相关说明，理解实训任务与要求，使用亚龙235A设备，在240min内按要求完成指定的工作。

一、实训任务与要求

1）按糖果礼盒包装设备组装图（图10-13）、立柱组装图（图10-14）和转盘组装图（图10-15）组装设备，并满足图样中的技术要求。

2）按糖果礼盒包装设备气动系统图（图10-17）连接设备的气路，并满足图样中的技术要求。

3）参考糖果礼盒包装设备电气原理图（图10-16）连接输入/输出电路，连接的电路应符合以下要求：

① 所有导线必须套上写有编号的号码管；交流电动机金属外壳与变频器的接地端必须可靠接地。

② 工作台上各传感器、电磁阀控制线圈、送料直流电动机、警示灯的连接线必须放入线槽内；为减少对控制信号的干扰，工作台上交流电动机的连接线不能放入线槽中。

4）正确理解设备的调试、工作要求以及指示灯的亮灭方式、异常情况的处理等，按要求编写设备的PLC控制程序并设置变频器的参数。

注意：在使用计算机编写程序时，应随时在D盘保存已编好的程序，保存的文件名为“工位号+A”（如3号工位文件名为“3A”）。

5）按触摸屏界面制作和监控要求的说明制作触摸屏界面，设置和记录相关参数，实现触摸屏对设备的监控。

6）调整传感器的位置和灵敏度，调整机械部件的位置，完成设备的整体调试，使设备能按照要求完成生产任务。

二、××糖果礼盒包装设备说明

（一）设备概述

××糖果礼盒包装设备（图10-1）是按提交的订单要求进行配料、加工和包装。在调试和生产过程中，巧克力原料块、巧克力成品均用黑色塑料元件模拟；奶糖原料块、奶糖成品均用白色塑料元件模拟；水果糖原料块、水果糖成品均用金属元件模拟。

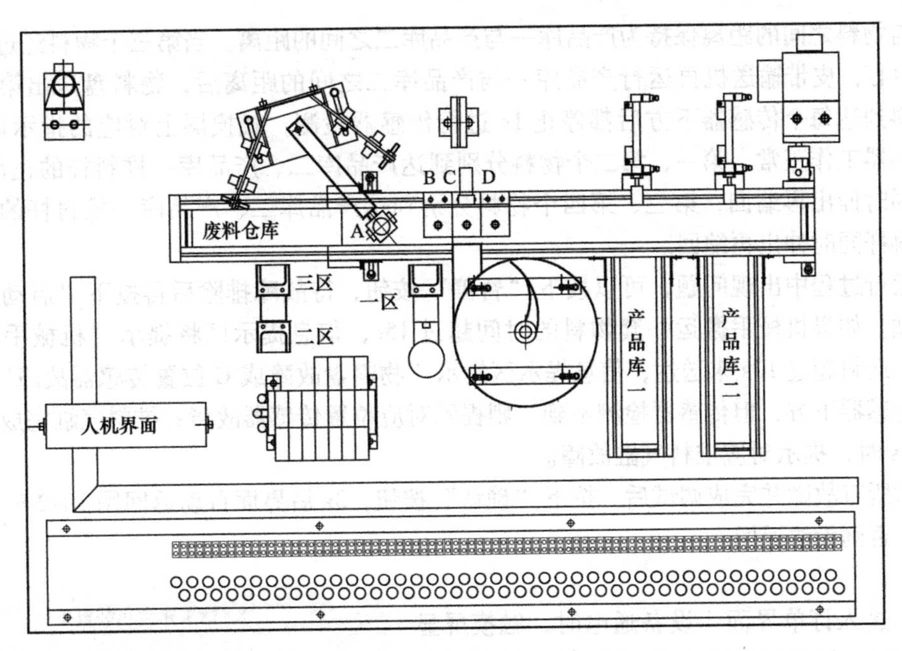

图 10-1　××糖果礼盒包装设备示意图

（二）工作过程及控制要求

××糖果礼盒包装设备的生产流程包括订单设置、配料加工和分拣包装三个环节。

设备有关部件的初始位置是：机械手位于 A 位置的正上方，悬臂和手臂缩回，手爪松开；产品库一、产品库二处推料气缸的活塞杆均处于缩回状态，所有电动机停止转动。对于不在初始位置的部件，需要手动复位。设备通电且各部件在初始位置时，绿色警示灯亮；如果有部件不在初始位置，则复位后绿色警示灯才亮。

1. 调试

设备在初始位置时，按下初始界面（图 10-2）上的“调试”按钮，进入调试界面，如图 10-3 所示。

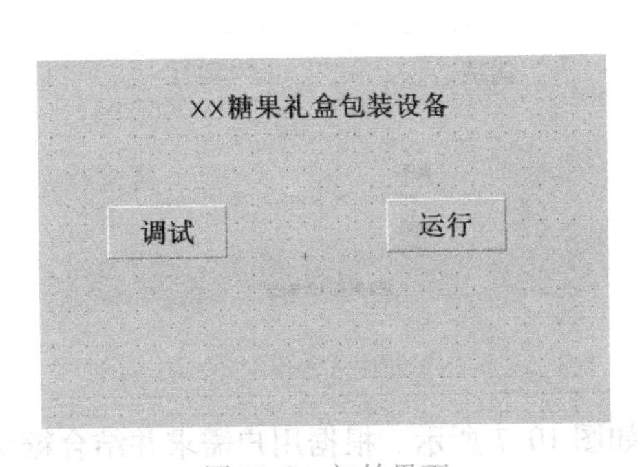

图 10-2　初始界面

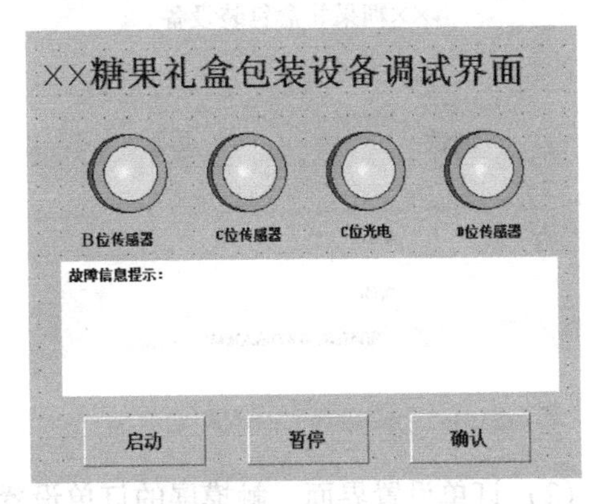

图 10-3　调试界面

启动前，先在存储一区、二区、三区中各放一个金属元件，在物料盘中放入四个物料，其中第一个送出的物料为金属元件。准备工作完成后，按下“启动”按钮，机械手按顺序将存储一区、二区、三区的物料搬运到皮带输送机上，配合皮带输送机 15Hz 的运行频率，使物料与物料之间的距离保持为产品库一与产品库二之间的距离。当第三个物料经过传感器C位置中心，皮带输送机再运行产品库一与产品库二之间的距离后，物料盘送出第四个物料。物料到达每个传感器下方后都停止1s进行传感器检测，触摸屏上对应的指示灯闪烁，表示传感器工作正常。第一、第二个物料分别到达产品库二、产品库一推料杆的正前方时，推料杆同时伸出再缩回；第三、第四个物料分别到达产品库二、产品库一推料杆的正前方时，推料杆同时伸出再缩回。

若运行过程中出现问题，可以按下“暂停”按钮，待故障排除后再按下“启动”按钮继续调试。如果机械手搬运一套物料的时间超过15s，信息提示区将提示“机械手故障”。若物料盘送料超过10s未送达，信息提示区提示“物料盘故障或C位置传感器故障”；若物料到达传感器下方，但传感器检测不到，则提示对应位置传感器故障；推料气缸完成一套流程超过5s时，提示对应推料气缸故障。

排除所有故障并完成调试后，按下“确认”按钮，3s后界面自动返回图10-2所示的初始界面，否则无法返回。

2. 订单设置

（1）进入订单界面　设备通电时，触摸屏显示初始界面，按下该界面上的“运行”按钮，弹出输入账号和密码的文本框，如图10-4所示。“运行”模式的账号为“yunxing”，密码为“YL123”，输入正确的账号和密码后，进入订单设置界面。若密码输入不正确，则弹出“密码有误，请重新输入密码!”的提示，如图10-5所示，密码输入正确后进入订单设置界面；若第二次输入密码错误，则弹出“您不能使用此设备!”的警告，如图10-6所示。出现警告提示2s后，返回图10-2所示的初始界面。

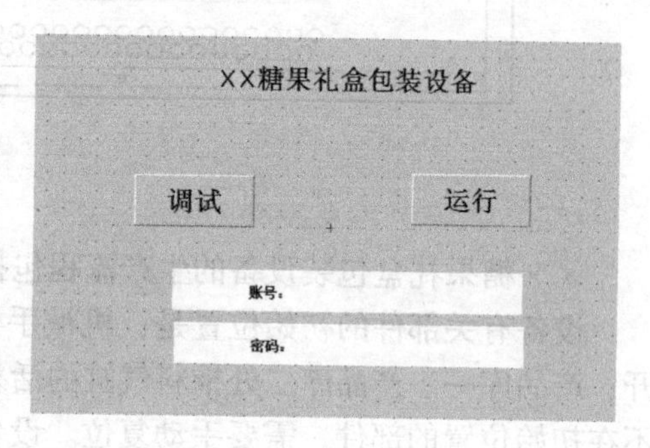

图10-4　输入账号和密码的文本框

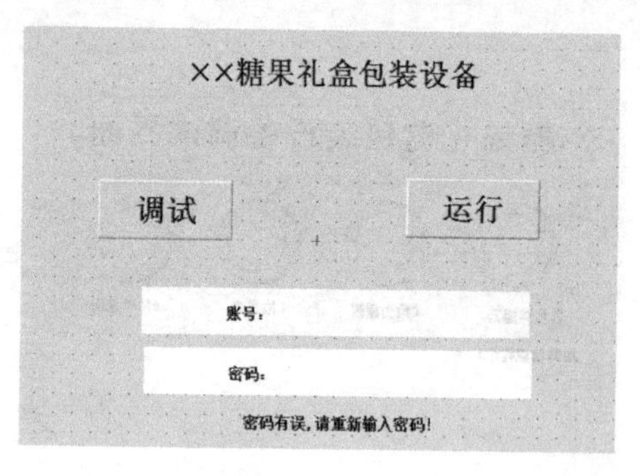

图10-5　输错密码时的初始界面

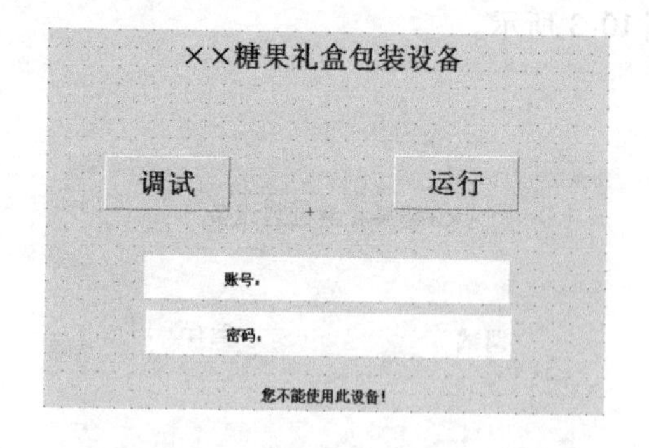

图10-6　再次输错密码时的初始界面

（2）订单设置界面　触摸屏的订单设置界面如图10-7所示。根据用户需求并结合糖果的质量进行订单设置。巧克力每块重15g，奶糖每块重10g，水果糖每块重15g。例如，某用户需要10盒精装糖果礼盒，首先选择组装生产产品的产品库，选择相应的产品库后，触摸屏上该产品库的按钮由红色变为绿色；然后设定生产盒数即产品组数为10盒；接着设定巧克力、奶糖、水果糖的每盒质量配比为3∶2∶3，如果每盒质量设定为40g，则每盒需要放入

巧克力、奶糖、水果糖各 1 块，如果每盒质量为 80g，则每种糖果各 2 块，如果每盒质量为 120g，则每种糖果各 3 块，依此类推（注意：糖果比例与质量均要满足要求）。

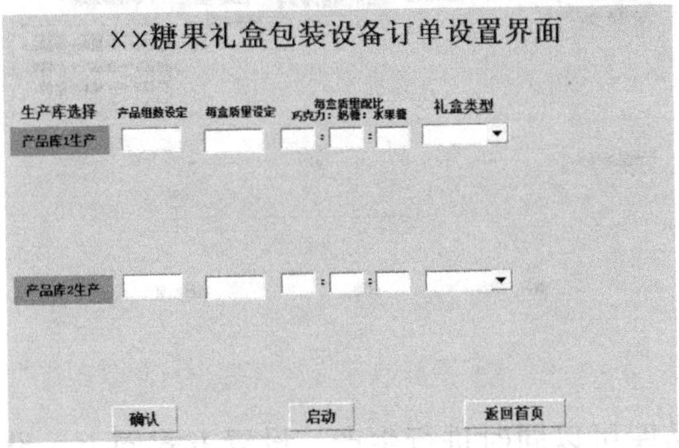

图 10-7　订单设置界面

礼盒类型设置如图 10-8 所示，有简装礼盒和精装礼盒两种类型：选择简装礼盒时，机械手按“存储 1→存储 2→存储 3”的顺序进行成品的搬运；选择精装礼盒时，需要设定成品搬运的顺序，以完成各种糖果在精装礼盒内的摆放位置。选择精装礼盒时的订单设置界面如图 10-9 所示，单击“成品搬运顺序”下拉列表框，弹出图 10-10 所示界面，在下拉列表框中可选择以下搬运顺序：存储 1→存储 2→存储 3；存储 1→存储 3→存储 2；存储 2→存储 1→存储 3；存储 2→存储 3→存储 1；存储 3→存储 1→存储 2；存储 3→存储 2→存储 1。

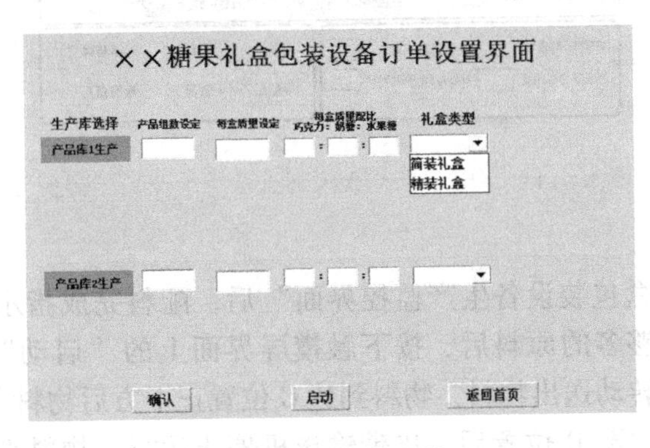

图 10-8　礼盒类型设置

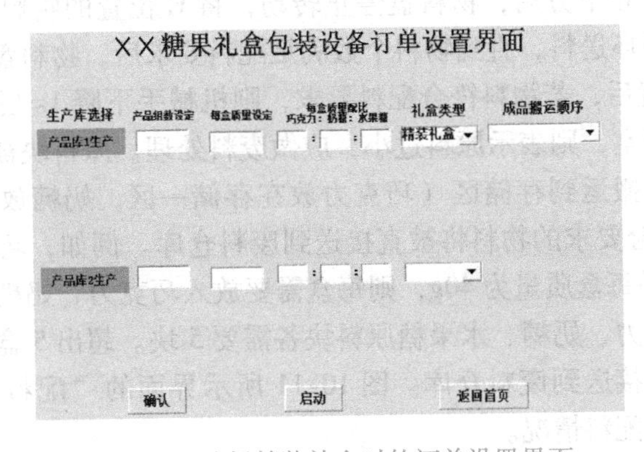

图 10-9　选择精装礼盒时的订单设置界面

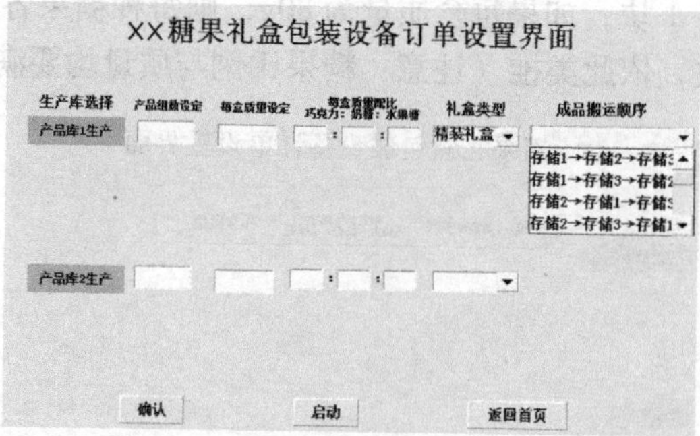

图 10-10　精品礼盒成品搬运顺序选择订单设置界面

根据需要，两个产品库可以同时进行生产，设置方式同上，设置完成后按下“确认”按钮。如需修改，可长按（5s）“确认”按钮，之后便可进行修改。参数确认后，按下“启动”按钮，弹出“××糖果礼盒包装设备生产监控界面”，如图 10-11 所示。

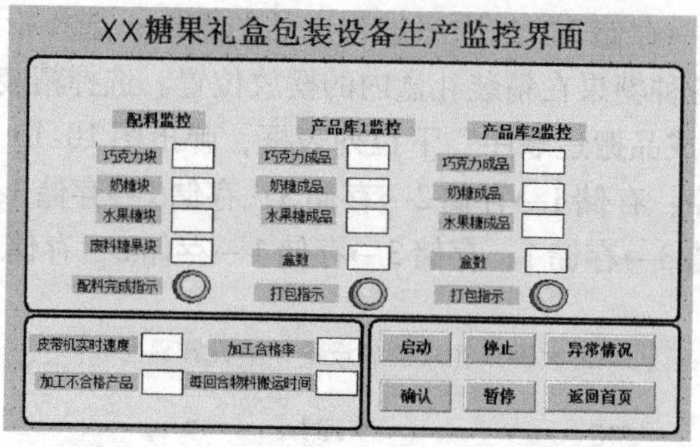

图 10-11　××糖果礼盒包装设备的生产监控界面

3. 备料加工

弹出“××糖果礼盒包装设备生产监控界面”后，配料完成指示灯闪烁，提示进行配料，在配料库中放入足够多的原料后，按下触摸屏界面上的“启动”按钮，设备启动。C 位置无物料时，物料盘转动送出物料，物料到达 C 位置正下方后物料盘停止转动；A 位置无物料时，传送带将原料送至 B 位置后，皮带输送机停止运行，物料盘送出下一个物料；当下一个物料到达 C 位置正下方后，物料盘停止转动，将 C 位置的物料送到 B 位置后，又送出下一个物料。如此循环送料，直到物料个数满足配料要求后，物料盘停止供料。

当物料到达 A 位置后，若物料符合配料要求，则机械手下降 1s 后抓紧、放松两次进行模拟加工；若机械手抓空，则表示原料过小，应做废料处理。原料块被加工成成品后，机械手以安全的方式将物料搬运到存储区（巧克力放在存储一区，奶糖放在存储二区，水果糖放在存储三区）。不符合要求的物料将被直接送到废料仓库。例如，巧克力、奶糖和水果糖的配比为 3∶2∶3，如果每盒质量为 40g，则每盒需要放入巧克力、奶糖、水果糖各 1 块，如果共生产 5 盒，则巧克力、奶糖、水果糖原料块各需要 5 块。超出 5 盒范围的原料块为不符合要求的物料，会被直接送到废料仓库。图 10-11 所示界面的“配料监控”区域显示糖果块数，可实时监控糖果配料情况。

配料完成后，“配料完成指示”灯常亮，按下“确认”按钮，根据订单设置情况，对应

的产品库打包指示灯开始以 1Hz 的频率闪烁，指示产品已经加工完成，可以进行入盒包装。

4. 入盒包装

配料完成后按下“确认”按钮，再按下“启动”按钮，机械手根据订单设置情况进行成品的搬运，为确保搬运效率，从机械手搬运动作开始到返回初始位置的时间不能超过 15s，触摸屏实时监控机械手的搬运时间，超出 15s 系统暂停运行，排除故障并按下“启动”按钮后，系统才继续运行。一种成品搬运完成后，开始进行下一种成品的搬运。

皮带输送机上有成品时，皮带输送机按要求进行配送，其上的成品全部分拣完成后，皮带输送机停止运行。满足包装要求后，“打包指示”灯以 2Hz 的频率快速闪烁 2s 后，入盒包装完成，包装过程中该产品库禁止进料。触摸屏界面实时监控产品库装配情况。完成所有的设置任务后，“配料完成指示”灯和两个“打包指示”灯均常亮，此时才可按下“返回首页”按钮，按下该按钮后指示灯熄灭，所有数据清零，2s 后系统返回初始界面。

5. 调速

在设备运行过程中，可以根据实际需要通过电位器调整变频器的频率，以加快或减慢工作进程，屏幕实时显示变频器的运行频率（频率范围为 0～25Hz）。

6. 暂停

运行过程中按下“暂停”按钮，系统立刻暂停工作；再次按下“启动”按钮，系统继续以暂停前的状态运行。

7. 停止

运行过程中按下“停止”按钮，设备在处理完当前皮带输送机上的物料后立即停止；再次按下“启动”按钮，设备继续运行。长按“停止”按钮 3s，可在清除所有数据后返回初始界面。

8. 断电

设备意外断电后，再次通电时蜂鸣器鸣叫。按下“启动”按钮，如果正在进行产品加工，而断电时间超过 10s，则加工的物料作废料处理，其余情况设备继续运行。

9. 急停

按下急停按钮后，设备所有输出立刻停止；排除故障后，松开急停按钮，所有数据清零，设备返回初始状态，需要人工清理设备上的物料。

按下“异常情况”按钮，设备切换到异常情况监控界面，如图 10-12 所示，5s 后自动返回原来的界面。

图 10-12　异常情况监控界面

三、设备组装图

设备组装图共三份，图 10-13 所示为糖果礼盒包装设备组装图，图 10-14 所示为立柱组装图，图 10-15 所示为转盘组装图。

四、电气原理图

糖果礼盒包装设备电气原理图如图 10-16 所示。

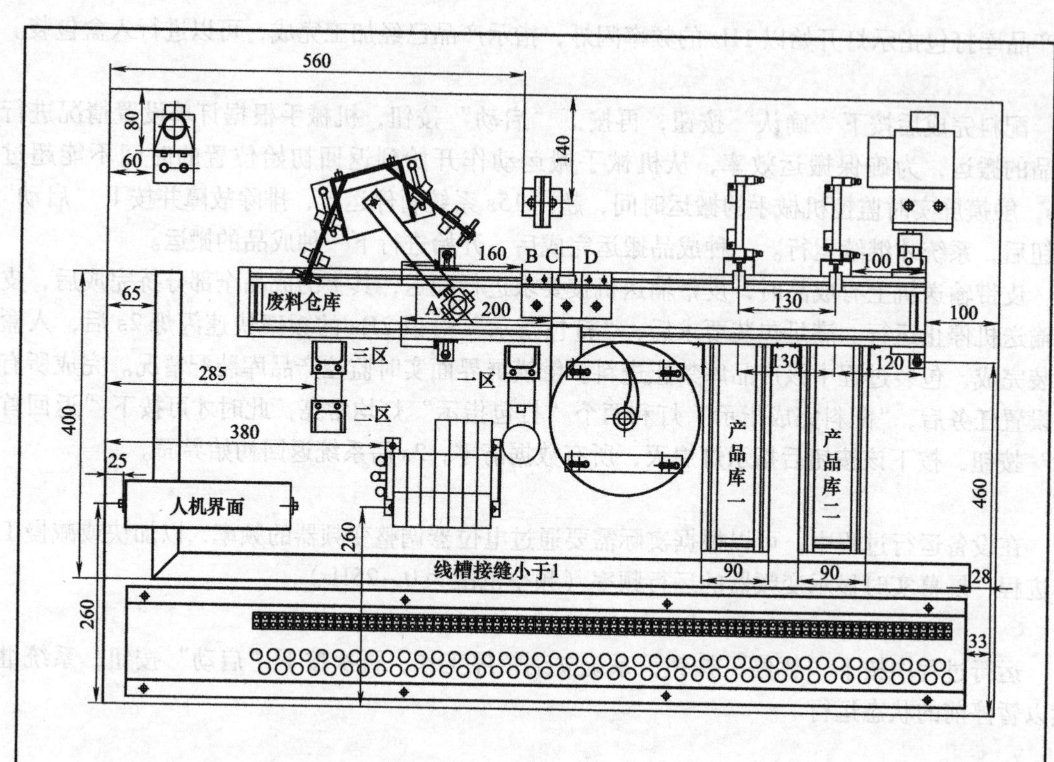

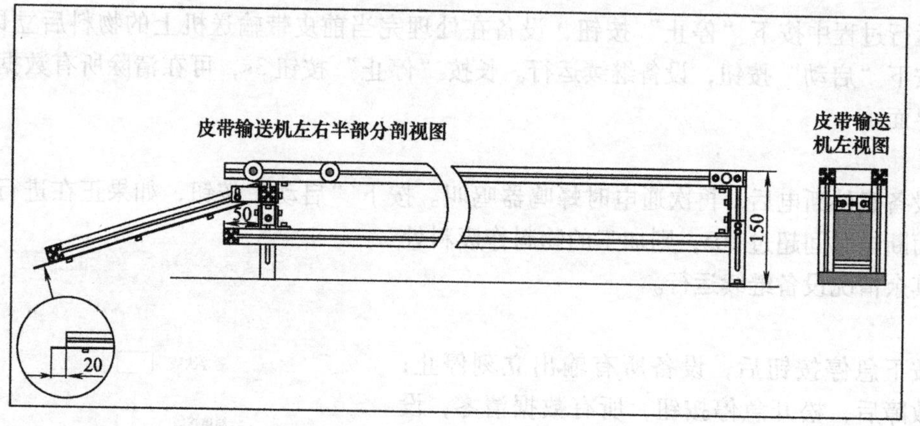

技术要求

1. 以实训台左右两端为基准，端面不包含塑料封盖，各尺寸安装误差不大于±0.5。
2. 设备各部件须严格按照标注尺寸进行安装，无尺寸处可自由调整，应保证设备各部件能准确、平稳地工作。
3. 传感器的安装高度、检测灵敏度根据生产需要进行调整。

糖果礼盒包装设备组装图		图号	比例
设计			
制图			

图 10-13　糖果礼盒包装设备组装图

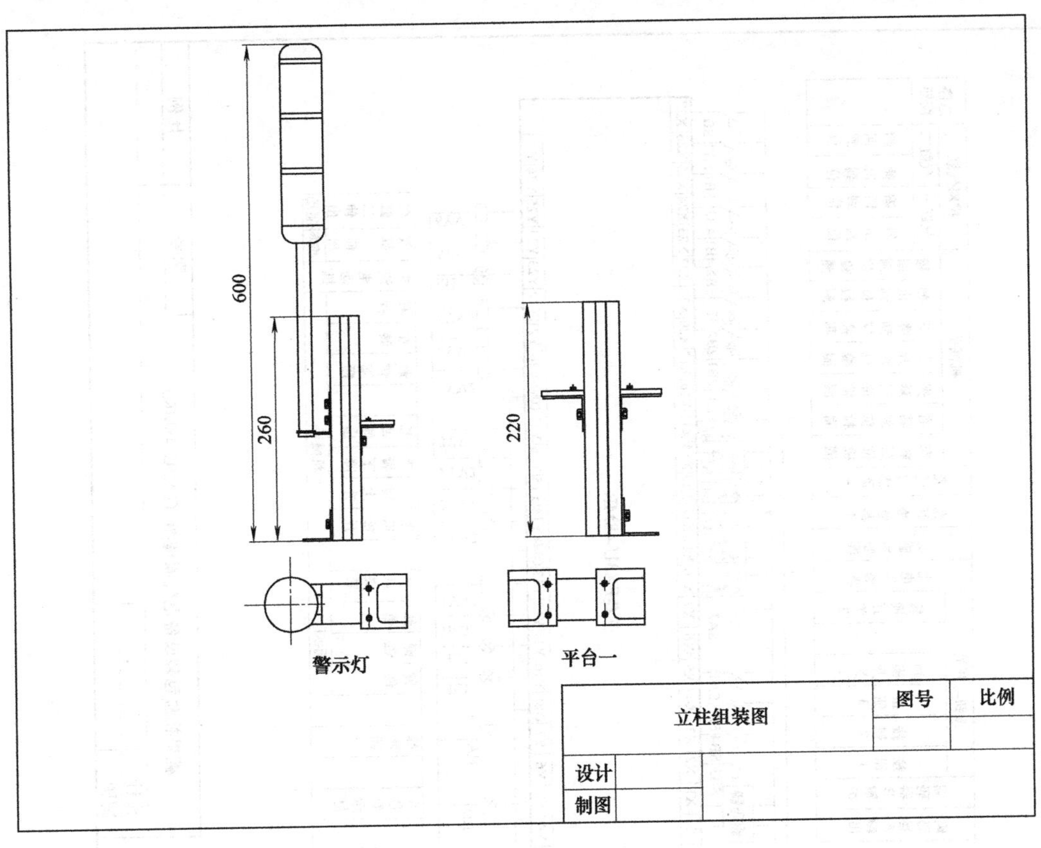

图 10-14 立柱组装图

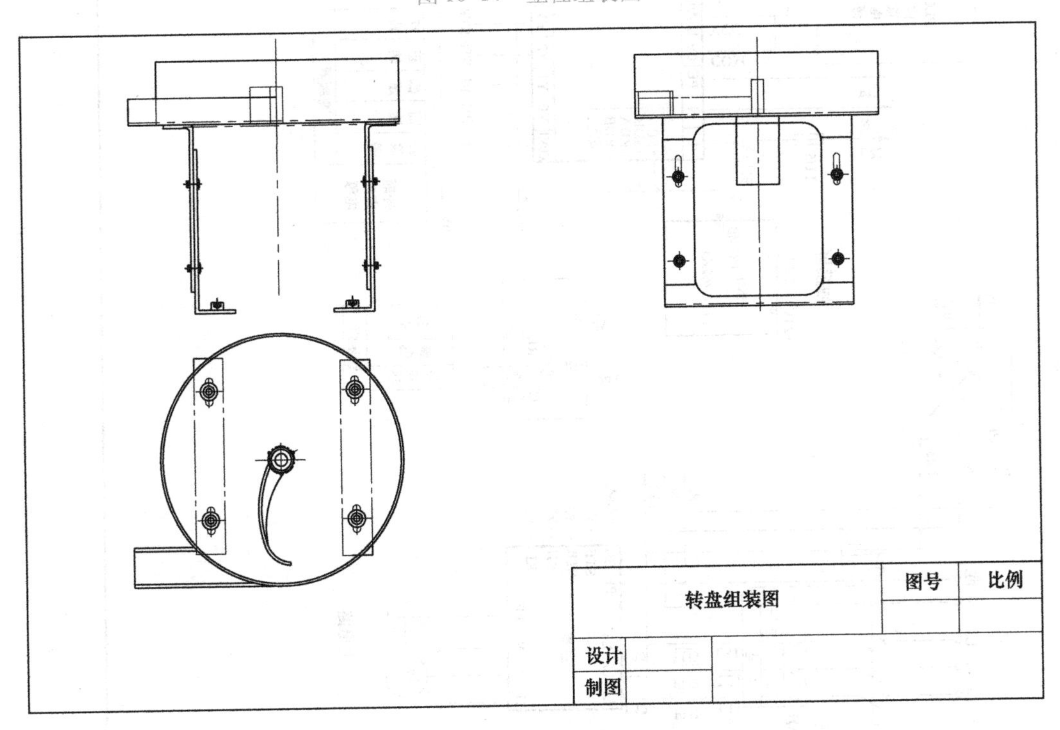

图 10-15 转盘组装图

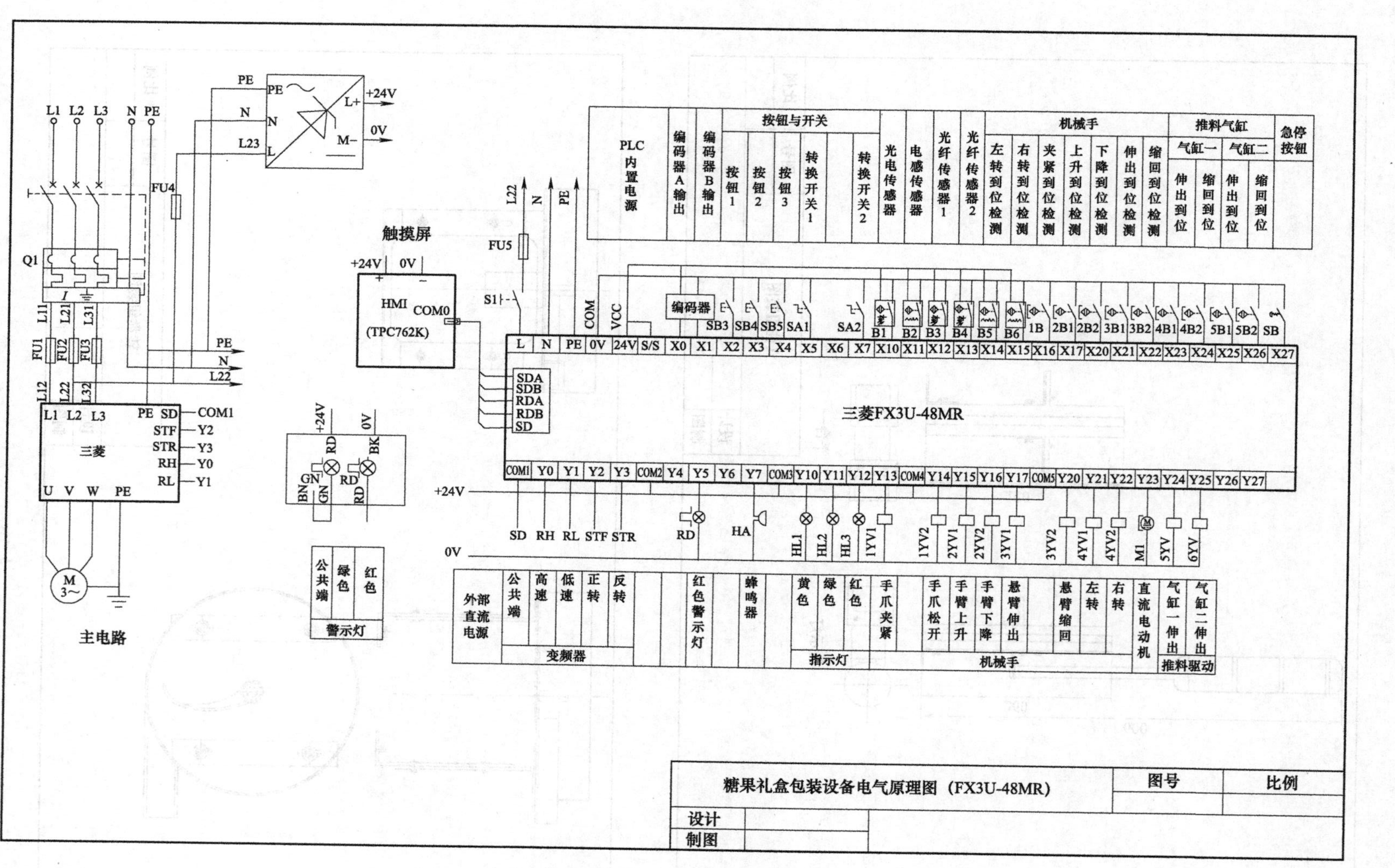

图 10-16　糖果礼盒包装设备电气原理图

五、气动系统图

糖果礼盒包装设备气动系统图如图 10-17 所示。

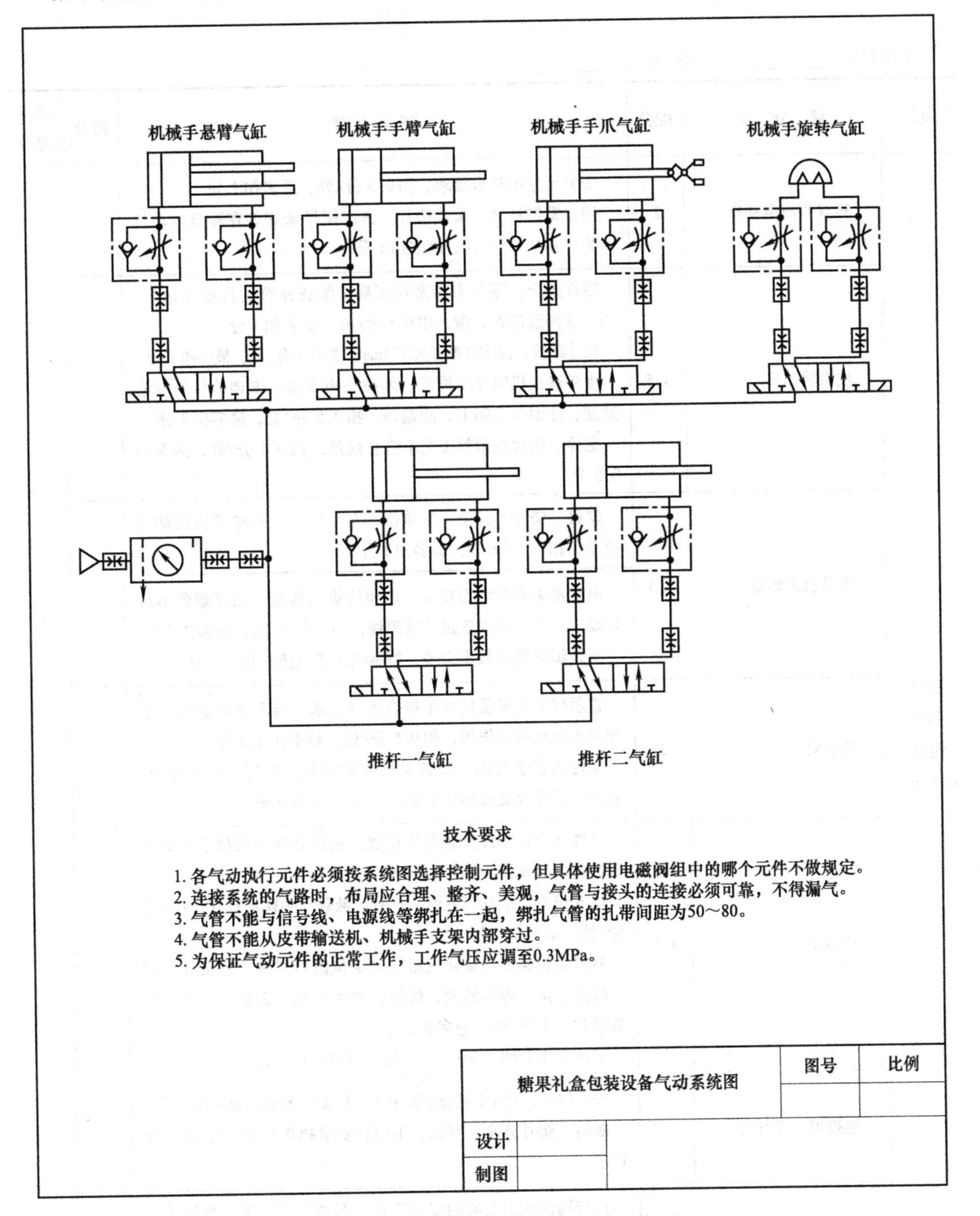

图 10-17　糖果礼盒包装设备气动系统图

六、评分表

评分表共三份，组装评分表见表10-1，过程评分表见表10-2，功能评分表见表10-3。

表10-1　组装评分表

工位号：＿＿＿＿＿　得分：＿＿＿＿＿

项目	评分点	配分	评分标准	得分	项目得分
机械部件组装（28分）	料盘直流电动机	2	安装尺寸不符合要求，扣0.5分/处，最多扣1分 固定螺钉松动、未装垫片，固定螺母未安装在转盘电动机内侧，扣0.2分/处，最多扣1分		
	皮带输送机	4.5	零件齐全，零件安装部位正确，组成完整的皮带输送机；缺少零件或位置装错，扣0.1分/处，最多扣1分 尺寸超差、四脚高度差大于1mm，扣0.5分/处，最多扣1分 皮带输送机明显不同轴、摩擦噪声明显、未调节传送带松紧度、注油孔未朝上、跑偏等，扣0.5分/处，最多扣2分 螺栓、垫片松紧等工艺不符合规范，扣0.1分/处，最多扣0.5分		
	电动机编码器	2.5	螺钉、垫片不齐全、未紧固，电动机与皮带输送机同轴度超差，扣0.2分/处，最多扣1分		
			电动机未安装防振垫片、电源线进入线槽、相线颜色不符合要求、未合理安置过长电源线，扣0.2分/处，最多扣1分 旋转编码器安装不合理、控制线未进线槽，扣0.5分		
	警示灯	2	警示灯立柱安装尺寸不符合图样要求，与滑槽固定的L形支架未起到固定作用，扣0.5分/处，最多扣1.5分 立柱垂直于台面，安装支架平贴立柱，螺钉、垫片齐全、紧固，不符合要求扣0.1分/处，最多扣0.5分		
	机械手	4.5	零件齐全，零件安装部位正确，组成完整的机械手；缺少零件或位置装错，扣0.2分/处，最多扣2分 尺寸超差、立柱与悬臂不垂直、悬臂与手臂不垂直，扣0.2分/处，最多扣1分 悬臂定位螺钉与旋转气缸转轴定位锲口对准，拼接处无明显缝隙，定位螺钉紧固，螺钉、垫片齐全、无松动，不符合要求扣0.1分/处，最多扣1分 节流阀未紧固，扣0.1分/处，最多扣0.5分		
	触摸屏、光纤等	3	安装位置、尺寸不符合图样要求，扣0.5分/处，最多扣2分 螺钉、垫片齐全、紧固，不符合要求扣0.1分/处，最多扣1分		
	传感器支架及推杆	2	皮带输送机上支架的安装不符合图样要求，推料气缸不能准确推料入槽，扣0.5分/处，最多扣1.5分 螺钉、垫片齐全、紧固，不符合要求扣0.1分/处，最多扣0.5分		

（续）

项目	评分点	配分	评分标准	得分	项目得分
机械部件组装（28分）	出料斜槽	1.5	与皮带输送机的拼接无缝隙，安装完成后安装端盖，不符合要求扣0.2分/处，最多扣0.5分；安装位置及尺寸不符合图样要求，扣0.5分/处，最多扣1分		
	平台及立柱	2	放料平台一、二、三的安装尺寸、高度不符合要求，扣0.5分/处，最多扣1.5分 立柱垂直于台面，安装支架平贴立柱，螺钉、垫片齐全、紧固，不符合要求扣0.1分/处，最多扣0.5分		
	电磁阀及气源组件	3	电磁阀、气源组件安装位置、尺寸不符合图样要求，扣0.5分/处，最多扣2分 螺钉、垫片齐全、紧固，不符合要求扣0.1分/处，最多扣1分		
	线槽	1	45°拼接缝隙大于1mm、安装长度不符合要求，扣0.5分/处，最多扣1分		
气路连接（10分）	气路连接及工艺	2.5	气动元件选择错误，扣0.5分/处，最多扣1.5分 漏气扣0.5分/处，最多扣1分		
		4.5	气路走向合理、横平竖直、长短合适，不符合要求扣0.5分/处，最多扣1.5分 固定绑扎间距为50~80mm，不符合要求扣0.1分/处，最多扣0.5分 气管穿过设备内部，扣1分 未使用的电磁阀接口未封堵，扣0.5分 气缸进、出气节流阀未锁紧，扣0.2分/处，最多扣1分		
		2	线夹使用不合理，扣2分		
		1	气路、电路混合绑扎，扣1分		
电路连接（12分）	电路连接及工艺	2.5	按电路图连接电路，不符合要求扣0.5分/处，最多扣2.5分		
		3	导线进入行线槽，每个进线口不得超过两根导线，不符合要求扣0.1分/处，最多扣0.5分 每根导线对应一个接线端子，并用线鼻子压牢，不符合要求扣0.3分/处，最多扣1.5分 插线孔上的插线超过两个，扣0.1分/处，最多扣0.5分 光纤传感器余量未合理绑扎，未用线夹固定在桌面上，扣0.5分		
		3	端子进线部分的每根导线必须套号码管，每个号码管必须合理编号，不符合要求扣0.5分/处，最多扣3分		
		2	导线捆扎间距为50~80mm，不符合要求扣0.1分/处，最多扣1分 合理使用线夹，固定间距为100~160mm，不符合要求扣0.1分/处，最多扣1分		
		1	电动机外壳、皮带输送机机架、机械手、分拣机构接地线接线不合理，扣0.2分/处，最多扣1分		
		0.5	接线端露铜超过2mm，扣0.1分/处，最多扣0.5分		

表10-2 过程评分表

工位号：________ 得分：________

项目	评分点	配分	评分标准	得分	项目得分
工作过程（10分）	着装	1	身着工作服，穿电工绝缘鞋，符合职业岗位要求		
	安全	1	不带电连接、改接电路，通电调试电路经考评人员同意		
		1	操作符合规范，未损坏零件、元件和器件		
		1	设备通电、调试过程中未出现熔断器熔断、剩余电流断路器动作或安装台带电等情况		
	素养	1	工具、量具、零部件摆放符合规范，不影响操作		
		1	工作结束后清理工位，整理工具、量具，现场无遗留		
		1	爱护赛场设备设施，不浪费材料		
	更换元件	1	无更换元件项或更换的元件经考评员检测确为损坏元件		
	赛场表现	1	积极完成工作任务，不怕困难，始终保持工作热情		
		1	遵守考场纪律，服从考评人员指挥，积极配合赛场工作人员，保证测试顺利进行		

表10-3 功能评分表

工位号：________ 得分：________

项目	评分点	配分	评分标准	得分	项目得分
设备调试（9分）	初始位置	0.5	初始位置时，绿色警示灯闪烁，0.25分；非初始位置时，绿色警示灯熄灭，0.25分		
	触摸屏初始界面	1	部件的功能不正确，扣0.2分/个，最多扣1分		
	设备调试界面	1	部件显示不正确，扣0.1分/处，最多扣0.5分；缺少或多出文字符号，扣0.1分/处，最多扣0.5分		
	调试功能	0.9	机械手按存储区一、二、三的顺序搬运物料，每处0.3分，共0.9分		
		1	物料在皮带输送机上按要求排列，0.5分/个，共1分		
		0.5	物料盘按要求供料，0.5分		
		0.6	未按要求返回首页，扣0.3分，不能返回首页，扣0.3分		
		1	物料按要求同时推入产品库，0.5分/处，共1分		
		1.5	故障提示显示，0.3分/处，共1.5分		
		1	指示灯未按要求点亮，扣0.25分/处，最多扣1分		

（续）

项目		评 分 点	配分	评 分 标 准	得分	项目得分
设备运行（28分）	界面（8分）	工作方式界面	1	部件显示不正确，扣0.1分/处，最多扣0.5分；缺少或多出文字符号，扣0.1分/处，最多扣0.5分		
		密码	1	输入正确密码进入界面，0.25分；密码输入错误，提示0.25分/次，共1分		
		界面功能	6	参数设置界面每个元件功能0.1分，共1.4分；运行监视界面每个功能0.2分，共4分；设备异常监视界面，每个功能0.2分，共0.6分		
	备料（7分）	物料盘供料	2	物料盘按要求连续供料，2分		
		皮带输送机配送物料	1.5	A位置有物料，皮带输送机停止运行，0.5分；A位置无物料，B、C位置有物料时，皮带输送机向左运行B、C位置的间距，1分		
		模拟加工	1.5	对于需要的物料，机械手模拟加工（夹紧、松开两次）后搬运到其对应的工件存放区域，0.8分；对于不需要的物料，皮带输送机直接将其送入废料仓库，0.2分。机械手抓空物料作废料处理，0.5分		
		物料存储及废料处理	2	机械手按要求搬运物料到存储区，0.5分，共1.5分；废料流入废料仓，0.5分		
	成品包装（13分）	生产库	4.5	产品库可以单独生产，0.5分；产品库可同时生产，1分。产品库可以生产简装礼盒，1.5分；产品库可以生产精装礼盒，1.5分		
		物料搬运	2	机械手按要求搬运物料，0.5分；机械手15s保护，1.5分		
		物料配送	1	皮带输送机正常工作时，其上有物料时运行，无物料时停止，0.5分；运行过程中可以通过电位器随时调节电动机的频率，0.5分		
		物料分拣	2	仓库分拣错误，扣0.5分/次，最多扣2分		
		暂停	1	运行过程中按下“暂停”按钮，系统立刻暂停工作，0.5分；按下“启动”按钮，系统继续暂停前的状态运行，0.5分		
		停止	1	手动停止：按下“停止”按钮，皮带输送机上的物料分拣完成后自行停止，0.4分 自动停止：完成本批次设定的生产任务后自行停止，“配料完成指示”灯，两个“打包指示”灯均常亮，0.4分；按下“返回首页”按钮，指示灯熄灭，所有数据清零，0.2分；2s后系统返回初始界面，0.2分		
		急停	0.5	按下“急停”按钮，所有输出立刻停止，0.3分；排除故障后松开“急停”按钮，所有数据清零，0.2分		
		断电	1	设备意外断电后再次通电，蜂鸣器鸣叫，0.3分。按下“启动”按钮，如果正在进行产品加工，断电超过10s时，加工物料作废料处理，0.5分；其余情况设备继续运行，0.2分		

（续）

项目	评 分 点	配分	评 分 标 准	得分	项目得分
整机调试（3分）	机械部件位置调节	2	机械手未能抓起物料，扣0.1分/次，最多扣0.5分；机械手不能将物料准确放在指定位置，扣0.1分/次，最多扣0.5分；输送机有明显跳动，传送带跑偏，各扣0.2分，本栏最多扣2分		
	气缸与传感器	1	气缸活塞杆伸出与缩回速度适中，0.1分/个，共0.5分；传感器安装位置符合要求，灵敏度调节符合要求，0.5分，本栏最多扣1分		

实训任务十一

车间废料分类装置组装与调试

说明：本次组装与调试的机电一体化设备为车间废料分类装置。请仔细阅读相关说明，理解实训任务与要求，使用亚龙235A设备，在240min内按要求完成指定的工作。

一、实训任务与要求

1）按皮带输送机组装图（图11-8）组装皮带输送机；按车间废料分类装置设备组装图（图11-7）组装设备并实现其功能。

2）按车间废料分类装置电气原理图（图11-9）连接控制电路，连接的电路应符合工艺规范要求。

3）按车间废料分类装置气动系统图（图11-10）安装气动系统的执行元件、控制元件并连接气路，调节气动系统的工作压力、执行元件的进气量。使气动系统能按要求实现功能，气路的布局、走向、绑扎应符合工艺规范要求。

4）正确理解车间废料分类装置的分拣过程和分拣要求、意外情况的处理等，制作触摸屏界面，编写车间废料分类装置的PLC控制程序并设置变频器参数。

注意：在使用计算机编写程序时，应随时在计算机E盘中保存已编好的程序，保存文件名为“工位号+A”（如3号工位文件名为“3A”）。

5）安装传感器并调整其灵敏度，调整机械部件的位置，完成车间废料分类装置的整机调试，使车间废料分类装置能按要求完成废料的分类与分拣。

6）填写组装与调试记录中的有关内容。

注意：要求按电路图接线，如果需要添加元件，如按钮模块上的按钮、开关和传感器等，请在电路图中画出并说明用途。

二、车间废料分类装置说明

（一）装置概述

车间废料分类装置（图11-1）可以按要求对车间生产过程中产生的废料进行分类与分拣处理。

在车间废料分类装置工作过程中，当皮带输送机的三相交流异步电动机正转（传送带由传感器组到机械手的方向为正转）时，变频器的输出频率为30Hz；皮带输送机的三相交流异步电动机反转时，变频器的输出频率为20Hz。

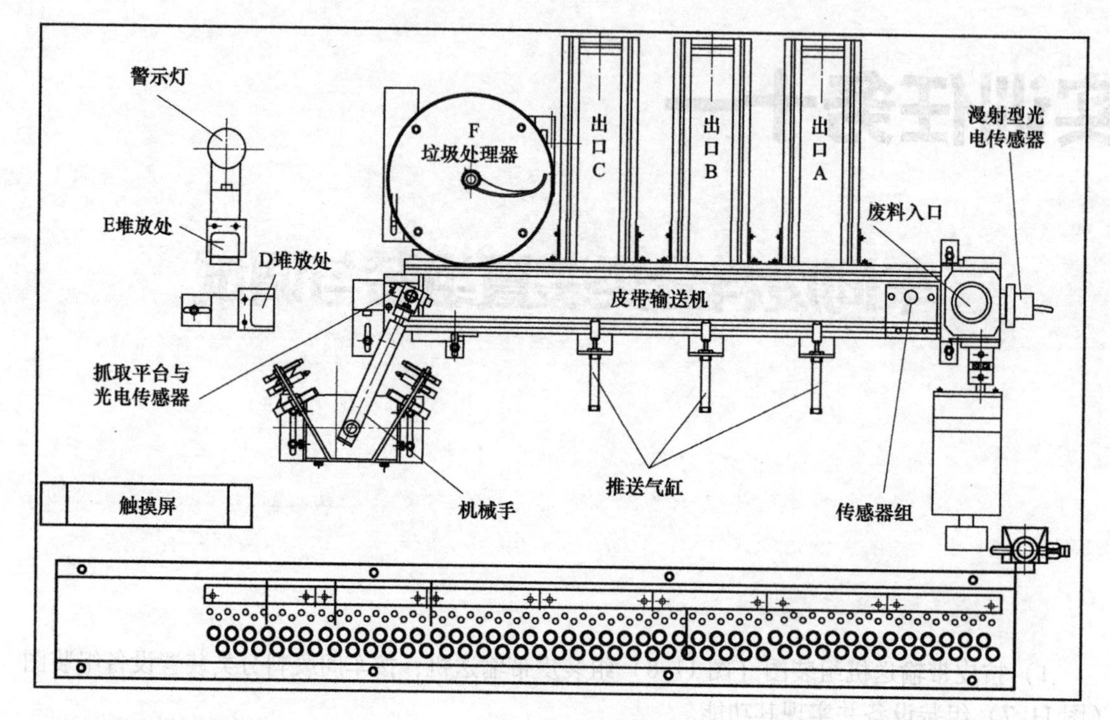

图 11-1　车间废料分类装置示意图

车间废料分类装置接通电源后，PLC 通电运行时，绿色警示灯亮，指示装置电源正常。触摸屏首页界面如图 11-2 所示。若电源正常、装置的有关部件在初始位置，且设备没有故障，则“状态指示灯”为绿色点亮。

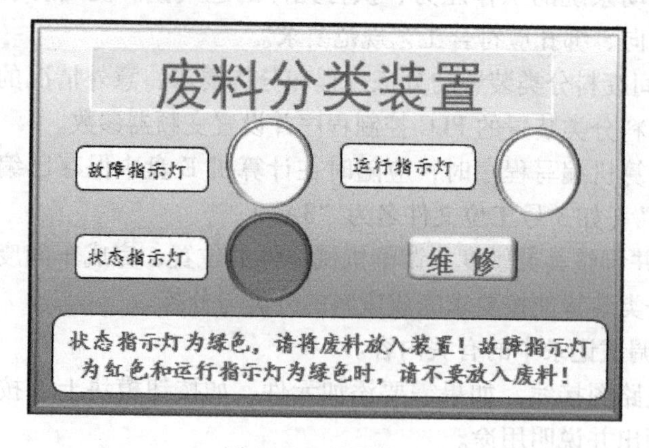

图 11-2　首页界面

各部件的初始状态：装置的机械手停留在抓取平台上方，悬臂缩回，手爪松开；垃圾处理器的直流电动机、皮带输送机的交流电动机停转；各推送气缸的活塞杆均缩回。

若装置的有关部件不在初始状态或装置存在故障，则触摸屏界面上的“状态指示灯”熄灭，“故障指示灯”为红色点亮。

（二）装置工作过程及控制要求

1. 废料分类与分拣

只有在“状态指示灯”为绿色点亮，且“故障指示灯”和“运行指示灯”不亮的情况

下，才能将废料放入装置的废料入口。在废料处理过程中，“状态指示灯”熄灭，“运行指示灯”为绿色点亮。

废料分类装置处理废料的要求如下。

（1）A、B、C 三类废料　由两个金属元件模拟 A 类废料，由两个白色塑料元件模拟 B 类废料，由两个黑色塑料元件模拟 C 类废料，分别送到出口 A、出口 B 和出口 C。

将需要投放的废料放入装置的废料入口。入口处的漫射型光电传感器检测到有废料进入时，皮带输送机正转启动，将 A、B、C 三类废料送到相应的出口时，出口处推送气缸的活塞杆伸出，将一个模拟元件推入出口槽后活塞杆缩回，然后活塞杆再次伸出将另一个模拟元件推入出口槽后缩回。活塞杆缩回后，本次投放的废料处理完毕，“状态指示灯”恢复为绿色点亮，“运行指示灯”熄灭。

（2）D 类废料　由一个金属元件和一个白色塑料元件模拟 D 类废料。将 D 类废料放入装置的废料入口后，皮带输送机将第一个元件送到抓取平台时停止运行，机械手手臂下降→手爪夹紧抓取元件→手臂上升→悬臂旋转→手臂下降→手爪松开，将元件搬运到 D 堆放处，然后机械手手臂上升→悬臂旋转并停留在初始位置（抓取平台上方）。在此过程中，皮带输送机再次启动，将另一个元件送到抓取平台。机械手再次按上述顺序将另一个元件搬运到 D 堆放处后回到初始位置，本次投放的废料处理完毕，“状态指示灯”恢复为绿色点亮，“运行指示灯”熄灭。

（3）E 类废料　由一个金属元件和一个黑色塑料元件模拟 E 类废料。将 E 类废料放入装置的废料入口后，皮带输送机将第一个元件送到抓取平台时停止运行，机械手手臂下降→手爪夹紧抓取元件→手臂上升→悬臂旋转→悬臂伸出→手臂下降→手爪松开，将元件搬运到 E 堆放处后，机械手手臂上升→悬臂缩回→悬臂旋转并停留在初始位置（抓取平台上方）。在此过程中，皮带输送机再次启动，将另一个元件送到抓取平台。机械手再次按上述顺序将另一个元件搬运到 E 堆放处后回到初始位置，本次投放的废料处理完毕，“状态指示灯”恢复为绿色点亮，“运行指示灯”熄灭。

（4）F 类废料　由一个白色塑料元件和一个黑色塑料元件模拟 F 类废料。将 F 类废料放入装置的废料入口后，皮带输送机将第一个元件送到抓取平台时停止运行，机械手手臂下降→手爪夹紧抓取元件→手臂上升→悬臂伸出→手臂下降→手爪松开，将元件搬运到垃圾处理器中后，机械手手臂上升→悬臂缩回并停留在初始位置（抓取平台上方）。在此过程中，皮带输送机再次启动，将另一个元件送到抓取平台，机械手再次按上述顺序将另一个元件搬运到垃圾处理器中。然后机械手回到初始位置，此时，垃圾处理器直流电动机转动 3s 后停转，本次投放的废料处理完毕，“状态指示灯”恢复为绿色点亮，“运行指示灯”熄灭。

2. 装置维修与调试

触摸屏首页界面上的“故障指示灯”为红色点亮时，装置应停止当前工作。按下界面上的“维修”按钮，弹出“管理员编号”和“密码”文本框，如图 11-3 所示。输入正确的管理员编号（023500）和密码（235235）后，出现图 11-4 所示的界面。若输入不正确，则弹出“请重新输入管理员编号和密码!”的提示，如图 11-5 所示，密码输入正确后进入“装置维修与调试”界面；若密码第二次输入错误，则弹出“你不是管理员，请离开!”的警告，如图 11-6 所示。出现警告提示 2s 后，返回触摸屏首页界面。

废料分类装置

管理员编号：

密码：

图 11-3　按“维修”按钮后出现的界面

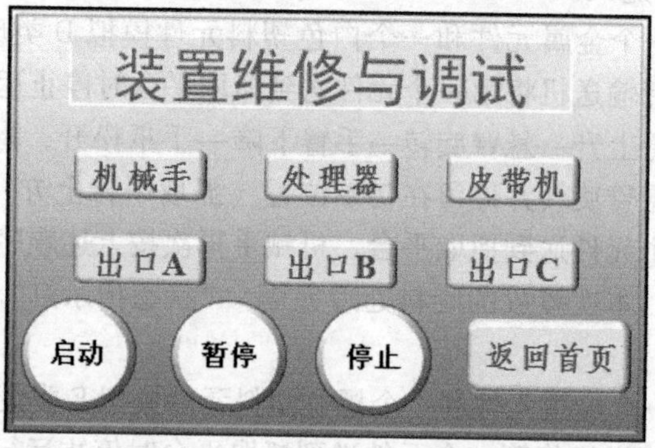

装置维修与调试

机械手　处理器　皮带机

出口A　出口B　出口C

启动　暂停　停止　返回首页

图 11-4　“装置维修与调试”界面

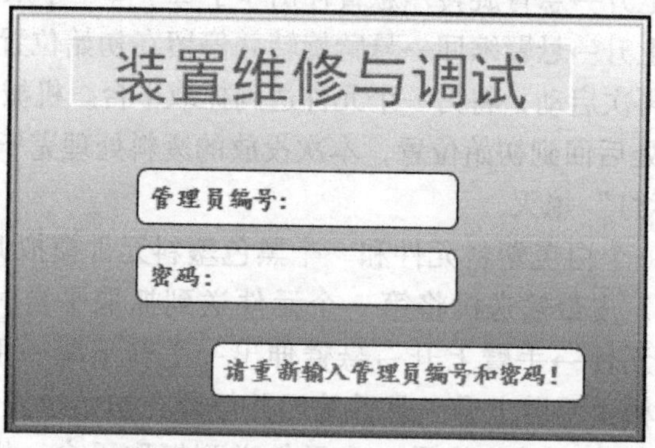

装置维修与调试

管理员编号：

密码：

请重新输入管理员编号和密码！

图 11-5　首次输错密码时的“装置维修与调试”界面

装置维修与调试

管理员编号：

密码：

你不是管理员，请离开！

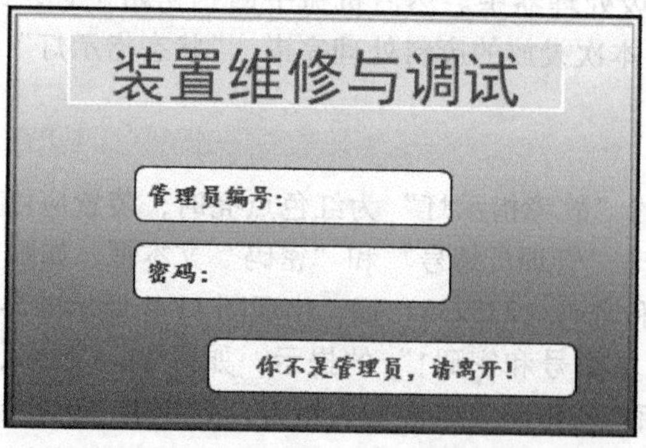

图 11-6　再次输错密码时的“装置维修与调试”界面

按下图11-4所示界面上的部件按钮选择需要调试的部件，选择的部件按钮变为绿色，再按下“启动”按钮，“启动”按钮变为绿色，被选择的部件动作。选择一个需要调试的部件后，在未按下“停止”按钮之前，选择其他调试部件均无效。在维修与调试过程中，可按下“暂停”按钮暂时停止工作，此时“暂停”按钮变为绿色；再次按下“暂停”按钮，“暂停”按钮恢复原色。完成部件的维修与调试后，按下“返回首页”按钮，回到触摸屏首页界面。

（1）机械手维修与调试　按下“机械手”按钮，再按下“启动”按钮，机械手按悬臂伸出→手臂下降→手爪夹紧→手爪松开→手臂上升→悬臂缩回→悬臂转动→悬臂伸出→手臂下降→手爪夹紧→手爪松开→手臂上升→悬臂缩回→悬臂转动并停留在抓取平台上方的顺序动作。若机械手不在抓取平台上方或动作顺序不符合要求，可按下“暂停”按钮，机械手将停止当前动作，对机械手进行检修或调整并使其位于抓取平台上方。再按下“暂停”按钮后，机械手按悬臂伸出→手臂下降→手爪夹紧→手爪松开→手臂上升→悬臂缩回→悬臂转动→悬臂伸出→手臂下降→手爪夹紧→手爪松开→手臂上升→悬臂缩回→悬臂转动并停留在抓取平台上方的顺序动作。对机械手维修、调试完毕，按下“停止”按钮后可选择其他部件进行调试或按下“返回首页”按钮，界面回到触摸屏首页。若装置存在的故障未排除，则回到触摸屏首页界面时，其上的“故障指示灯”仍为红色。

（2）垃圾处理器维修与调试　按下“处理器”按钮，再按下“启动”按钮，直流电动机转动，若按下“暂停”按钮，则直流电动机停止转动；再次按下“暂停”按钮后，直流电动机继续转动。对垃圾处理器维修、调试完毕，按下“停止”按钮后可选择其他部件进行调试或按下“返回首页”按钮，界面回到触摸屏首页。若装置存在的故障未排除，则回到触摸屏首页界面时，其上的“故障指示灯”仍为红色。

（3）皮带输送机维修与调试　按下“皮带输送机”按钮，再按下“启动”按钮，变频器输出频率为30Hz的三相交流电，使交流电动机正转，转动3s后，变频器输出频率为20Hz的三相交流电，使交流电动机反转。反转3s后正转3s，再反转3s后正转3s，直到按下“停止”按钮。其间可按“暂停”按钮进行检修或调整，再次按下“暂停”按钮，交流电动机仍按“正转3s、反转3s”的规律转动。对皮带输送机维修、调试完毕，按下“停止”按钮后可选择其他部件进行调试或按下“返回首页”按钮，界面回到触摸屏首页。若装置存在的故障未排除，则回到触摸屏首页界面时，其上的“故障指示灯”仍为红色。

（4）各出口维修与调试　选择一个出口后按下“启动”按钮，对应出口推送气缸的活塞杆伸出，3s后活塞杆缩回，缩回3s后活塞杆又伸出，伸出3s后再缩回，即按“伸出3s、缩回3s”的规律反复动作，直到按下“停止”按钮。其间可按下“暂停”按钮进行检修或调整，再次按下“暂停”按钮后，推送气缸仍按“伸出3s、缩回3s”的规律动作。对该出口维修、调试完毕，按下“停止”按钮后可选择其他部件进行调试或按下“返回首页”按钮，界面回到触摸屏首页。若装置存在的故障未排除，则回到触摸屏首页界面时，其上的“故障指示灯”仍为红色。

3. 意外情况

本次调试只处理以下意外情况：

1）废料在出口处卡住，不能进入出口槽。气缸活塞杆伸出3s后不能缩回，则判断为废料在出口处卡住。

2）堆放位置堆满废料。机械手手臂气缸活塞杆下降3s后不能上升，则判断为堆放处堆满废料。

出现意外情况时，装置立即停止运行，触摸屏“运行指示灯”熄灭，“故障指示灯”亮起为红色。这时需要对装置进行维修。

三、组装与调试记录（10分）

1）本次组装与调试的是车间废料分类装置，使悬臂转动的气动执行元件的名称是________，型号为________。(1分)

2）拖动皮带输送机的电动机为三相交流异步电动机，该电动机的磁极对数为________，当该电动机的电源频率为50Hz时，其旋转磁场的转速为________r/min，改变该电动机的电源频率时，电动机的________也相应改变。(1.5分)

3）在电气原理图中，磁性开关使用的图形符号为________，光纤传感器使用的图形符号为________。(1分)

4）在车间废料分类装置中，气源组件的功能是：________；装置正常工作时，调节气源组件的输出压力为________。(1分)

5）双控二位五通电磁换向阀阀芯有________个位置，________个进出气口，这种电磁阀在气动系统图中使用的图形符号是________。(1.5分)

6）在PLC梯形图中，常开触点的符号为________，常闭触点的符号为________。驱动计时器T2开始计时且设定计时时间为0.5s的指令为________。(1.5分)

7）组装与调试车间废料分类装置过程中，在绑扎未进线槽的导线时，扎带之间的绑扎间距为________mm，安装台面上线夹的安装间距为________mm。(1分)

8）本次组装与调试的车间废料分类装置使用的变频器额定输入电压为________V，额定输出功率为________kW，输出频率的范围为________Hz。(1.5分)

四、设备组装图

设备组装图共两份，其中图11-7所示为车间废料分类装置设备组装图，图11-8所示为皮带输送机组装图。

五、电气原理图

车间废料分类装置电气原理图如图11-9所示。

六、气动系统图

车间废料分类装置气动系统图如图11-10所示。

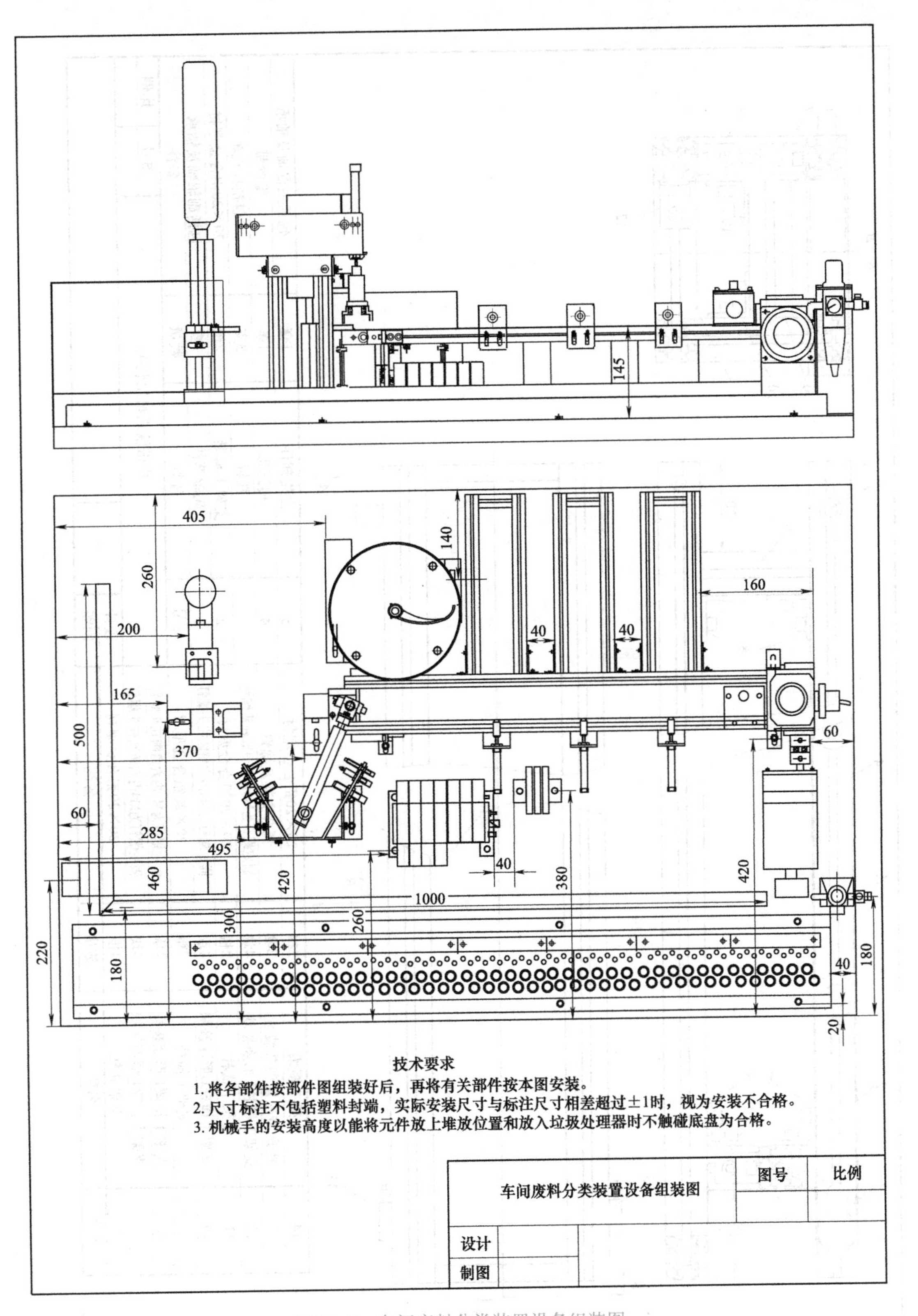

图 11-7　车间废料分类装置设备组装图

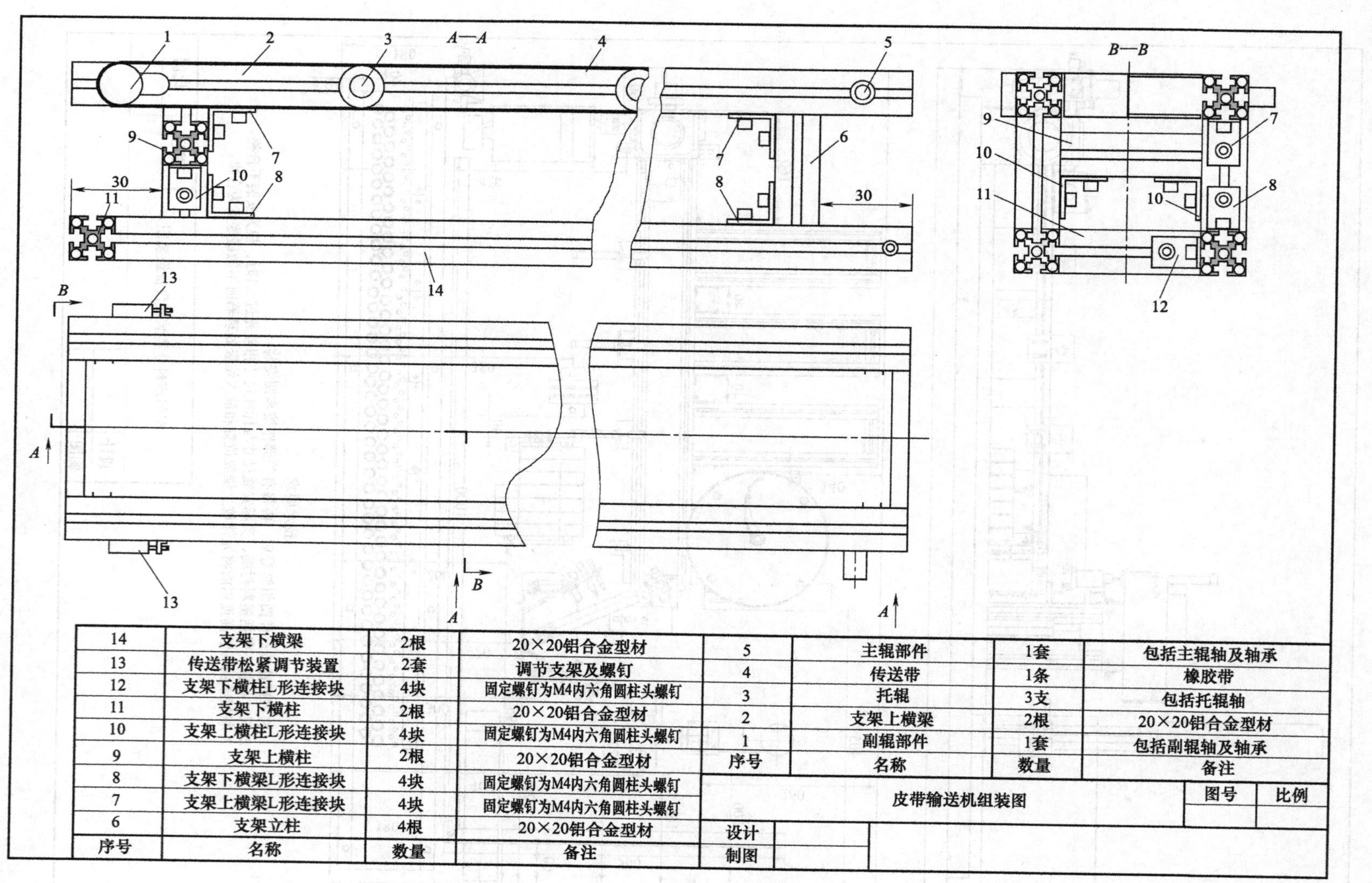

序号	名称	数量	备注
14	支架下横梁	2根	20×20铝合金型材
13	传送带松紧调节装置	2套	调节支架及螺钉
12	支架下横柱L形连接块	4块	固定螺钉为M4内六角圆柱头螺钉
11	支架下横柱	2根	20×20铝合金型材
10	支架上横柱L形连接块	4块	固定螺钉为M4内六角圆柱头螺钉
9	支架上横柱	2根	20×20铝合金型材
8	支架下横梁L形连接块	4块	固定螺钉为M4内六角圆柱头螺钉
7	支架上横梁L形连接块	4块	固定螺钉为M4内六角圆柱头螺钉
6	支架立柱	4根	20×20铝合金型材

序号	名称	数量	备注
5	主辊部件	1套	包括主辊轴及轴承
4	传送带	1条	橡胶带
3	托辊	3支	包括托辊轴
2	支架上横梁	2根	20×20铝合金型材
1	副辊部件	1套	包括副辊轴及轴承

图 11-8　皮带输送机组装图

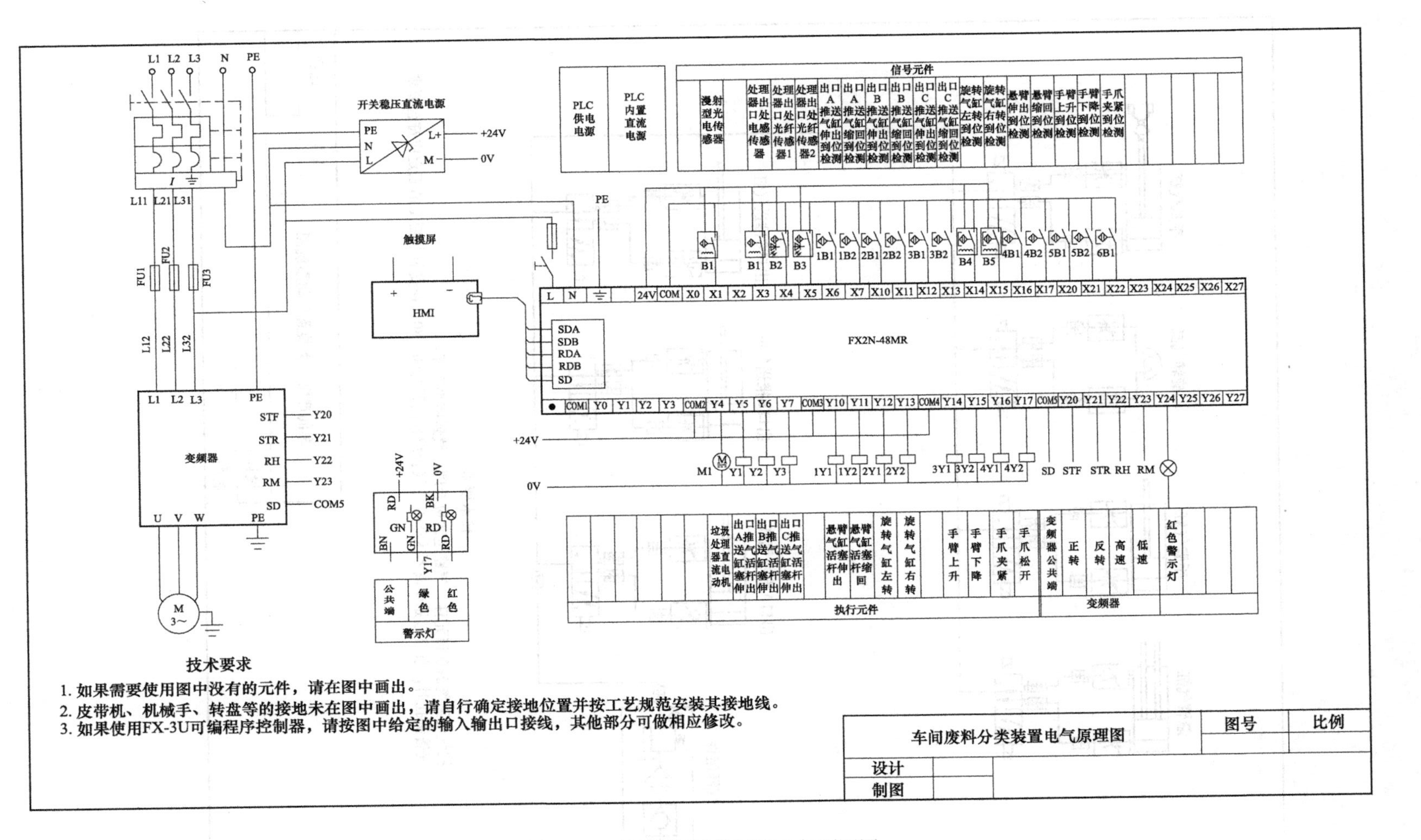

图 11-9　车间废料分类装置电气原理图

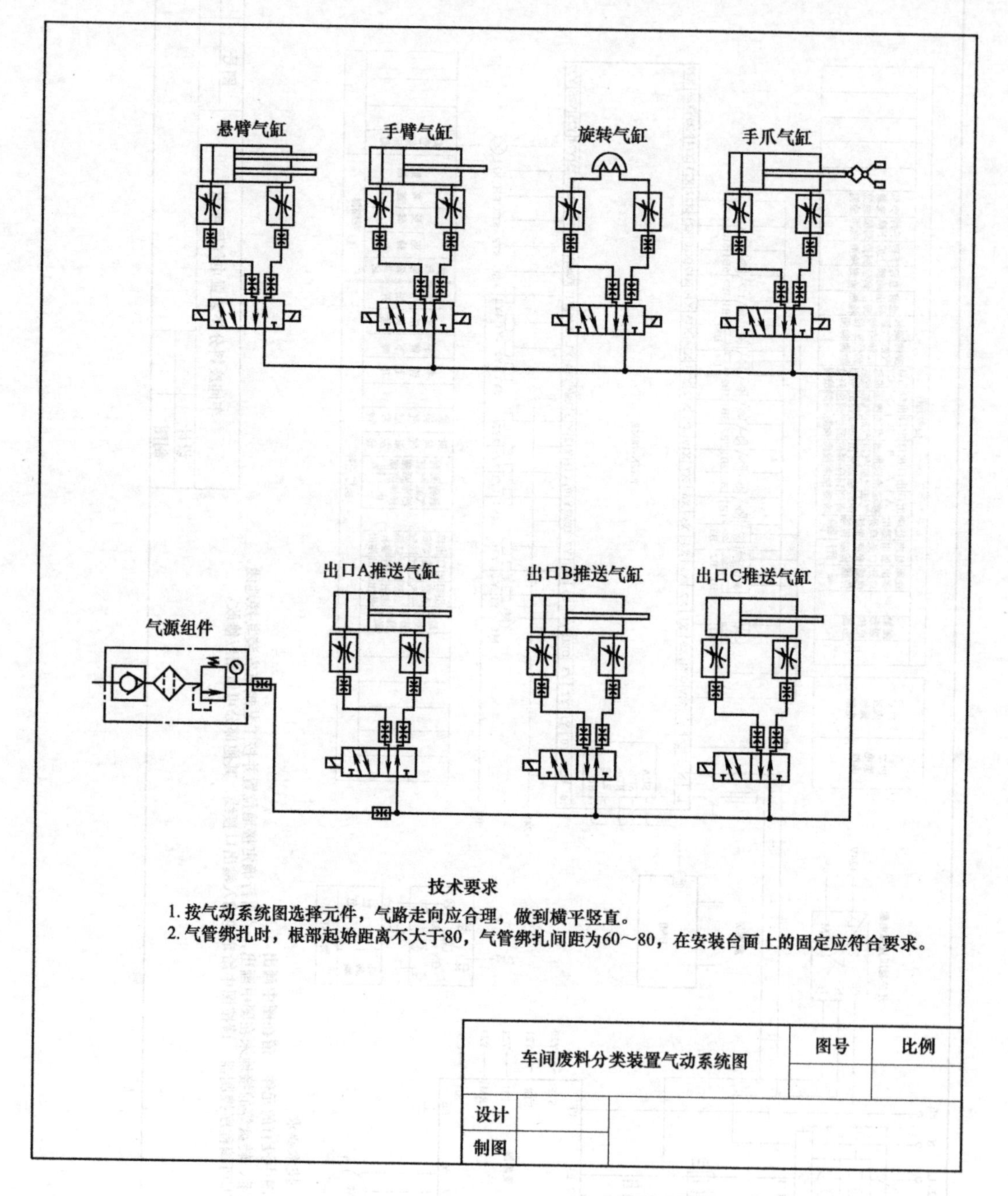

图 11-10　车间废料分类装置气动系统图

七、评分表

评分表共三份，组装评分表见表11-1，过程评分表见表11-2，功能评分表见表11-3。

表11-1　组装评分表

工位号：________　　得分：________

项　　目	评　分　点	配分	评 分 标 准	得分	项目得分
机械部件组装（24分）	皮带输送机	8	皮带输送机组装正确，3分。润滑油孔朝下、带松紧调节装置装在电动机一侧，各扣0.5分；紧固螺钉缺少或松动，扣0.2分/处，缺垫片，扣0.1分/处，最多扣2分 皮带输送机安装符合要求，3分。皮带输送机安装高度为145mm，到右边的距离为60mm，到前边的距离为420mm，四个脚的安装高度相差超过1mm，扣0.5分/处；电动机与皮带输送机的同轴度明显超差，扣0.5分；带松紧不合适、传送带打滑，扣0.5分 出口距皮带输送机右端160mm，两个出口间距为40mm，推送气缸安装符合要求（对准出口、活塞杆对准孔的中心），2分。误差超过1mm或不符合要求，扣0.5分/处		
	机械手	5	缺少零件、螺钉松动，缓冲零件没有缓冲作用，扣0.2分/处；缺垫片，扣0.1分/处，最多扣1分 机械手与立柱垂直，旋转气缸与悬臂定位正确，3分。组装后机械手与立柱明显不垂直，扣1分；旋转气缸与悬臂定位不正确，扣1分；机械手不能搬运零件，扣1分 安装尺寸误差超过±1mm，扣0.2分/处，最多扣1分		
	垃圾处理器	2	与左端距离475mm，与后边距离100mm，安装高度及四个方向高度差符合要求，2分。安装尺寸误差超过±1mm，扣0.5分/处；缺少紧固螺钉或螺钉松动，扣0.2分/处；缺少垫片，扣0.1分/处		
	抓取平台	2	与左端距离370mm，与前边距离420mm，料台安装高度合适，螺钉紧固，2分。安装尺寸误差超过±1mm，扣0.5分/处；缺少紧固螺钉或螺钉松动，扣0.2分/处；缺少垫片，扣0.1分/处		
	D堆放处	2	与左端距离165mm，与前边距离370mm，料台安装高度合适，螺钉紧固，2分。安装尺寸误差超过±1mm，扣0.5分/处；缺少紧固螺钉或螺钉松动，扣0.2分/处；缺少垫片，扣0.1分/处		
	E堆放处	2	与左端距离200mm，与后边距离260mm，料台安装高度合适，螺钉紧固，2分。安装尺寸误差超过±1mm，扣0.5分/处；缺少紧固螺钉或螺钉松动，扣0.2分/处；缺少垫片，扣0.1分/处		

（续）

项　目	评 分 点	配分	评 分 标 准	得分	项目得分
机械部件组装（24分）	电磁阀	1	与左端距离495mm，与前边距离260mm，螺钉紧固，1分。安装尺寸误差超过±1mm，扣0.2分/处；缺少紧固螺钉或螺钉松动，扣0.2分/处；缺少垫片，扣0.1分/处		
	气源组件	1	与前边距离180mm，螺钉紧固，1分。安装尺寸误差超过±1mm，扣0.2分；缺少紧固螺钉或螺钉松动，扣0.2分/处；缺少垫片，扣0.1分/处		
	警示灯	1	警示灯为所有部件中位置最高的，螺钉紧固，1分。警示灯高度低于任何一个部件，不得分；缺少紧固螺钉或螺钉松动，扣0.2分/处；缺少垫片，扣0.1分/处		
气路连接（6分）	元件选择	1	气缸用电磁阀与图样不符，扣0.2分/处，最多扣1分		
	气路连接	2	漏接、脱落、漏气，扣0.5分/处，最多扣1分；节流口螺钉未锁紧，扣0.2分/处，最多扣1分		
	气路工艺	3	布局不合理或凌乱，扣1分；长度不合理，没有绑扎，扣1分；绑扎间距不在60~80mm范围内，扣0.2分/处，最多扣1分		
电路连接（10分）	行线槽安装	2	线槽长度为1000mm、600mm，与左端距离60mm，固定点距线槽两端、分支点两侧不超过50mm，线槽未损坏，转角处有45°斜口，不符合要求扣0.2分/处，最多扣2分		
	元件选择与接地	2	元件选择与要求不符，未按电路图连接电路，垃圾处理器、机械手、皮带输送机未接地，扣0.5分/处，最多扣2分		
	连接工艺	2	连接不牢，露铜超过2mm，同一接线端子上连接导线超过两条，线槽孔出线超过两根，扣0.5分/处，最多扣2分		
	号码管	2	连接的导线未套号码管，扣0.2分/处，最多扣1.5分；套管未标号，扣0.1分/处，最多扣0.5分		
	导线绑扎	2	导线未绑扎，扣1分；绑扎间距不在60~80mm范围内，扣0.2分/处，最多扣1分		

表 11-2　过程评分表

工位号：__________　　得分：__________

项目	评分点	配分	评分标准	得分	项目得分
工作过程（10 分）	着装	1	穿工作服、绝缘鞋，符合职业岗位要求		
	安全	1	不带电连接、改接电路，通电调试电路须经裁判同意		
		1	操作符合规范，未损坏零件、元件		
		1	设备通电、调试过程中未出现熔断器熔断、剩余电流断路器动作或安装台带电等情况		
		1	注意操作安全，未发生工伤事故		
	素养	1	工具、量具、零部件摆放符合规范，不影响操作		
		1	导线线头、其他废弃物堆放在指定位置		
		1	爱护赛场设备设施，不浪费材料		
	更换元件	2	更换的元件经裁判检测，确为损坏元件		
组装与调试记录（10 分）	详见“三、组装与调试记录”	1	详见“三、组装与调试记录”1）~8）		
		1.5			
		1			
		1			
		1.5			
		1.5			
		1			
		1.5			

表 11-3　功能评分表

工位号：__________　　得分：__________

项目	评分点	配分	评分标准	得分	项目得分
开始（4 分）	设备通电	2	设备通电，PLC 运行，绿色警示灯点亮，触摸屏显示首页界面，1 分		
			部件在初始位置，“状态指示灯”为绿色点亮；有部件不在初始位置，“故障指示灯”为红色点亮，“状态指示灯”熄灭。颜色不符合要求，扣 0.5 分/处，最多扣 1 分		
	首页界面	2	触摸屏出现首页界面，共八个部件（包含标题），2 分。缺少部件，扣 0.25 分/处；有错字或缺字，扣 0.1 分/处，最多扣 2 分		

（续）

项目	评分点	配分	评分标准	得分	项目得分
装置维修与调试（20分）	进入调试界面	5	按下“维修”按钮，出现输入管理员编号和密码文本框，0.4分；输入正确的管理员编号和密码，进入下一界面，0.2分；输入错误的管理员编号或密码，弹出“请重新输入管理员编号和密码！”文本框，0.2分。最多扣0.8分		
			第二次输入密码正确，进入下一界面，0.2分；再次输入错误密码，弹出“你不是管理员，请离开！”的警告，0.2分。最多扣0.4分		
			“装置维修与调试”界面上共11个部件，缺少部件，扣0.2分/处；有错字或缺字，扣0.1分/处，最多扣2.2分		
			按部件选择按钮，该按钮变色；按“启动”按钮、“暂停”按钮，按钮变色，不符合要求扣0.2分/处，最多扣1.6分		
	机械手	4	按下“机械手”按钮，再按下“启动”按钮，机械手动作，0.5分；按悬臂伸出→手臂下降→手爪夹紧→手爪松开→手臂上升→悬臂缩回→悬臂转动→…→停留在抓取平台上方的顺序动作，动作不符合要求，扣0.2分/处，最多扣1.5分		
			按下“暂停”按钮，停止当前动作，0.5分；再次按下“暂停”按钮，能按悬臂伸出→手臂下降→手爪夹紧→手爪松开→手臂上升→悬臂缩回→悬臂转动→…→停留在抓取平台上方的顺序动作，动作不符合要求，扣0.2分/处，最多扣1分		
			按下“停止”按钮，停止当前部件调试，可选择其他部件进行调试，0.5分		
	皮带输送机	3	按下“皮带输送机”按钮，再按下“启动”按钮，交流电动机能正转、反转，各0.5分；正转、反转时间为3s，各0.25分；正转频率为30Hz，反转频率为20Hz，各0.25分，最多扣2分		
			能按正转、反转要求循环动作，0.25分；按下“暂停”按钮后，能停止当前动作，再次按下“暂停”按钮，能按正转3s、反转3s的顺序循环，0.5分；按下“停止”按钮，停止当前部件调试，0.25分，最多扣1分		
	垃圾处理器	2	按下“处理器”按钮，再按下“启动”按钮，直流电动机转动，0.5分；按下“暂停”按钮，停止转动，0.5分；再次按下“暂停”按钮，直流电动机继续转动，0.5分；按“停止”按钮，停止垃圾处理器调试，0.5分，最多扣2分		
	出口A	2	选择出口A后按下“启动”按钮，推送气缸活塞杆伸出、缩回，0.5分；伸出、缩回时间为3s，0.5分。按下“暂停”按钮，停止当前动作，再次按下“暂停”按钮，能按“伸出、缩回”的规律循环动作，0.5分；按下“停止”按钮，停止出口A的调试，0.5分，最多扣2分		

（续）

项目	评分点	配分	评分标准	得分	项目得分
装置维修与调试（20分）	出口B	2	选择出口B后按下“启动”按钮，推送气缸活塞杆伸出、缩回，0.5分；伸出、缩回时间为3s，0.5分。按下“暂停”按钮，停止当前动作；再次按下“暂停”按钮，能按“伸出、缩回”的规律循环动作，0.5分。按下“停止”按钮，停止出口B的调试，0.5分。最多扣2分		
	出口C	2	选择出口C后按下“启动”按钮，推送气缸活塞杆伸出、缩回，0.5分；伸出、缩回时间为3s，0.5分。按下“暂停”按钮，停止当前动作；再次按下“暂停”按钮，能按“伸出、缩回”的规律循环动作，0.5分。按下“停止”按钮，停止出口C的调试，0.5分。最多扣2分		
废料分类与分拣（16分）	运行	1	故障指示灯、“运行指示灯”不亮，“状态指示灯”为绿色时，放入废料，皮带输送机运行，0.5分；运行频率符合要求，0.5分。“故障指示灯”为红色点亮或“运行指示灯”亮时放入废料，皮带输送机运行，扣0.5分/处，最多扣1分		
	废料A	2	放入两个金属元件，到达出口A时，能将两个模拟元件推送到出口槽中，0.5分；推送元件后，活塞杆缩回，0.5分；元件进入皮带输送机时“运行指示灯”亮，两个元件推送完成后“运行指示灯”熄灭，0.5分；交流电动机停转，0.5分。最多扣2分		
	废料B	2	放入两个白色塑料元件，到达出口B时，能将两个模拟元件推送到出口槽中，0.5分；推送元件后，活塞杆缩回，0.5分；元件进入皮带输送机时“运行指示灯”亮，两个元件推送完成后“运行指示灯”熄灭，0.5分；交流电动机停转，0.5分。最多扣2分		
	废料C	2	放入两个黑色塑料元件，到达出口C时，能将两个模拟元件推送到出口槽中，0.5分；推送元件后，活塞杆缩回，0.5分；元件进入皮带输送机时“运行指示灯”亮，两个元件推送完成后“运行指示灯”熄灭，0.5分；交流电动机停转，0.5分。最多扣2分		
	废料D	2.5	放入一个金属元件、一个白色塑料元件，送达抓取平台后，交流电动机停转，0.5分；机械手按手臂下降→手爪夹紧→手臂上升→悬臂转动→手臂下降→手爪松开的顺序将一个元件堆放在D堆放处，再按上述顺序将另一个元件堆放在D堆放处，1.5分；两个元件堆放完成后，“运行指示灯”熄灭，0.5分。机械手搬运动作不符合要求，扣0.2分/处，最多扣2.5分		
	废料E	3	放入一个金属元件、一个黑色塑料元件，送达抓取平台后，交流电动机停转，0.5分；机械手按手臂下降→手爪夹紧→手臂上升→悬臂转动→悬臂伸出→手臂下降→手爪松开的顺序将一个元件堆放在E堆放处，然后手臂上升→悬臂缩回→悬臂转动并停留在抓取平台上方，再按上述顺序将另一个元件堆放在E堆放处，2.0分；两个元件堆放完成后，“运行指示灯”熄灭，0.5分。机械手搬运动作不符合要求，扣0.2分/处，最多扣3分		

（续）

项目	评分点	配分	评 分 标 准	得分	项目得分
废料分类与分拣（16分）	废料F	2.5	放入一个白色塑料元件、一个黑色塑料元件，送达抓取平台后，交流电动机停转，0.5分；机械手按手臂下降→手爪夹紧→手臂上升→悬臂伸出→手臂下降→手爪松开的顺序将一个元件放入垃圾处理器，再按上述顺序将另一个元件放入垃圾处理器处，1.0分；两个元件送入垃圾处理器后，直流电动机转动3s后停止，0.5分；“运行指示灯”熄灭，0.5分。机械手搬运动作不符要求或直流电动机转动时间不符要求，扣0.2分/处，最多扣2.5分		
	意外情况	1	废料在出口处卡住、堆放位置堆满废料、故障指示灯为红色点亮，扣0.5分/处，最多扣1分		

实训任务十二

智能配方生产装置组装与调试

说明：本次组装与调试的机电一体化设备为智能配方生产装置。请仔细阅读相关说明，理解实训任务与要求。使用亚龙235A设备，在240min内按要求完成指定的工作。

一、实训任务与要求

1）按智能配方生产装置设备组装图（图12-5）组装设备，并满足图样中的技术要求。

2）按智能配方生产装置气动系统图（图12-7）连接气路，并满足图样中的技术要求。

3）按智能配方生产装置电气原理图（图12-6）连接电路，连接的电路应符合以下要求：

① 所有导线必须套上写有编号的号码管；交流电动机金属外壳与变频器的接地极必须可靠接地。

② 工作台上各传感器、电磁阀控制线圈、送料直流电动机、警示灯、编码器的连接线必须放入线槽内；为减少对控制信号的干扰，工作台上交流电动机的连接线不能放入线槽中。

4）正确理解生产装置的调试、配料、加工检测、分拣要求以及指示灯亮灭方式、正常工作过程和故障状态的处理等，编写智能配方生产装置的PLC控制程序并设置变频器参数。

注意：在使用计算机编写程序时，应随时保存已编好的程序，保存的文件名为“工位号+A”（如3号工位文件名为“3A”）。

5）调整传感器的位置和灵敏度，调整机械部件的位置，完成智能配方生产装置的整体调试，使该装置能按照要求完成实训任务。

二、智能配方生产装置说明

智能配方生产装置（图12-1）可以生产多种产品，每种产品由不同的配方组成。在装置运行前，需要在触摸屏上选择配方，然后装置开始按照设定的数据自动运行。料台A位、B位、C位和料盘用于存放生产产品所需的三种原料。A位默认存放原料甲（金属），B位默认存放原料乙（黑色），C位默认存放原料丙（白色），料盘用于存放足够多的三种原料。每种配方由三个料台的原料和料盘中的填充物组成。在装置运行过程中，不排除料台的原料出现混料的情况。

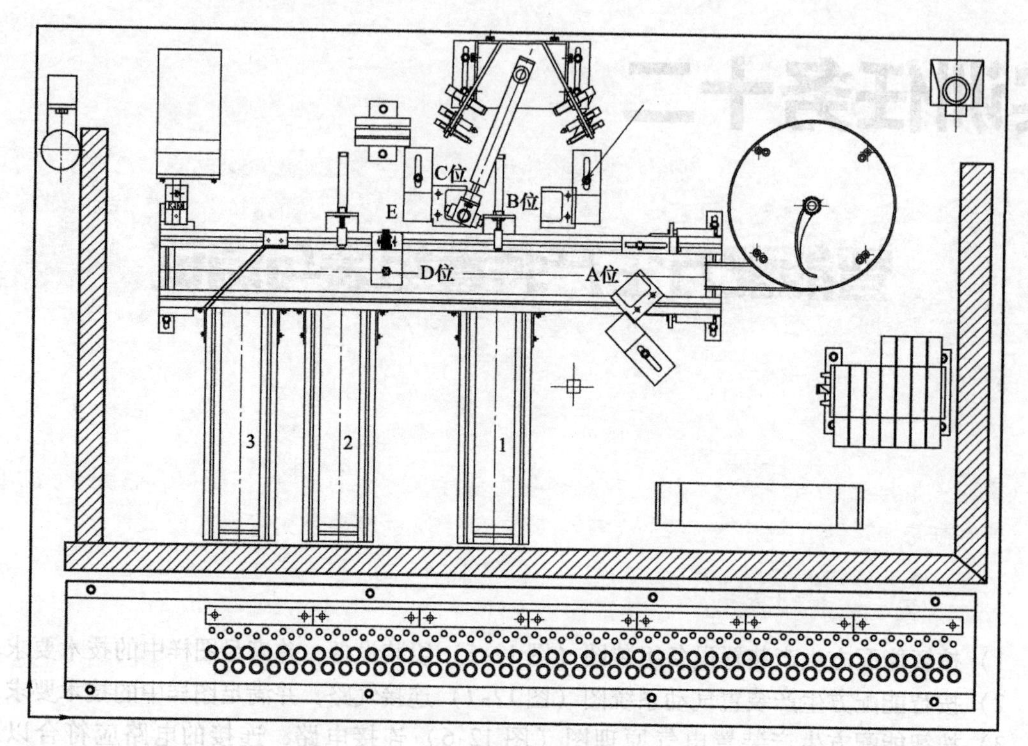

图 12-1　智能配方生产装置示意图

（一）智能配方生产装置的调试

生产装置通电后，绿色警示灯闪烁，触摸屏首先进入首页界面，如图 12-2 所示。在使用生产装置前，可以进行调试，以保证正常生产时装置不出现故障。调试时，除了应保证传感器和气缸完好之外，还应确保机械手动作精准、料盘出料稳定、皮带输送机运行平稳。如果未达到以上要求，则视为调试失败，需要重新进行调试。如果重复调试两次仍存在以上问题，则触摸屏黑屏，需要等待 5s，待装置检修完毕后再重新调试，直到符合要求为止。

图 12-2　首页界面

通电后，若装置不在初始位置，则首页界面提示区显示“机械手不在原位”或“推杆不在原位”。回初始位置后，若为首次启动，则提示“建议进行调试”，调试完成后提示

"可以进行生产"。此时不是必须进行调试，但若调试时问题未解除，则提示"请解决故障"。回初始位置后，首页界面"原位指示灯"点亮。

在首页界面按下"调试窗口"按钮，进入调试界面，如图 12-3 所示。调试分为单项测试和整体调试两种。开始调试前，要确保设备处于初始位置，选择调试项目后，按下"启动"按钮开始调试。

1. 单项测试

(1) 机械手　按下"机械手"按钮，再按下"启动"按钮，机械手开始动作。机械手以安全的方式分别从料台 A 位、B 位、C 位把原料搬运到传送带的 D 位后，皮带输送机的电动机以 25Hz 的交流电运行，将原料送入料槽 3，然后回初始位置停止。

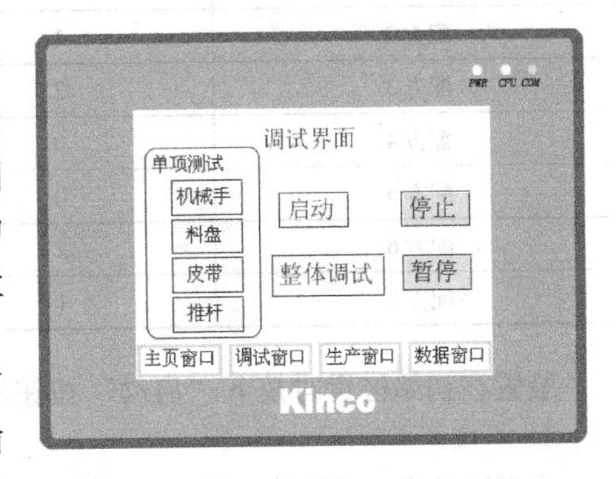

图 12-3　调试界面

(2) 料盘　按下"料盘"按钮，再按下"启动"按钮，料盘转动，将物料送到皮带输送机上后停止。注：在料盘中存放着一定数量的原料。

(3) 皮带　按下"皮带"按钮，再按下"启动"按钮，皮带输送机电动机以 10Hz 的交流电待机运行 2s，然后以 40Hz 的交流电运行 2s 停止。

(4) 推杆　按下"推杆"按钮，再按下"启动"按钮，推杆 2、1 依次伸出一次后停止。

2. 整体调试

按下"整体调试"按钮，再按下"启动"按钮，装置依次从料台 A 位、B 位、C 位和料盘中出料，传送带上的四个原料应保证间隔相同。然后皮带输送机电动机以 35Hz 的频率运行，把物料送入料槽 1。

若调试时发现装置存在问题，则按下"暂停"按钮后设备立即暂停，若问题解除，按下"启动"按钮继续以暂停前的状态运行；若问题未解除，则应把装置上的原料取下，按下"停止"按钮后设备返回初始位置停止，需要重新运行正常后才算解除问题。

完成调试后，皮带输送机停止运行，送料直流电动机停止转动；机械手停在右限位位置，悬臂缩回到位，手臂上升到位，手爪夹紧；气缸 1、2 的活塞杆处于缩回状态。这些部件在完成调试时所处的位置称为初始位置。在调试界面按下"生产窗口"按钮可进入生产界面，也可按下"主页窗口"按钮返回首页界面。

（二）智能配方生产装置的运行

智能配方生产装置可以进行七种配方的生产。装置运行前，需要在生产界面（图 12-4）中进行配方的选择。通过下拉菜单选择对应的配方数据，并可以通过按下"下载配方"按钮将此组数据传输到目标位置。下载完成后，按下"启动"按钮，

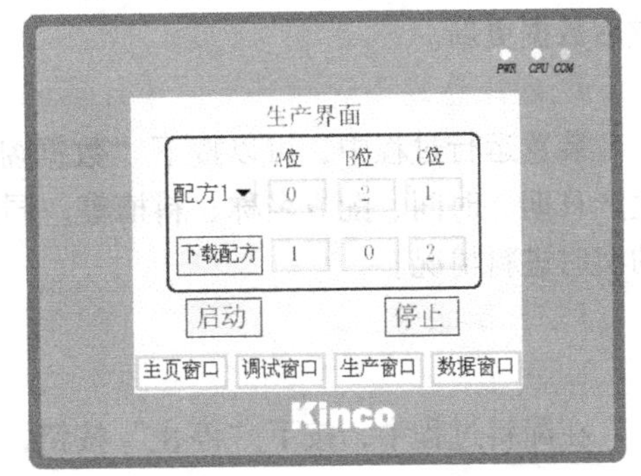

图 12-4　生产界面

装置进入运行状态。

配方数据决定了料台A位、B位、C位所放原料的个数。七种配方数据见表12-1。

表12-1 配方数据

配方名称	A位	B位	C位
配方1	0	2	1
配方2	1	1	1
配方3	2	1	0
配方4	0	0	2
配方5	0	2	0
配方6	2	0	1
配方7	1	0	2

装置在初始位置时按下“启动”按钮后，装置开始运行。

1. 料盘出料

皮带输送机电动机首先以10Hz待机运行，料盘开始送料，料盘出料的个数依据本次选择的配方数据而定，料盘出料的个数加上配方数据应满足总原料个数为4的条件。当料盘出料满足要求后，皮带输送机电动机以40Hz运行，将原料送至E位进行检测，当料盘出料的个数加上当前配方数据后，某种材质原料达到3个或以上时，此次料盘出料失败，皮带输送机电动机以50Hz将此批原料送至料槽3，料盘重新开始出料。反之，则检测合格，皮带输送机电动机以25Hz反转，将原料送至D位右侧的合适位置后停止，等待机械手放料到D位。

2. 机械手取料

机械手依据配方依次从A位、B位、C位取料，在放料到D位的过程中，皮带输送机电动机正转和反转的运行频率均为25Hz。最终皮带输送机上的四个原料从D位向右排列，间隔保证为5~8mm，代表出料正确，否则此批配方失败，皮带输送机电动机以50Hz将此批原料送至料槽3。四个原料在皮带输送机上后，皮带输送机电动机以15Hz将此批配方原料送至E位进行二次检测，以防止料台出现混料。如果出现混料，则此次配方数据无效，皮带输送机电动机以50Hz将此批原料送至料槽3，装置重新开始运行。

3. 原料入槽

配方数据完成后，若当前批次有两个金属元件，则送入料槽1；反之，送入料槽2，完成后数据更新。

4. 数据查询

装置运行过程中，可以按下“数据窗口”按钮进行相关数据的查询，包括当前批次的生产日期、时间、配方名称、料槽等。同时，可以按下“图表切换”按钮，查询三个料槽的实时进料情况。

（三）装置停止

1. 正常停止

在配料过程中，按下“停止”按钮，装置在完成当前批次生产工作后停止。

2. 紧急停止

运行过程中出现意外事故，需要紧急停止时，应按下急停开关QS，智能配方生产装置

将立刻停止运行并保持急停瞬间的状态，同时蜂鸣器鸣叫报警。再次启动时，必须复位急停开关，然后再按“启动”按钮，智能配方生产装置接着急停瞬间的状态继续运行，同时蜂鸣器停止鸣叫。

3. 突然断电

运行过程中突然断电时，智能配方生产装置停止运行并保持断电瞬间的状态。恢复供电后，蜂鸣器鸣叫报警，再次按下启动按钮 SB5，蜂鸣器停止鸣叫，智能配方生产装置接着断电瞬间的状态继续运行。

（四）意外情况处理

本次工作任务只考虑机械手掉料的意外情况。

机械手搬运过程中可能出现手爪没有抓稳原料，造成原料不能被搬离接料平台或者搬离接料平台后在搬运途中掉下的情况。如果未被搬离接料平台，则机械手重新抓取当前物料；如果是在搬运途中掉下，则机械手立刻返回初始位置并停止，等待下一物料。出现上述两种情况后，触摸屏上的蜂鸣器鸣叫报警。待查明原因并排除故障后，按下“启动”按钮，机械手才能继续运行，同时蜂鸣器停止鸣叫。

三、组装与调试记录（15 分）

1）本次组装与调试的智能配方生产装置中，使机械手转动的气动执行元件是________________，型号为________________。(1 分)

2）拖动皮带输送机的电动机为____________________电动机，该电动机的磁极对数为____________________，当该电动机的电源频率为 50Hz 时，其旋转磁场的转速为____________________ r/min，改变该电动机的电源频率时，电动机的________________也随之改变。(2 分)

3）YL-235A 所使用的电磁阀均为__________位__________通电磁阀。(1 分)

4）光纤传感器由__________和__________两部分组成。(1 分)

5）光电编码器的分辨率用____________________来表示，即__________（PPR）。(1 分)

6）按照工作原理，编码器分为__________和__________。(1 分)

7）本次组装与调试的智能配方生产装置使用的变频器额定输入电压为__________ V，额定输出功率为________________ kW，输出频率范围为________________ Hz。(2 分)

8）简述电感传感器的工作原理：____。(3 分)

9）简述 PLC 的工作原理：____。(3 分)

四、设备组装图

智能配方生产装置设备组装图如图 12-5 所示。

五、电气原理图

智能配方生产装置电气原理图如图 12-6 所示。

六、气动系统图

智能配方生产装置气动系统图如图 12-7 所示。

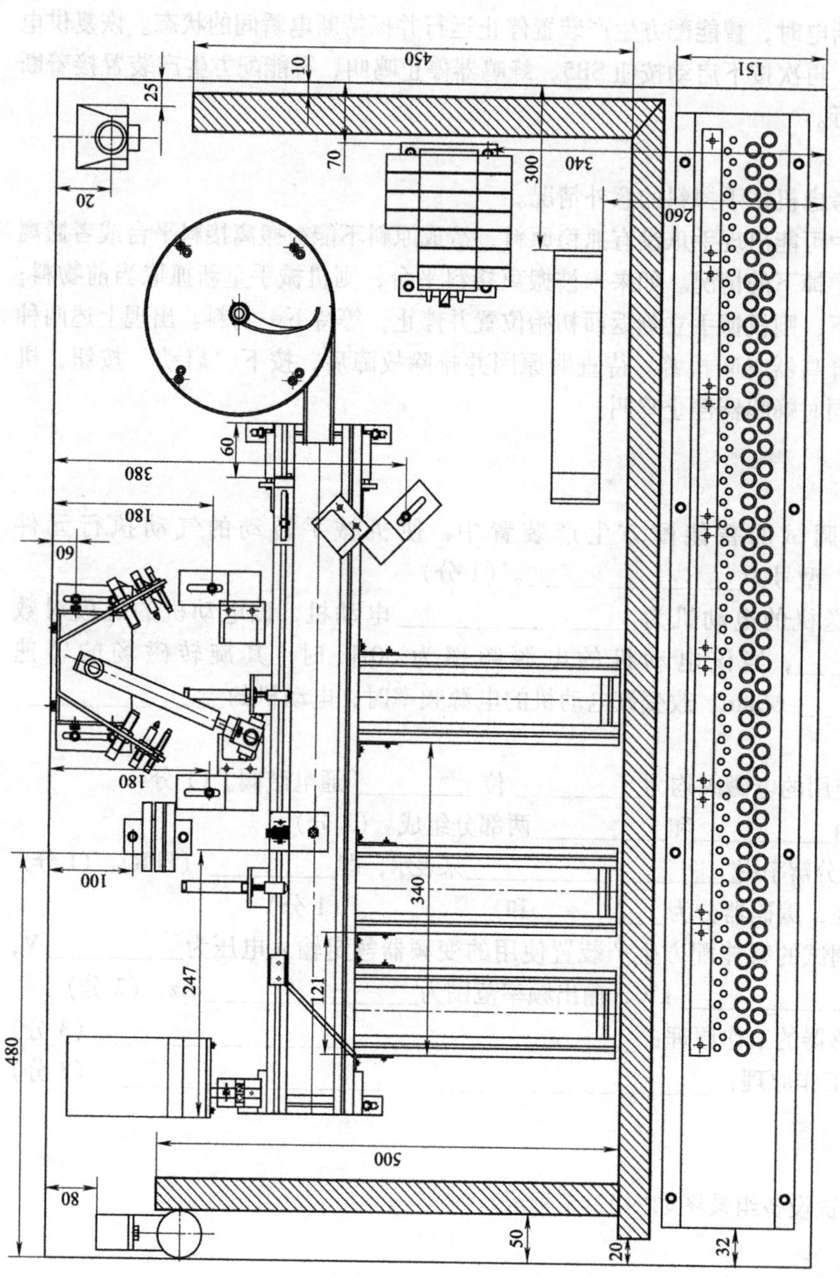

技术要求

1. 机械手悬臂气缸在左限位位置并处于缩回状态时，能抓取C位处的物料；悬臂气缸伸出时，机械手手爪抓住的物料应能放到传送带轮上D位处；机械手悬臂气缸在右限位位置并处于缩回状态时能抓取B位处的工件，呈伸处状态时能抓取A位处的工件（A、B、C、D位参照图12-1）。
2. 以实训台左、右两端为尺寸基准时，端面不包括封口的硬塑盖。
3. 图中尺寸误差在±1之内。
4. 皮带输送机应基本保持水平，从前、后上横梁的左右两端共四个测量位置测量皮带输送机的安装高度时，相差不大于1；电动机与皮带输送机的同轴度误差不大于±1。
5. 调整皮带输送机传送带的松紧，使其在三相交流异步电动机以4～60Hz的频率运行时能平稳地启动运行，并保证在60Hz的频率下运行时不打滑。
6. 图中未注安装尺寸的元件，根据设备工作需要自行确定安装位置。

图12-5 智能配方生产装置设备组装图

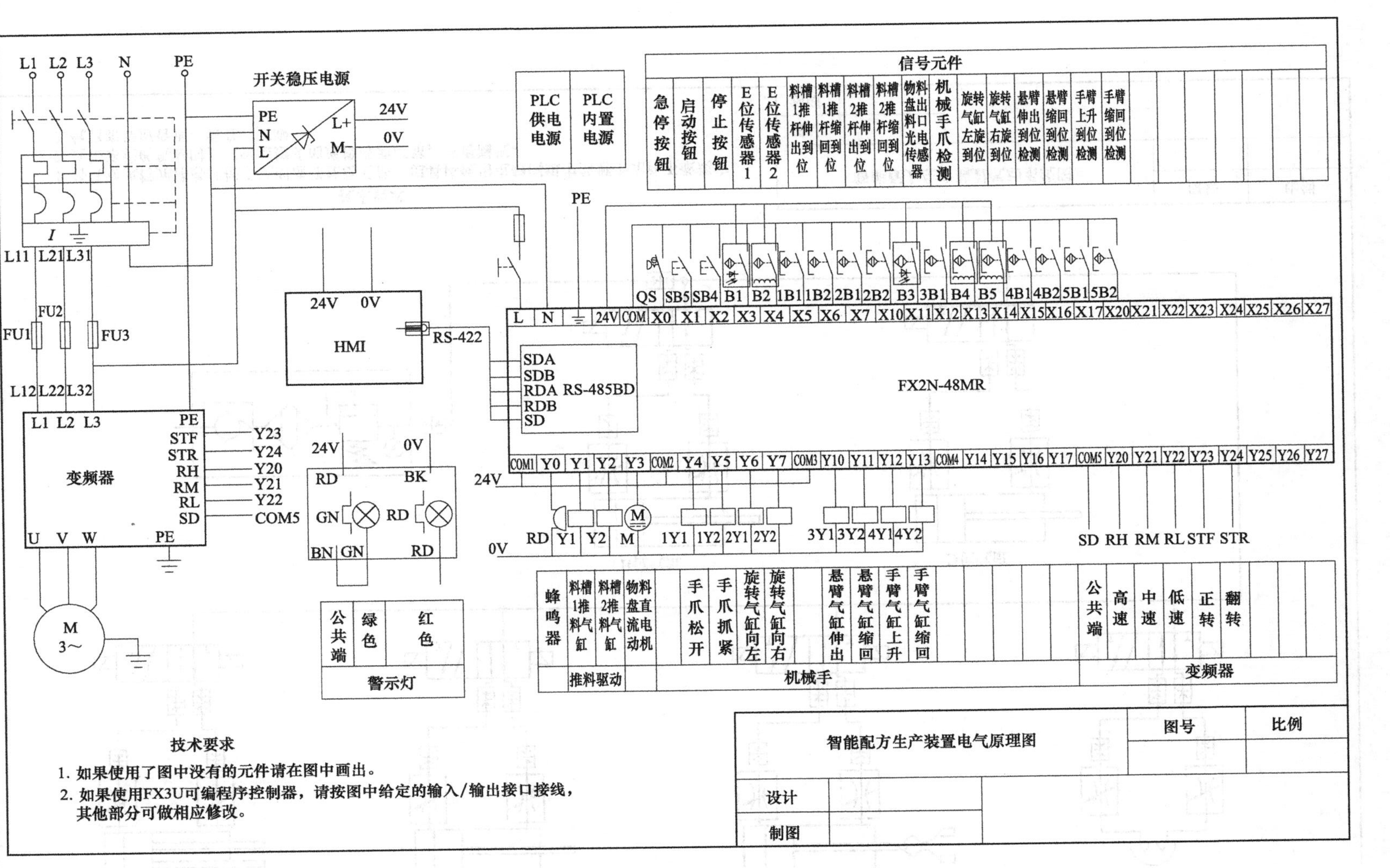

图 12-6　智能配方生产装置电气原理图

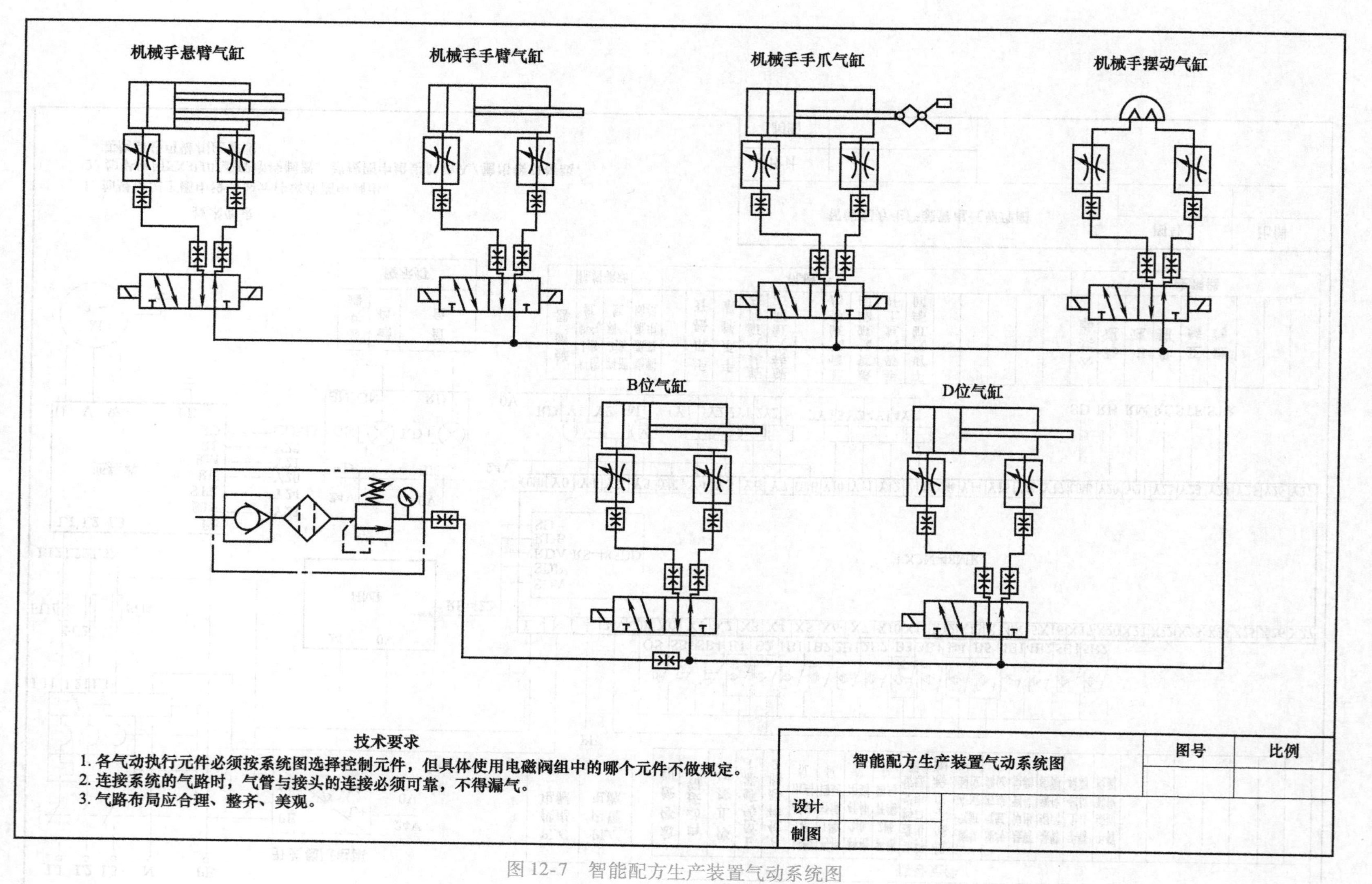

图 12-7 智能配方生产装置气动系统图

七、评分表

评分表共三份，组装评分表见表12-2，过程评分表见表12-3，功能评分表见表12-4。

表12-2 组装评分表

工位号：__________ 得分：__________

项目	评分点	配分	评分标准	得分	项目得分
部件组装（25分）	皮带输送机安装（包括出料槽与传感器）	5	尺寸超差1mm以上、螺栓松动、螺栓未放垫片，扣0.5分/处；电动机同轴度、皮带输送机水平度、带松紧不符合要求，扣1分/处		
	机械手安装	6	尺寸超差1mm以上、螺栓松动、螺栓未放垫片，扣0.5分/处；水平或竖直误差明显，各扣1分；不能准确抓料与将料放入进料口，动作明显不协调，各扣2分		
	送料盘	2	尺寸超差1mm以上、螺栓松动、螺栓未放垫片，扣0.5分/处；出料口方向错误，扣1分		
	接料平台（包括传感器）	4	尺寸超差1mm以上、螺栓松动、螺栓未放垫片，扣0.5分/处；与料仓出料口配合、传感器安装调节不符合要求，各扣1分		
	气源组件、电磁阀组、光纤传感器安装	4	尺寸超差1mm以上、螺栓松动、螺栓未放垫片，扣0.5分/处；L形支架方向错误，扣1分		
	警示灯安装	2	尺寸超差1mm以上、螺栓松动、螺栓未放垫片，扣0.5分/处；L形支架方向错误，扣1分		
	端子排及线槽	2	尺寸超差1mm以上、螺栓松动、螺栓未放垫片，扣0.5分/处		
气路连接（10分）	电磁阀选择	2	选错电磁阀，扣1分/处，最多扣2分		
	气路连接	3	连接错误、接头漏气，扣0.5分/处，最多扣3分		
	连接工艺	5	气路与电路绑扎在一起，扣1分；气动元件受力、绑扎间距不符合要求、气路走向不合理，扣1分/处		
电路连接（10分）	元件接口	3	与电路图不符，扣0.5分/处，最多扣3分		
	连接工艺	3	绑扎间距不符合要求、动力线与其他线放入同一线槽、同一接线端子超过两个线头、露铜超2mm，扣0.5分/处，最多扣3分		
	套异形管及编号	3	少套线管，扣0.1分/处；有异形管但未写编号，扣0.2分/处，最多扣3分		
	保护接地	1	未接地，扣0.5分/处，最多扣1分		

表 12-3　过程评分表

工位号：__________　　得分：__________

项　目	评 分 点	配分	评 分 标 准	得分	项目得分
工作过程（10分）	着装	1	穿工作服、绝缘鞋，符合职业岗位要求		
	安全	1	不带电连接、改接电路，通电调试电路经裁判同意		
		1	操作符合规范，未损坏零件、元件和器件		
		1	设备通电、调试过程中未出现熔断器熔断、剩余电流断路器动作或安装台带电等情况		
		1	注意操作安全，未发生工伤事故		
	素养	1	工具、量具、零部件摆放符合规范，不影响操作		
		1	导线线头、其他废弃物堆放在指定位置		
		1	爱护赛场设备设施，不浪费材料		
	更换元件	2	更换的元件经裁判检测确为损坏元件		
组装与调试记录（15分）	详见“三、组装与调试记录”	1	详见“三、组装与调试记录”1）~9）		
		2			
		1			
		1			
		1			
		1			
		2			
		3			
		3			

表 12-4　功能评分表

工位号：__________　　得分：__________

项　目	评 分 点	得分	评 分 标 准	得分	项目得分
开始（1.5分）	设备通电	0.25	设备通电后，绿色警示灯亮，0.25分		
	首页界面	1.25	触摸屏出现首页界面，不在初始位置提示，0.25分；在初始位置首次启动提示，0.25分；调试完成提示，0.25分；调试时有未解决的问题提示，0.25分；初始位置指示灯，0.25分		
设备调试（7.5分）	进入调试界面	1	进入调试界面，0.2分；调试界面元件文字符合要求，0.2分/处，共0.8分		
	机械手调试	1.25	机械手按要求起动，0.25分		
			机械手按要求搬运物料，0.5分；运行频率正确，0.25分		
			机械手按要求停止，0.25分		
	料盘调试	0.5	料盘按要求起动，0.25分		
			将物料送至皮带输送机后停止，0.25分		

（续）

项　目	评 分 点	得分	评分标准	得分	项目得分
设备调试（7.5分）	皮带输送机调试	1	皮带输送机按要求起动，0.25分		
			皮带输送机运行频率正确，0.25分；皮带输送机运行时间正确，0.25分；能自动停止，0.25分		
	推料杆调试	0.75	推料杆按要求起动，0.25分		
			推料杆按要求动作，0.25分；能自动停止，0.25分		
	整机调试	3	整机调试按要求起动，0.25分		
			按顺序供料，0.1分/次，共0.5分；原料间隔相同，0.5分/处，共1分；皮带输送机运行频率正确，0.25分，把物料送入料槽1正确，0.25分；重新运行解除故障，0.25分		
			设备暂停，0.25分；按下“启动”按钮后继续运行，0.25分；暂停后按下“停止”按钮设备返回初始位置，0.5分		
废料分类与分拣（21分）	触摸屏界面	1.5	生产界面各文字符号符合要求，0.25分/处，共1.5分		
	物料配方	2	按要求完成配方，2分		
	料盘出料	3	皮带输送机运行频率符合要求，0.5分/处，共1分		
			料盘按要求供料，0.5分；原料到E点检测，0.5分；出料失败处理，0.5分；出料合格处理，0.5分		
	机械手取料	5.5	皮带输送机运行频率符合要求，0.5分/处，共1分		
			机械手按要求搬运物料，1分；配方成功，物料间隔符合要求，0.5分/处，共1.5分；配方失败，按要求送入料槽3，1分；按要求送到E点检测，1分；混料处理，1分		
	原料入槽	3	两个金属原料送入料槽1，1.5分；反之送入料槽2，1.5分		
	数据查询	2	按要求设置数据查询界面与图表界面，0.5分/处，共2分		
	停止	0.5	正常停止，0.5分		
	急停	1	保持按下“急停”按钮瞬间的状态，0.25分；蜂鸣器鸣叫，0.25分；复位后设备继续运行，0.25分；蜂鸣器停止鸣叫，0.25分		
	突然断电	1	断电后保持瞬间状态，0.25分；蜂鸣器鸣叫，0.25分；按下“启动”按钮设备继续运行，0.25分；蜂鸣器停止鸣叫，0.25分		
	意外情况	1.5	机械手抓料未搬离平台处理，0.25分；搬运途中掉下，机械手处理，0.25分；蜂鸣器鸣叫，0.5分；按下“启动”按钮继续运行，0.5分		

实训任务十三

插装机器人组装与调试

说明：本次组装与调试的机电一体化设备为插装机器人。请仔细阅读相关说明，理解实训任务与要求，使用亚龙235A设备，在240min内按要求完成指定的工作。

一、实训任务与要求

1）按零件抓取位置部件组装图（图13-15）、上一工位送件机构组装图（图13-16）组装插装机器人的部件，按插装机器人设备组装图（图13-14）组装插装机器人，并满足图样中的技术要求。

2）按插装机器人电气原理图（图13-17）连接控制电路，连接的电路应符合工艺规范要求。

3）按插装机器人气动系统图（图13-18）连接气路，使其符合工艺规范要求。

4）正确理解插装机器人的零件插装要求、意外情况的处理等，制作触摸屏的界面，编写插装机器人的PLC控制程序并设置变频器参数。

注意：在使用计算机编写程序时，应随时在计算机E盘中保存已编好的程序，保存文件名为“工位号+A”（如3号工位文件名为“3A”）。

5）安装传感器并调整其灵敏度，调整机械部件的位置，完成插装机器人的整机调试，使插装机器人能按照要求完成插装生产任务。

6）填写组装与调试记录中的有关内容。

注意：本次组装与调试的插装机器人用触摸屏控制。可以同时使用触摸屏和按钮模块上的按钮、开关控制，但不额外加分；也可以单独使用按钮模块上的按钮、开关控制，这时，应在插装机器人电气原理图上画出增加的电路，但不能改动原电路。单独使用按钮模块上的按钮、开关控制时，不能得触摸屏的相关分数。

二、插装机器人说明

在生产某产品的自动生产线的某个工作位置（以下简称本工位），插装机器人（图13-1）要在产品上插入三种零件，要插装的零件及其插装位置如图13-2所示。图中，A为白色塑料零件，B为金属零件，C为黑色塑料零件。

插装机器人运行前，各部件处于初始状态，即机械手停靠在零件C抓取位置的上方，手臂缩回，手爪夹紧，推送气缸的活塞杆缩回，各电动机不转动。若插装机器人的上述部件

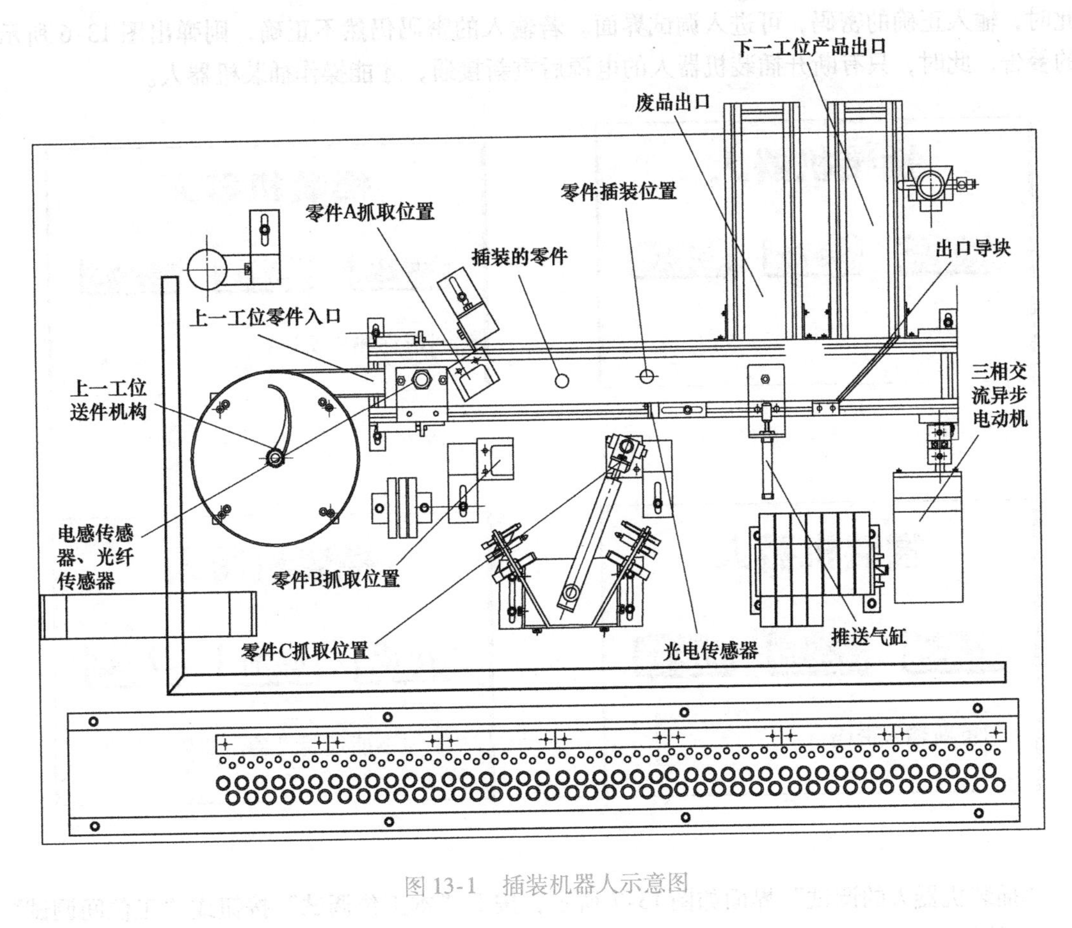

图 13-1 插装机器人示意图

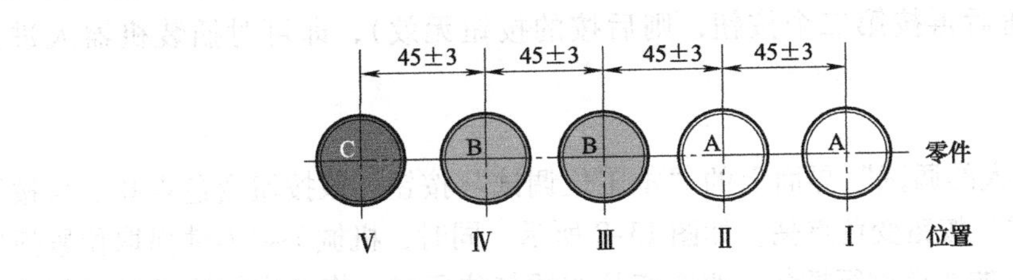

图 13-2 零件及其插装位置

不处于初始状态，应用手动方式使其恢复初始状态。

接通电源，PLC 通电后，若有关部件处于初始状态，则绿色警示灯点亮，同时插装机器人的触摸屏显示首页界面，如图 13-3 所示。按下“调试”按钮，可对插装机器人进行调试；按下“运行”按钮，可使插装机器人运行；按下“关机”按钮，则触摸屏变为黑屏，PLC 停止输出，只有断开插装机器人的电源后重新接通，才能重新启动触摸屏。

（一）插装机器人的调试

按下触摸屏首页界面上的“调试”按钮，出现要求输入密码的文本框，如图 13-4 所示。输入正确的密码（135）后，则界面切换到“插装机器人的调试”界面，可进行插装机器人的调试。若输入的密码不正确，则弹出要求重新输入密码的文本框，如图 13-5 所示。

此时，输入正确的密码，可进入调试界面。若输入的密码仍然不正确，则弹出图 13-6 所示的警告，此时，只有断开插装机器人的电源后重新接通，才能操作插装机器人。

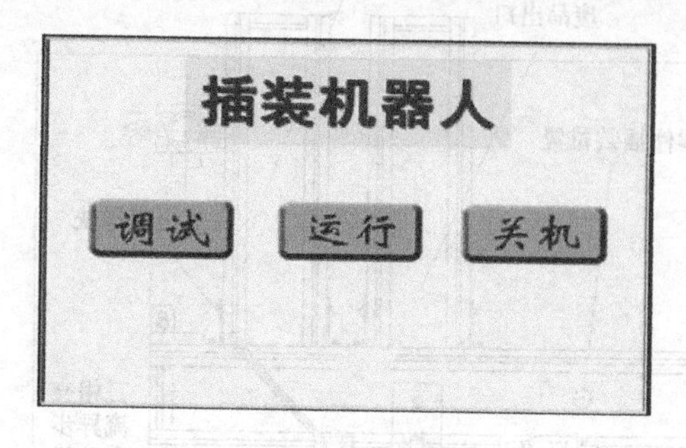

图 13-3　触摸屏首页界面

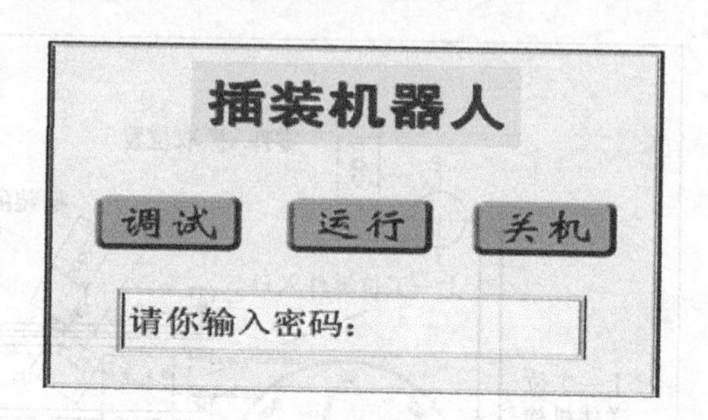

图 13-4　要求输入密码的首页界面

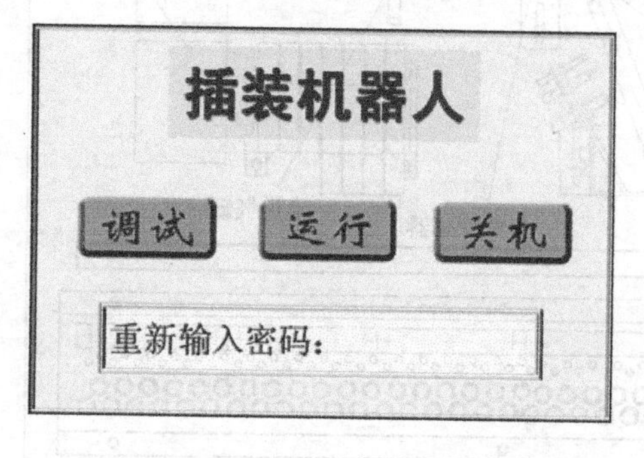

图 13-5　输错密码时的首页界面

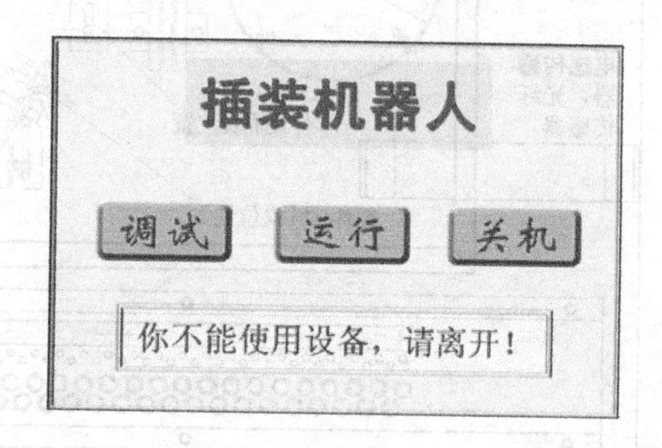

图 13-6　再次输错密码时的首页界面

“插装机器人的调试”界面如图 13-7 所示，按下“本工位调试”按钮或“工位间调试”按钮（按下一个按钮后再按第二个按钮，则后按的按钮无效），即可对插装机器人进行调试。

1. 本工位调试

按下“插装机器人的调试”界面上的“本工位调试”按钮，该按钮变色点亮。再按下“调试”按钮，“调试”按钮变色点亮，如图 13-8 所示。同时，机械手到零件抓取位置抓取零件，按图 13-9 所示的要求进行插装。改变产品的插装位置时，拖动皮带输送机运行的三相交流异步电动机的电源频率为 25Hz。

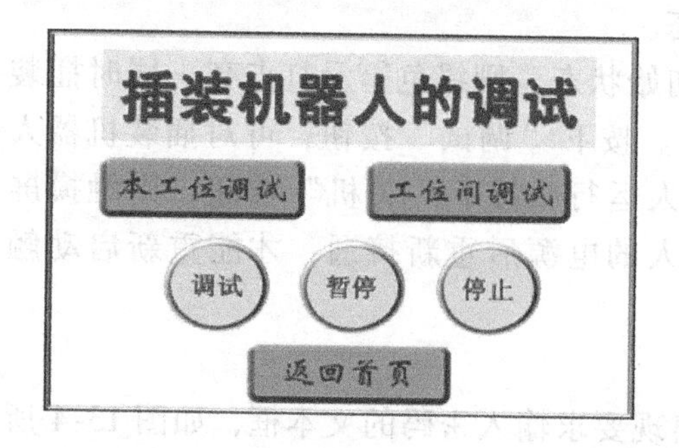

图 13-7“插装机器人的调试”界面

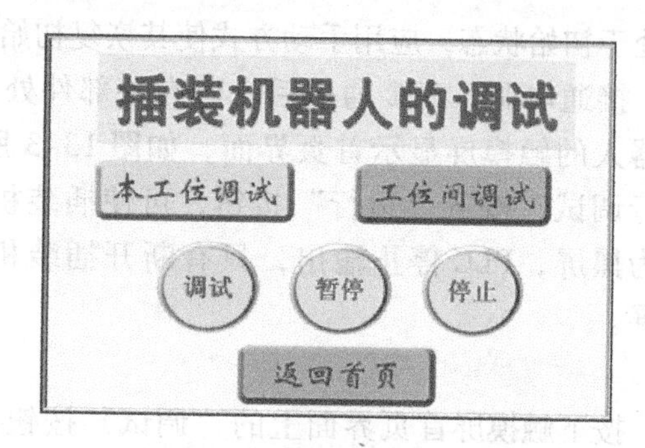

图 13-8　按下“调试”按钮后的调试界面

在调试过程中按下“暂停”按钮（只有选择了调试种类并按下“调试”按钮，按“暂停”按钮才有效），运行部件将停止，可对本工位相关部件的安装位置、产品插装位置等进行调整。调整完成后，再按下“暂停”按钮，当前调试的部件接着暂停时的状态继续运行。

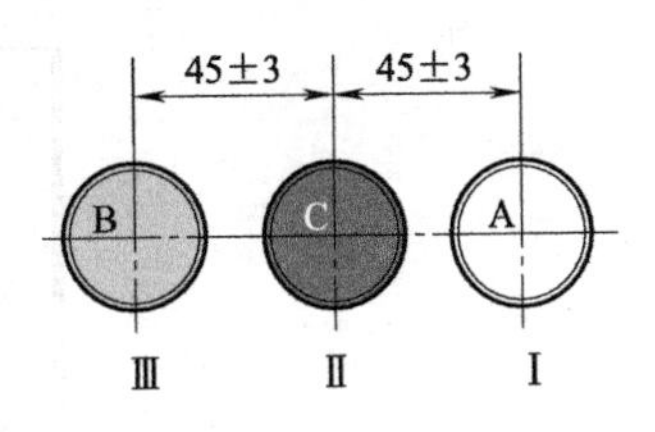

图 13-9　调试时零件的插装要求

完成零件的插装后，本工位调试自动停止，“调试”按钮恢复原色。需要再次进行本工位调试时，可按下“调试”按钮；在调试过程中或调试自动停止后按下“停止”按钮，将终止本工位的调试，“本工位调试”按钮恢复原色。在按下“停止”按钮，“本工位调试”按钮恢复原色后，才可按下“工位间调试”按钮进行工位间部件的调试；或者按下“返回首页”按钮，触摸屏回到首页界面。

2. 工位间调试

按下“插装机器人的调试”界面上的“工位间调试”按钮，该按钮变色点亮。再按下“调试”按钮，在“调试”按钮变色点亮的同时，上一工位的直流电动机转动，变频器输出频率为50Hz的三相交流电，使皮带输送机的三相交流异步电动机转动。直流电动机带动拨杆送出一个零件，该零件到达传送带上后，到插装位置停止2s，然后变频器输出频率为25Hz的三相交流电使皮带输送机运行，将零件送到推送气缸位置停止，由推送气缸将零件送到废品出口槽后自动停止。

对工位间相关部件进行调整、终止工位间调试、返回首页界面等的操作，与本工位调试的操作方法相同。

（二）插装机器人的运行

在插装机器人首页界面按下“运行”按钮，并输入密码“246”（输入密码错误时，触摸屏出现的情况与前述选择调试时的情形相同），进入图13-10所示的“插装机器人运行”界面。插装机器人有两种工作方式，每次只能选择其中的一种，可按下“插装机器人运行”界面的工作方式按钮进行选择，插装机器人按所选择的工作方式运行。

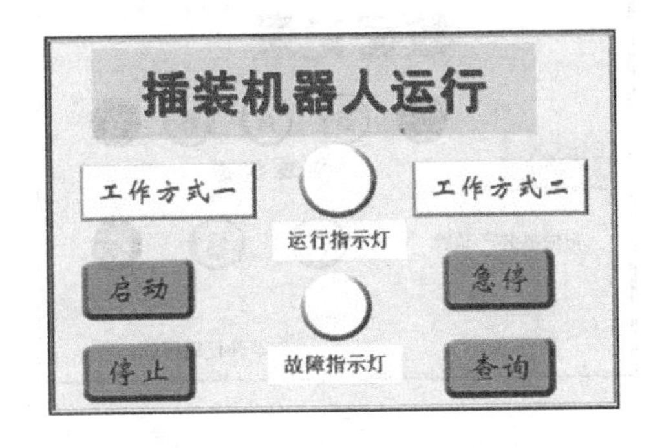

图 13-10　“插装机器人运行”界面

选择一种工作方式后，该工作方式按钮变色，按下“启动”按钮，“运行指示灯”点亮，如图13-11所示。

1. 工作方式一

按下“插装机器人运行”界面上的“工作方式一”按钮，再按下“启动”按钮后，上

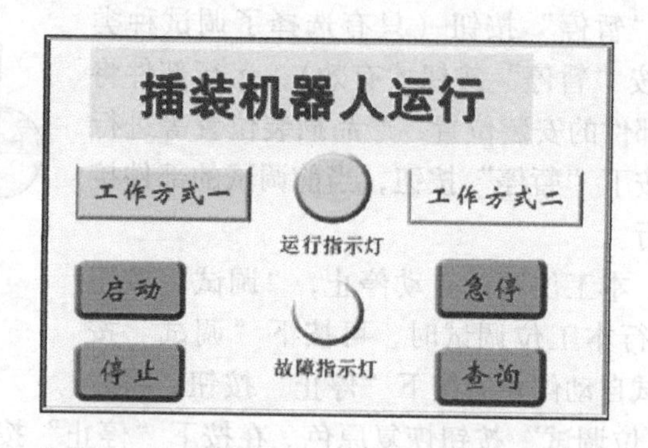

图 13-11 按下“启动”按钮后的运行界面

一工位送件机构的直流电动机转动，同时变频器输出 25Hz 的三相交流电，使皮带输送机的三相交流异步电动机转动。送件机构随机从零件 A、零件 B、零件 C 三种零件中送出一种零件；送出的零件到达皮带输送机后，直流电动机停止转动；零件到达插装位置时，皮带输送机停止运行。皮带输送机停止 2s 后仍按变频器输出 25Hz 三相交流电时的速度运行，调整产品上的插装位置；完成插装位置的调整后，皮带输送机停止运行，机械手抓取零件到插装位置进行插装；机械手插装零件后，再次调整产品上的零件插装位置，依此循环，直到产品上所有插装位置都插装上需要的零件。

产品上所有插装位置都插装上需要的零件后，变频器输出频率为 50Hz 的三相交流电，使皮带输送机运行 5s，将完成零件插装的产品送到下一工位产品出口。

将完成零件插装的产品送到下一工位后，自动按上述方式完成下一产品的零件插装，直到按下“停止”按钮。

插装过程中按下“插装机器人运行”界面上的“查询”按钮，将弹出图 13-12 所示的“数据记录”界面。在该界面中，“插装状态”指示灯显示当前产品的插装情况，在某位置插装零件后，该位置变为绿色。

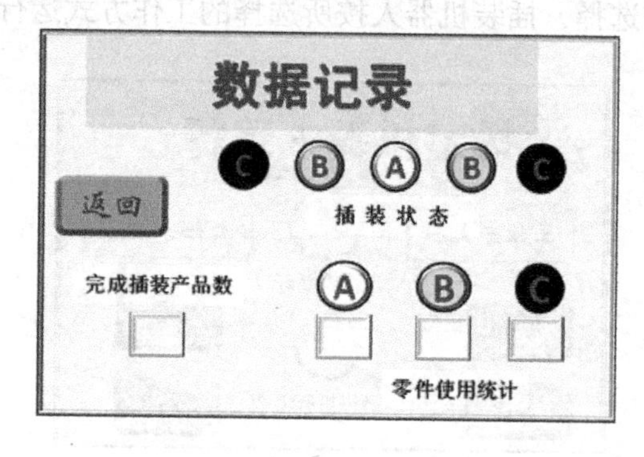

图 13-12 “数据记录”界面

“完成插装产品数”记录完成插装并送入下一工位的产品数量。

“零件使用统计”记录框的数量为插装过程中所使用零件的总数，包括插装过程中废品的零件数量和从机械手手爪中脱落的零件数量。图 13-13 所示为没有意外情况时已完成 24 个产品的插装，现在正在进行第 25 个产品的插装，且在位置Ⅰ至位置Ⅲ插装了零件的数据记录。

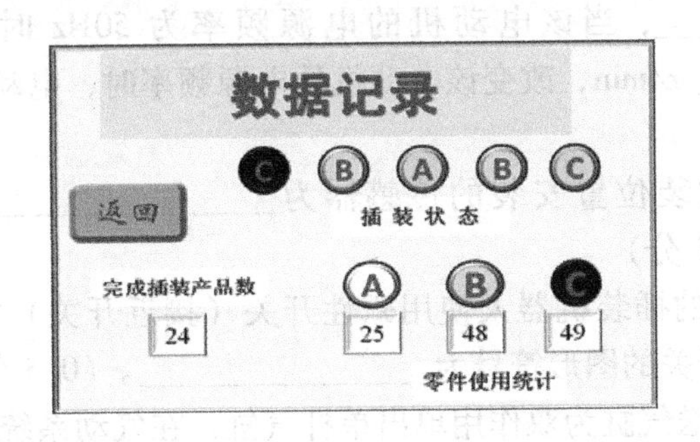

图 13-13　完成一定数量插装的“数据记录”界面

按下“数据记录”界面中的“返回”按钮，可返回“插装机器人运行”界面。正常情况下，按下“插装机器人运行”界面上的“停止”按钮，完成当前产品的插装后停止运行，界面自动返回首页界面。

2. 工作方式二

在“插装机器人运行”界面上未选择工作方式或终止了工作方式一的情况下，可选择工作方式二。按下“工作方式二”按钮，“工作方式二”按钮变色，再按下“启动”按钮，“运行指示灯”亮，上一工位送件机构的直流电动机转动，同时，变频器输出25Hz的三相交流电，使皮带输送机的三相交流异步电动机转动。上一工位送件机构随机从零件A、零件B、零件C三种零件中送出两个不相同的零件后，机械手才能从零件抓取位置抓取零件进行插装。两个零件送到传送带后的插装要求、插装过程、记录数据等与工作方式一相同。

3. 意外情况

（1）零件抓取位置缺少零件　机械手在零件抓取位置没有抓到零件时，将停在零件抓取位置，手爪张开3s后再抓一次，若还没有抓到零件，则返回初始状态，触摸屏上的蜂鸣器鸣叫报警。报警时，按下“插装机器人运行”界面上的“急停”按钮，蜂鸣器停止鸣叫，此时，“故障指示灯”点亮。待补充零件后，再次按下“插装机器人运行”界面上的“急停”按钮，“故障指示灯”熄灭，机械手重新抓取零件到插装位置。

（2）机械手抓取的零件脱落　机械手抓取零件后，在前往插装位置途中零件脱落时，机械手停止运行，界面上的“故障指示灯”亮。按下“插装机器人运行”界面上的“急停”按钮，“故障指示灯”熄灭，机械手返回零件抓取位置，重新抓取零件到插装位置进行插装。

（3）上一工位送来两个相同的零件　在工作方式二中，当上一工位送来两个相同的零件时，将视为不合格零件，即成为废品。不合格零件由皮带输送机送到推送气缸处，推送气缸活塞杆伸出，将其推送到废品出口槽后，开始下一个产品的零件插装。

三、组装与调试记录（15分）

1）本次组装与调试的插装机器人中，使机械手转动的气动执行元件是____________，型号为________________。（1分）

2）拖动皮带输送机的电动机为________________电动机，该电动机的磁极对数为__________________，当该电动机的电源频率为 50Hz 时，其旋转磁场的转速为__________________ r/min，改变该电动机的电源频率时，电动机的______________也随之改变。(2 分)

3）插装机器人的插装位置安装的传感器为______________，这个传感器的型号为______________。(1 分)

4）本次组装与调试的插装机器人使用磁性开关（接近开关）检测气缸中活塞杆的位置，在电路图中，磁性开关的图形符号为______________。(0.5 分)

5）插装机器人的推送气缸为双作用单出单杆气缸，在气动系统图中，双作用单出单杆气缸的图形符号为______________。(0.5 分)

6）在电路图中，用图形符号[图形符号]表示____________，Ⓜ表示____________。(1 分)

7）本次组装与调试的插装机器人，在上一工位零件进入口附近的一个支架上安装了一个检测光通量小的光纤传感器（检查黑色元件）、一个检测光通量大的光纤传感器（检测白色元件）和一个____________传感器。当上一工位送来零件 A 时，能检测到信号的传感器为____________；当上一工位送来零件 B 时，能检测到信号的传感器为____________；当上一工位送来零件 C 时，能检测到信号的传感器为____________。(2 分)

8）在本次组装与调试过程中，用量程为 300mm 的钢直尺测量尺寸，在 0～10mm 区间，钢直尺的分度值为__________________；在 100～300mm 区间，钢直尺的分度值为______________。(1 分)

9）本次组装与调试的插装机器人所使用变频器输出的额定功率为____________ kW，输出的频率范围为________________ Hz。(1 分)

10）本次组装与调试的插装机器人使用的 PLC 输入端子数为______________，输出端子数为______________。(1 分)

11）将输入继电器 X5（西门子为 I0.5）的常开触点串联在某一支路上，使用的指令是______________；将输出继电器 Y5（西门子为 Q0.5）的常闭触点并联在某一支路上，使用的指令是______________。(1 分)

12）驱动计时器 T2（西门子为 T0.2）开始计时且设定计时时间为 0.5s 的指令为______________。(1 分)

13）本次组装与调试的插装机器人，触摸屏与 PLC 之间通信时，在触摸屏上选择的 PLC 型号为______________，选择的通信方式为______________。(1 分)

14）组装与调试插装机器人的过程中，在绑扎未进线槽的导线时，扎带绑扎的间距为______________ mm，安装台面上线夹的安装间距为______________ mm。(1 分)

四、设备组装图

设备组装图共三份，其中图 13-14 所示为插装机器人设备组装图，图 13-15 所示为零件抓取位置部件组装图，图 13-16 所示为上一工位送件机构组装图。

五、电气原理图

插装机器人电气原理图如图 13-17 所示。

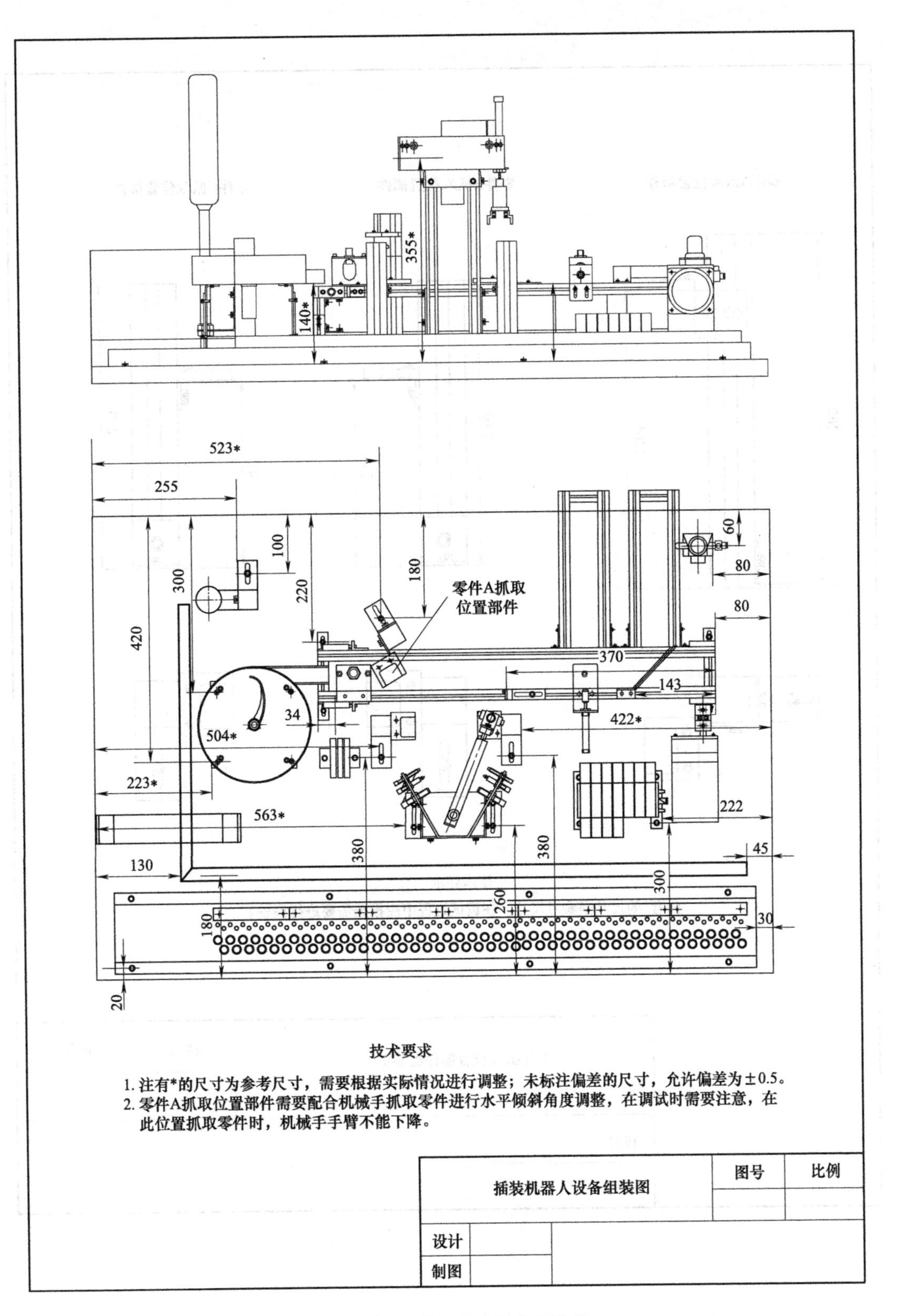

图 13-14 插装机器人设备组装图

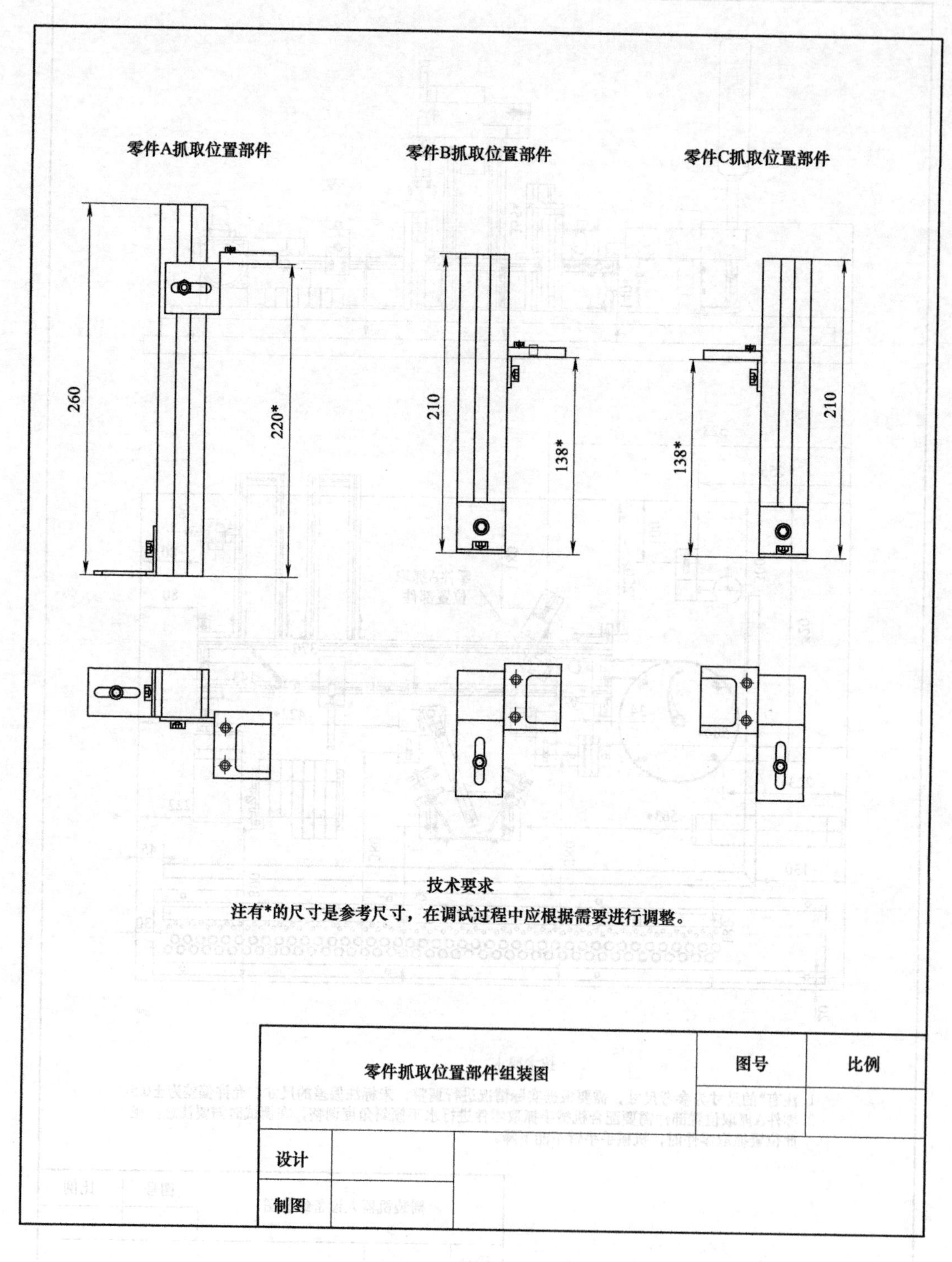

图 13-15　零件抓取位置部件组装图

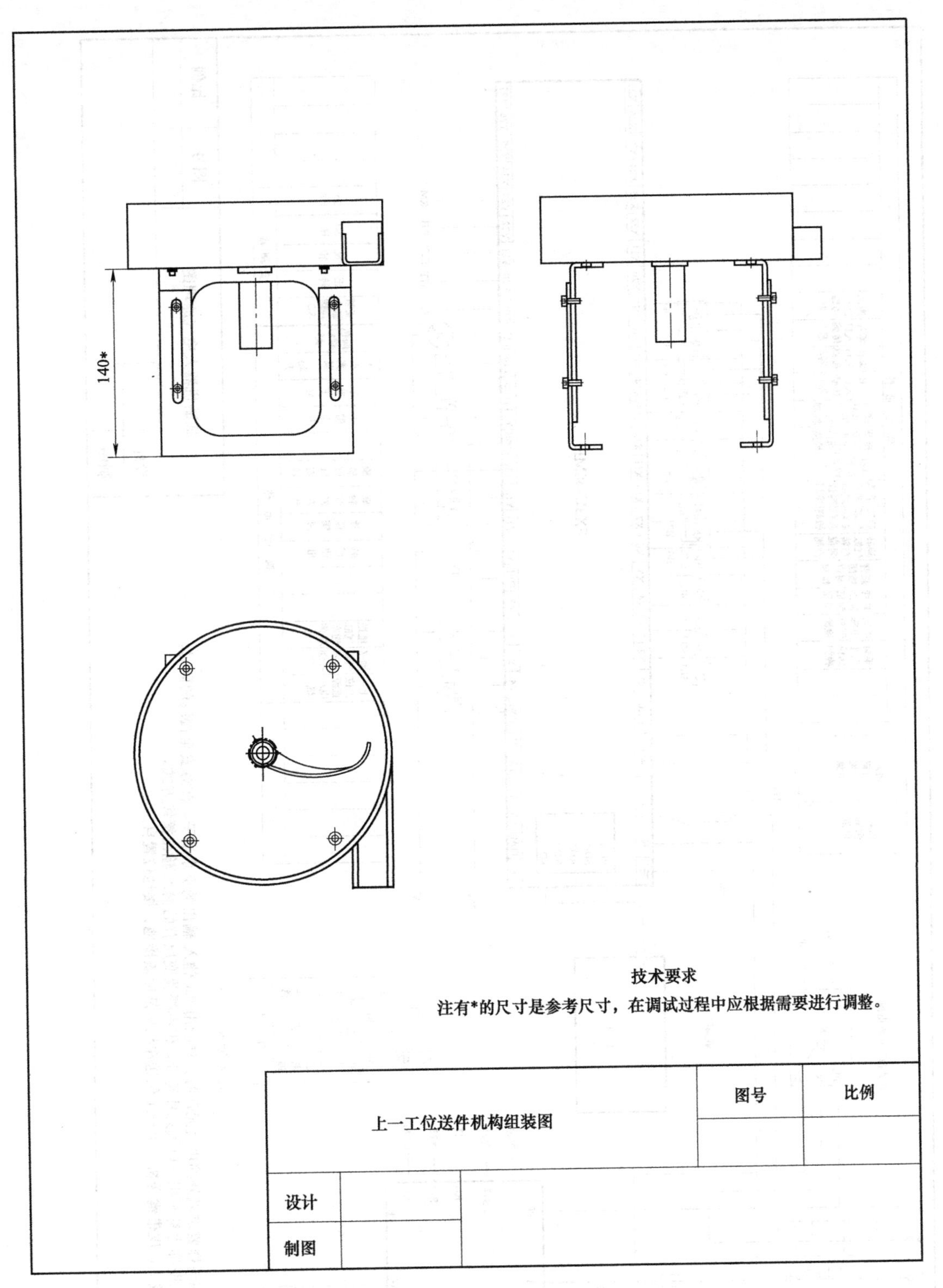

图 13-16　上一工位送件机构组装图

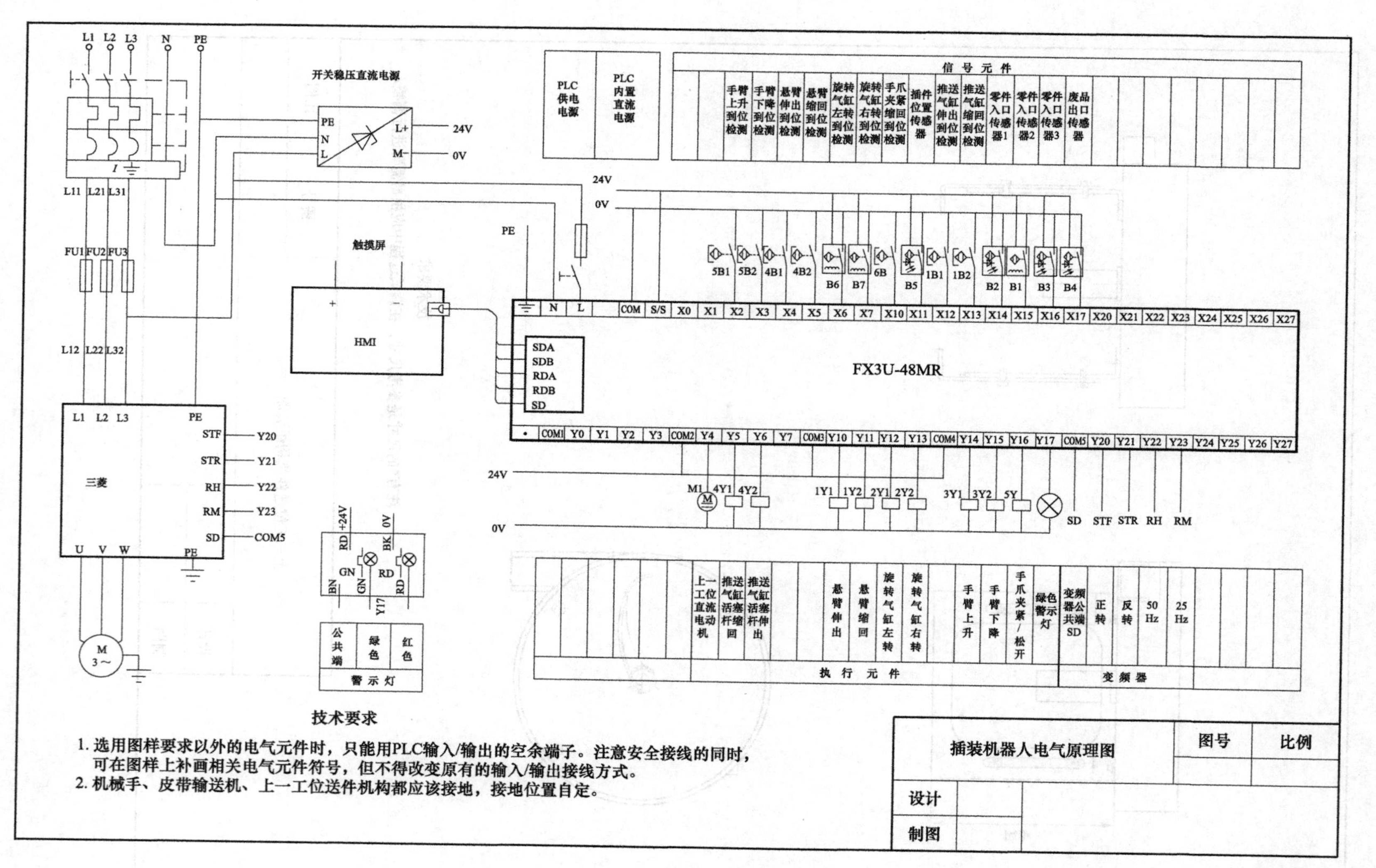

图 13-17 插装机器人电气原理图

六、气动系统图

插装机器人气动系统图如图 13-18 所示。

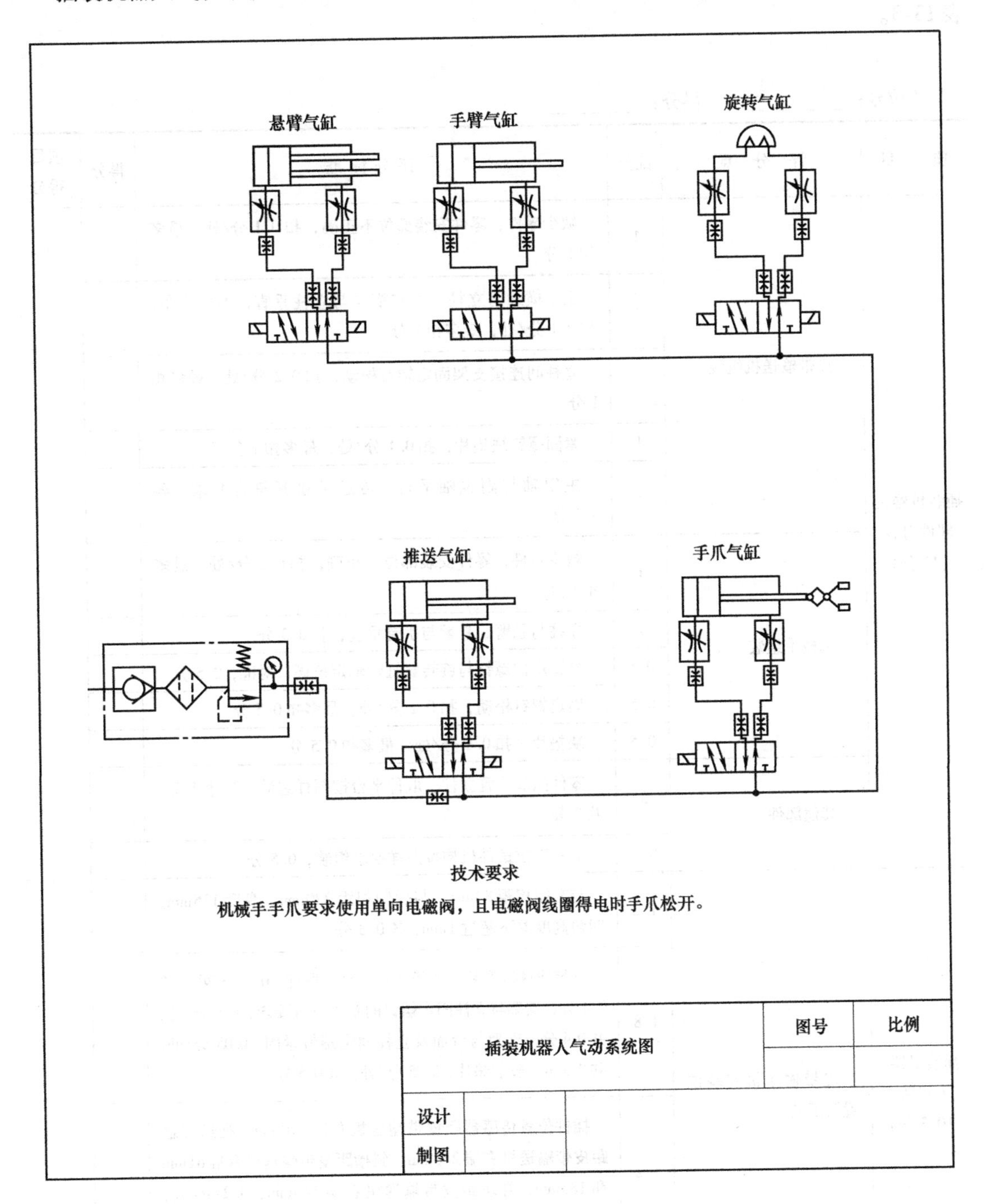

图 13-18　插装机器人气动系统图

七、评分表

评分表共三份，其中组装评分表见表13-1，过程评分表见表13-2，功能评分表见表13-3。

表13-1 组装评分表

工位号：________ 得分：________

项　目	评　分　点	配分	评 分 标 准	得分	项目得分
插装机器人部件组装（12分）	皮带输送机组装	1	缺少零件，零件安装部位不正确，扣0.1分/处，最多扣1分		
		1	上下横梁与立柱、左右横梁与立柱垂直，不成直角，扣0.1分/处，最多扣1分		
		1	立柱间连接支架固定螺钉松动，扣0.2分/处，最多扣1分		
		1	紧固螺钉缺垫片，扣0.1分/处，最多扣1分		
		1	主辊轴与副辊轴平行，传送带松紧符合要求，各0.5分		
	机械手组装	1	缺少零件，零件安装部位不正确，扣0.1分/处，最多扣1分		
		1	立柱与悬臂、悬臂与手臂垂直，各0.5分		
		0.5	悬臂定位螺钉与旋转气缸转轴定位锲口对准，0.5分		
		0.5	固定螺钉松动，扣0.1分/处，最多扣0.5分		
		0.5	缺垫片，扣0.1分/处，最多扣0.5分		
	其他部件	3	零件抓取位置立柱、取件平台按图样组装，每个1分，共3分		
		0.5	上一工位送件机构按图样要求组装，0.5分		
插装机器人组装（10.3分）	皮带输送机安装位置及工艺	1.2	与右端相距80mm，与后侧相距220mm，高度135mm，四角高度差不超过1mm，各0.3分		
		1.8	皮带输送机安装支架竖直且与台面垂直，0.1分/处，共0.4分；支架与立柱固定螺钉的距离符合要求，0.1分/处，共0.4分；支架与台面及立柱固定螺钉紧固，0.05分/处，共0.5分；安装垫片，0.05分/处，共0.5分		
		1.2	插件位置传感器距皮带输送机右端370mm，推送气缸距皮带输送机右端210mm，斜槽距皮带输送机右端61mm和185mm，导块距皮带输送机右端143mm，0.2分/处，共1.2分		
		0.7	三相电动机安装位置正确，0.2分；电动机轴与皮带输送机主辊轴同轴度符合要求，0.5分		

（续）

项目	评分点	配分	评分标准	得分	项目得分
插装机器人组装（10.3分）	机械手安装位置及工艺	0.6	与左端相距563mm，与前侧相距260mm，高度355mm，各0.2分		
		0.6	支架与台面及立柱固定螺钉紧固，0.05分/处，共0.2分；安装垫片，0.05分/处，共0.4分		
		1.2	定位传感器、定位螺钉、缓冲螺钉固定不松动，0.2分/处，共1.2分		
	其他部件安装位置及工艺	0.5	零件A抓取位置部件与左端相距523mm，与后侧相距180mm，抓取平台高度220mm，0.1分/处，共0.3分；支架固定螺钉不松动、垫片齐全，0.05分/处，共0.2分		
		0.5	零件B抓取位置部件与左端相距504mm，与前侧相距380mm，抓取平台高度138mm，0.1分/处，共0.3分；支架固定螺钉不松动、垫片齐全，0.05分/处，共0.2分		
		0.5	零件C抓取位置部件与右端相距422mm，与前侧相距380mm，抓取平台高度138mm，0.1分/处，共0.3分；支架固定螺钉不松动、垫片齐全，0.05分/处，共0.2分		
		0.5	上一工位送件机构与左端相距223mm，与后侧相距420mm（或300mm），高度140mm，0.1分/处，共0.3分；支架固定螺钉不松动、垫片齐全，0.05分/处，共0.2分		
		0.3	电磁阀组与右端相距222mm，与前侧相距300mm，0.1分/处，共0.2分；支架固定螺钉不松动、垫片齐全，0.05分/处，共0.1分		
		0.3	气源组件与右端相距80mm，与后侧相距80mm，0.1分/处，共0.2分；支架固定螺钉不松动、垫片齐全，0.05分/处，共0.1分		
		0.4	警示灯与左端相距255mm，与后侧相距100mm，0.1分/处，共0.2分；支架固定螺钉不松动、垫片齐全，0.05分/处，共0.1分；光纤距前端380mm，0.1分		

（续）

项　目	评 分 点	配分	评 分 标 准	得分	项目得分
电路连接（10分）	电路连接与走向	2	按电路图连接电路，2分。未按电路图连接导线，添加的元件占用电路图上的接线端子，不得分		
		1	导线进线槽，0.25分；导线未从皮带输送机、机械手内部穿过，0.25分；绑扎未进线槽的导线，0.25分；台面的导线不悬空，0.25分		
		1	行线槽按图样安装，0.25分；线槽固定点距两端不超过50mm、中间间距不超过500mm，0.75分，不符合要求，扣0.2分/处，最多扣0.75分		
		1	电动机外壳、皮带输送机机架、机械手、上一工位送件机构等接地，0.25分/处，共1分		
	电路连接工艺	0.5	导线进入行线槽，每个进线口不得超过两根导线，不符合要求扣0.1分/处，最多扣0.5分		
		0.5	每根导线对应一个接线端子，并用线鼻子压牢，不符合要求扣0.1分/处，最多扣0.5分		
		1	端子进线部分，每根导线必须用号码管，不符合要求扣0.2分/处，最多扣1分		
		0.5	每个号码管必须合理编号，不符合要求扣0.1分/处，最多扣0.5分		
		0.5	导线捆扎间隔距离为50～80mm，不符合要求扣0.1分/处，最多扣0.5分		
		0.5	每个插线孔上不得超过两根插线，不符合要求扣0.1分/处，最多扣0.5分		
		0.5	接线端露铜不能超过2mm，不符合要求扣0.1分/处，最多扣0.5分		
		1	电动机外壳、皮带输送机机架、机械手、上一工位送件机构的接地线合理接线，不符合要求扣0.25分/处，最多扣1分		
气路连接（3.7分）	气路连接工艺	1	气路、电路捆扎在一起，扣0.2分/处；捆扎间隔为50～80mm，不符合要求扣0.1分/处；气管过长或过短，扣0.2分/根；最多扣1分		
		1	气动元件选错，扣1分		
		1	气缸进/出气节流阀锁紧，扣0.2分/处，最多扣1分		
		0.7	气路连接错误、气路走向不合理、漏气，扣0.1分/处，最多扣0.7分		

表 13-2　过程评分表

工位号：__________　　得分：__________

项　目	评 分 点	配分	评 分 标 准	得分	项目得分
工作过程（10分）	着装	1	穿工作服、绝缘鞋，符合职业岗位要求		
	安全	1	不带电连接、改接电路，通电调试电路经裁判同意		
		1	操作符合规范，未损坏零件、元件和器件		
		1	设备通电、调试过程中，未出现熔断器熔断、剩余电流断路器动作或安装台带电等情况		
		1	注意操作安全，未发生工伤事故		
	素养	1	工具、量具、零部件摆放符合规范，不影响操作		
		1	导线线头、其他废弃物堆放在指定位置		
		1	爱护赛场设备设施，不浪费材料		
	更换元件	2	更换的元件，经裁判检测确为损坏元件		
插装机器人调试记录（15分）	详见“三、组装与调试记录”	1	详见“三、组装与调试记录”1）~14）		
		2			
		1			
		0.5			
		0.5			
		1			
		2			
		1			
		1			
		1			
		1			
		1			
		1			
		1			

表 13-3　功能评分表

工位号：__________　　得分：__________

项　目	评 分 点	配分	评 分 标 准	得分	项目得分
开始（7分）	警示灯	0.5	接通电源，PLC 通电，在初始位置，绿色警示灯亮		
		0.5	有部件不在初始位置时，绿色警示灯不亮		
	触摸屏	0.8	首页标题、部件共四个，无错字、别字，0.2 分/处		
		0.2	按下“调试”按钮，弹出“请你输入密码：”文本框，0.1 分；无错别字或缺字，0.1 分		

（续）

项　目	评　分　点	配分	评 分 标 准	得分	项目得分
开始（7分）	触摸屏	0.2	输入错误密码（如111），弹出“重新输入密码:”文本框，0.1分；无错别字或缺字，0.1分		
		0.2	再次输入错误密码（如111），弹出警告界面，0.1分；无错别字、缺字或缺标点，0.1分		
		1.6	断电后重新接通，按下“调试”按钮后，输入正确密码（123），能切换至调试界面，0.2分；七个部件齐全，无错字或缺字，1.4分。缺少部件，扣0.2分/个；有错字或缺字，扣0.1分/处		
		0.2	按下“返回首页”按钮，能切换回初始界面，0.2分		
		0.3	输入错误密码（如222），弹出“重新输入密码:”文本框，0.2分；无错别字或缺字，0.1分		
		0.3	再次输入错误密码（如222），弹出警告界面，0.2分；无错别字、缺字或缺标点，0.1分		
		2	断电后重新接通，按下“运行”按钮后，输入正确密码（246），能切换至运行界面，0.2分；九个部件齐全，无错字或缺字，1.8分。缺少部件，扣0.2分/个；有错字或缺字，扣0.1分/处		
		0.2	按下“停止”按钮，触摸屏自动返回首页界面		
插装机器人调试（11分）	本工位调试	0.2	在调试界面，按下“本工位调试”按钮，该按钮变色		
		0.3	按下“工位间调试”按钮，该按钮不变色		
		0.5	按下“调试”按钮，“调试”按钮变色，0.2分；调试开始后机械手动作，0.3分		
		0.5	机械手能从零件A、B或C的任一零件抓取位置抓取零件，0.25分；能在插装位置进行插装，0.25分		
		0.5	机械手能从未抓取过零件的两个位置处中的任一处抓取零件，0.25分；能在插装位置进行插装，0.25分		
		0.4	按下“暂停”按钮，调试暂停，0.4分		
		0.5	再次按下“暂停”按钮，能从暂停时的状态继续调试，0.5分		
		0.5	机械手能从最后剩余位置处抓取零件，0.25分；能在插装位置进行插装，0.25分		
		0.4	按下“停止”按钮，自动复位后停止，0.4分		
		1.2	调试停止后，测量三个已插装零件之间的两个间距，间距符合要求，各0.6分		
		2	所插装三个零件的排列顺序符合要求，2分		
		0.3	三次插装零件时，变频器输出频率均为25Hz，0.1分/次		

（续）

项　目	评 分 点	配分	评 分 标 准	得分	项目得分
插装机器人调试（11 分）	工位间调试	0.2	在调试界面，按下“工位间调试”按钮，“工位间调试”按钮变色		
		0.4	按下“调试”按钮，“调试”按钮变色，0.2 分；调试开始后机械手动作，0.2 分		
		1.1	开始调试时，上一工位送件机构直流电动机转动方向正确，0.3 分；三相交流异步电动机转动，0.3 分；变频器输出频率为 50Hz，0.2 分；送出一个零件后直流电动机停止，0.3 分		
		0.6	送出零件到插装位置停止 2s，0.2 分；停止 2s 后，三相交流异步电动机再次转动，0.2 分；转动时变频器输出频率为 25Hz，0.2 分		
		0.9	零件到达推送气缸位置时停止，0.2 分；推送气缸活塞杆伸出，将零件推入斜槽，0.2 分；活塞杆缩回，0.2 分；活塞杆缩回后，工位间调试自动停止，0.3 分		
		0.2	调试过程中按下“暂停”按钮，调试暂停		
		0.3	再次按下“暂停”按钮，能继续以暂停时的状态调试，0.3 分		
插装机器人运行（18 分）	工作方式一	0.6	在任意时刻按下“停止”按钮，本工位回到初始位置并停止，0.3 分；停止后按下“返回首页”按钮，触摸屏能返回首页界面，0.3 分		
		0.1	在运行界面，按下“工作方式一”按钮，“工作方式一”按钮变色，0.1 分		
		0.1	按下“启动”按钮，“启动”按钮变色，0.1 分		
		0.2	上一工位送件机构直流电动机转动方向正确，0.05 分；交流电动机转动，0.05 分；变频器输出频率为 25Hz，0.05 分；零件到达插装位置后停止，0.05 分		
		1	上一工位送出零件 A，五个插装零件的排列顺序符合要求，1 分。零件位置错误，扣 0.2 分/处		
		2	插装零件的间距（四个）（参考调试时的间距）符合要求，0.5 分/个		
		0.2	完成此次插装，变频器输出频率为 50Hz，0.05 分；皮带输送机能将完成插装的部件送到下一工位，0.1 分；能进行下一个部件的插装，0.05 分		

（续）

项　目	评 分 点	配分	评分标准	得分	项目得分
插装机器人运行（18分）	工作方式一	1	上一工位送出零件B，五个插装零件的排列顺序符合要求，1分。零件位置错误，扣0.2分/处		
		0.2	完成此次插装，变频器输出频率为50Hz，0.05分；皮带输送机能将完成插装的部件送到下一工位，0.1分；能进行下一个部件的插装，0.05分		
		1	上一工位送出零件C，五个插装零件的排列顺序符合要求，1分。零件位置错误，扣0.2分/处		
		0.2	完成此次插装，变频器输出频率为50Hz，0.05分；皮带输送机能将完成插装的部件送到下一工位，0.1分；能进行下一个部件的插装，0.05分		
		0.2	按下“停止”按钮，能完成当前部件的零件插装并停止，0.1分；能自动切换到首页界面，0.1分		
	工作方式二	0.2	在运行界面按下“工作方式二”按钮，“工作方式二”按钮变色		
		0.2	按下“启动”按钮，“启动”按钮变色		
		1	上一工位送出零件A、B，五个插装零件的顺序符合要求，1分。零件位置错误，扣0.2分/处		
		2	插装零件的间距（四个）（参考调试时的间距）符合要求，0.5分/个		
		1	上一工位送出零件A、C，五个插装零件的顺序符合要求，1分。零件位置错误，扣0.2分/处		
		1	上一工位送出零件B、A，五个插装零件的顺序符合要求，1分。零件位置错误，扣0.2分/处		
		0.4	插装变频器输出频率为25Hz，0.2分；完成插装后变频器输出频率为50Hz，0.1分；5s后能进行下一部件的插装，0.1分		
		0.2	按下“停止”按钮，能完成当前部件的零件插装并停止，0.1分；能自动切换到首页界面，0.1分		
	数据查询	0.2	按下运行界面的“查询”按钮，进入数据记录界面		
		3.4	数据记录标题、部件正确（17处），0.2分/处，共3.4分。错别字、缺字，扣0.1分/处		
		1	正确显示五个零件的插装状态，0.2分/处		
		0.2	正确记录完成插装的部件数量，0.2分		
		0.2	正确记录使用的零件数量		
		0.2	按下“返回”按钮，能返回运行界面		

（续）

项　目	评 分 点	配分	评 分 标 准	得分	项目得分
意外处理（3分）	缺零件	0.2	在本工位调试或运行期间，零件A、B、C三个抓取位置中的任一位置缺零件3s，机械手再抓一次，0.2分		
		0.2	第二次未抓取零件，触摸屏蜂鸣器报警，0.2分		
		0.4	按下“急停”按钮后，停止运行，0.2分；“故障指示灯”亮，0.2分		
		0.4	补放上零件后，再次按下“急停”按钮，机械手重新抓取零件，0.2分；“故障指示灯”熄灭，0.2分		
	零件脱落	0.6	在本工位调试或运行期间，机械手搬运过程中发生零件脱落时，机械手停止，0.4分；“故障指示灯”亮，0.2分		
		0.6	按下“急停”按钮，机械手返回零件抓取位置并抓取零件，0.2分；继续运行，按要求插装零件，0.2分；“故障指示灯”熄灭，0.2分		
	废品	0.2	在工作方式二，当上一工位出现两个金属零件时，能直接在废品出料口将其推出		
		0.2	在工作方式二，当上一工位出现两个白色塑料零件时，能直接在废品出料口将其推出		
		0.2	在工作方式二，当上一工位出现两个黑色塑料零件时，能直接在废品出料口将其推出		

实训任务十四

智能面包生产装备组装与调试

说明：本次组装与调试的机电一体化设备为××智能面包生产装备。请仔细阅读相关说明，理解实训任务与要求，使用亚龙235A设备，在240min内按要求完成指定的工作。

一、实训任务与要求

1）按××智能面包生产装备设备组装图（图14-16）组装设备，并满足图样中的技术要求。

2）按××智能面包生产装备气动系统图（图14-17）连接气路，使其符合工艺规范要求。

3）参考PLC输入/输出端子（I/O）分配表（表14-1）连接控制电路，连接的电路应符合工艺规范要求。

4）正确理解××智能面包生产装备的生产要求、意外情况的处理等，制作触摸屏界面，编写其PLC控制程序并设置变频器参数。

注意：在使用计算机编写程序时，应随时在计算机E盘中保存已编好的程序，保存文件名为“工位号+A”（如3号工位文件名为“3A”）。

5）安装传感器并调整其灵敏度，调整机械部件的位置，完成××智能面包生产装备的整机调试，使该装备能按照要求完成面包生产任务。

6）填写组装与调试记录中的有关内容。

注意：本次组装与调试的××智能面包生产装备由触摸屏控制，可以同时使用触摸屏和按钮模块上的按钮、开关控制，但不额外加分。也可以单独使用按钮模块上的按钮、开关进行控制。这时，需要在××智能面包生产装备电气原理图上画出增加的电路，但不能改动原电路。单独使用按钮模块上的按钮、开关进行控制时，不能得触摸屏的相关分数。

表14-1 PLC输入/输出端子（I/O）分配表

输入端子		功能说明	输出端子		功能说明
三菱PLC	西门子PLC		三菱PLC	西门子PLC	
X0	I0.0		Y0	Q0.0	旋转气缸左转
X1	I0.1		Y1	Q0.1	旋转气缸右转
X2	I0.2	悬臂伸出到位检测	Y2	Q0.2	悬臂伸出
X3	I0.3	悬臂缩回到位检测	Y3	Q0.3	悬臂缩回

（续）

输入端子		功能说明	输出端子		功能说明
三菱PLC	西门子PLC		三菱PLC	西门子PLC	
X4	I0.4	手臂上升到位检测	Y4	Q0.4	手臂上升
X5	I0.5	手臂下降到位检测	Y5	Q0.5	手臂下降
X6	I0.6	手爪夹紧到位检测	Y6	Q0.6	手爪夹紧
X7	I0.7	进料口光电传感器	Y7	Q0.7	手爪松开
X10	I1.0	光纤传感器1	Y10	Q1.0	槽一气缸伸出
X11	I1.1	电感传感器	Y11	Q1.1	槽二气缸伸出
X12	I1.2	光纤传感器2	Y12	Q1.2	槽三气缸伸出
X13	I1.3	一槽气缸伸出到位检测	Y13	Q1.3	混料仓转动
X14	I1.4	一槽气缸缩回到位检测	Y14	Q1.4	三相异步电动机正转
X15	I1.5	二槽气缸伸出到位检测	Y15	Q1.5	三相异步电动机低速
X16	I1.6	二槽气缸缩回到位检测	Y16	Q1.6	三相异步电动机高速
X17	I1.7	三槽气缸伸出到位检测	Y17	Q1.7	三相异步电动机中速
X20	I2.0	三槽气缸缩回到位检测	Y20	Q2.0	蜂鸣器
X21	I2.1	旋转气缸右转到位	Y21	Q2.1	绿色警示灯
X22	I2.2	旋转气缸左转到位	Y22	Q2.2	
X23	I2.3	混料仓缺料（按下SB1模拟）	Y23	Q2.3	
X24	I2.4		Y24	Q2.4	
X25	I2.5		Y25	Q2.5	
X26	I2.6		Y26	Q2.6	
X27	I2.7		Y27	Q2.7	

二、××智能面包生产装备说明

面包的生产需要面粉、水、糖、盐、蜂蜜五种原料，其中两种主料（面粉和水）的提供不属于该设备的任务（假定这两种主料已经在混料仓中）。该智能面包生产装备可以完成糖、盐、蜂蜜三种辅料的供料。供料时，一个金属元件模拟50g盐，一个白色塑料元件模拟50g糖，一个黑色塑料元件模拟50g蜂蜜。机械手从原料提供平台上按比例取三种原料放入混料仓，和其他两种主料经过搅拌混合后，成为制作面包的面团。一个面团经过面团检测→加工→成品检测→分拣→包装五道工序，最终生产出三种面包，分别是D型面包、E型面包和F型面包，并根据用户设置的包装形式完成包装。

说明：在加工过程中，金属元件模拟的面团能加工成D型面包；白色塑料元件模拟的面团能加工成E型面包；黑色塑料元件模拟的面团能加工成F型面包。

××智能面包生产装备（图14-1）运行前，机械手停靠在位置A（零件抓取位置）的上方、手臂缩回、手爪松开、推料气缸的活塞杆缩回、各电动机不转动为初始状态。若××智能面包生产装备不处于初始状态，应用手动方式使其恢复初始状态。

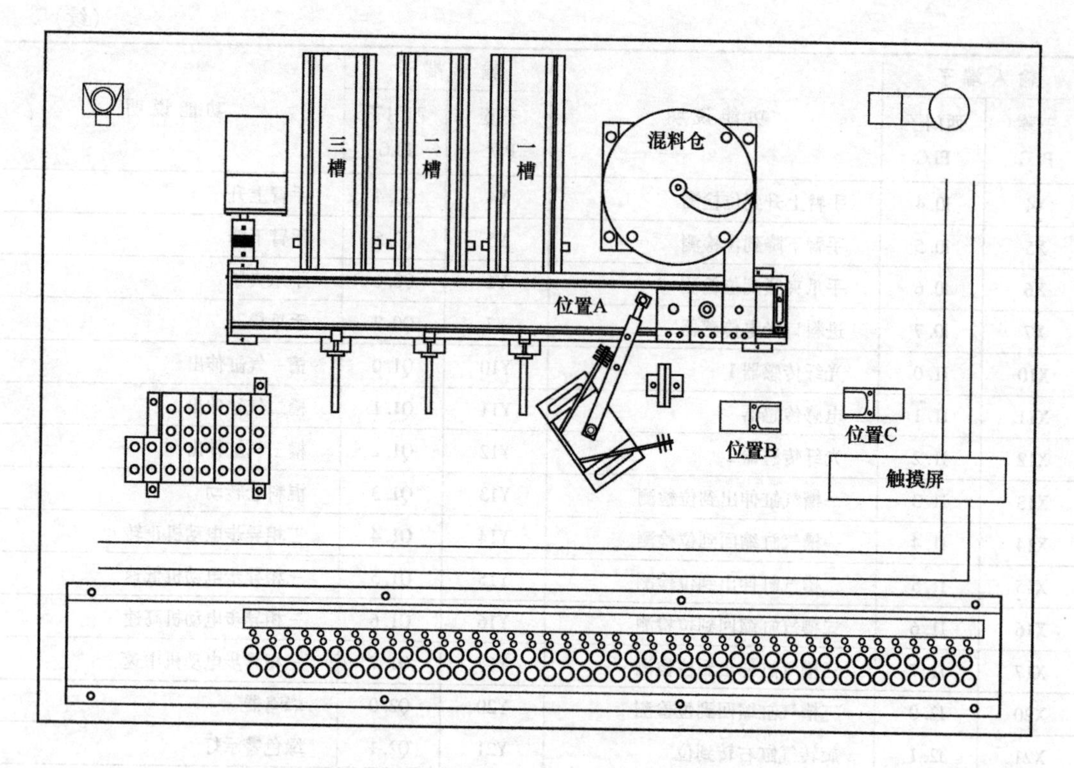

图 14-1　××智能面包生产装备示意图

接通电源，PLC 通电后，若有关部件处于初始状态，则绿色警示灯亮，同时智能面包生产装备的触摸屏显示首页界面，如图 14-2 所示。按下“调试”按钮，可对××智能面包生产装备进行调试；按下“运行”按钮，可使××智能面包生产装备运行；按下“关机”按钮，触摸屏显示界面黑屏，PLC 停止输出。只有在断开××智能面包生产装备的电源后重新接通，才能重新启动触摸屏。

（一）××智能面包生产装备的调试

按下触摸屏首页界面上的“调试”按钮，出现要求输入密码的文本框，如图 14-3 所示。输入正确密码（135）后，切换到“××智能面包生产装备调试界面”，可进行××智能面包生产装备的调试。

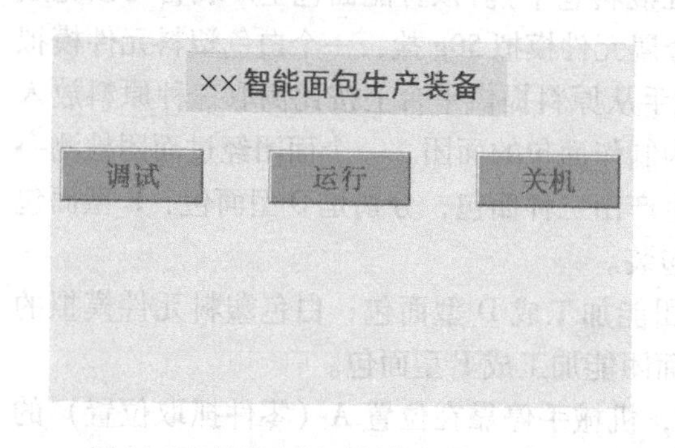

图 14-2　接通电源时触摸屏的首页界面

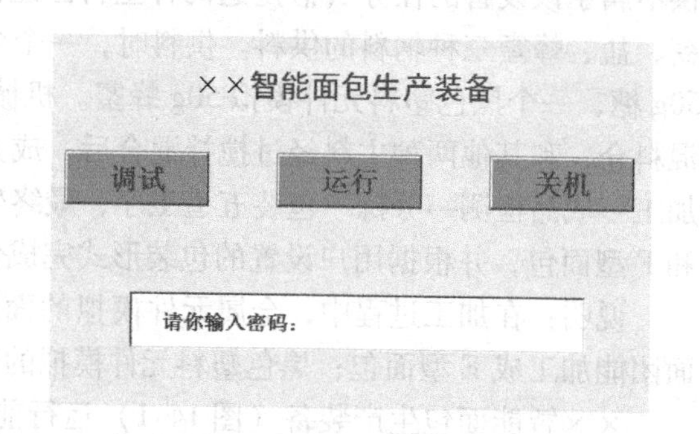

图 14-3　要求输入密码时的首页界面

若输入的密码不正确，则弹出“重新输入密码：”的文本框，如图 14-4 所示；此时，输入正确密码后，可进入调试界面。若输入的密码仍然不正确，则弹出图 14-5 所示的警告；此时，只有在断开 × × 智能面包生产装备的电源后重新接通，才能再次操作面包生产装备。

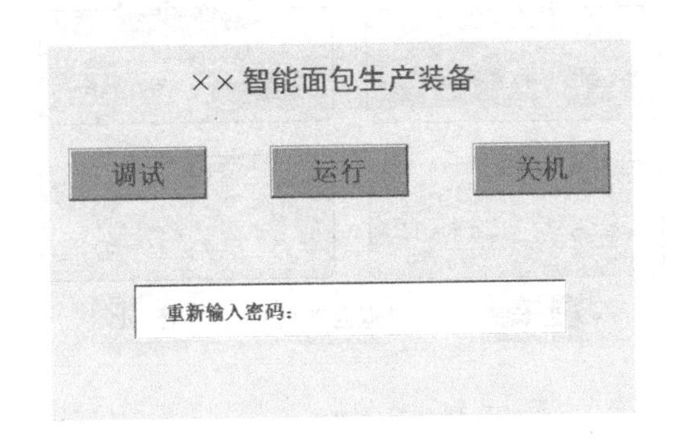

图 14-4　输错密码时的首页界面

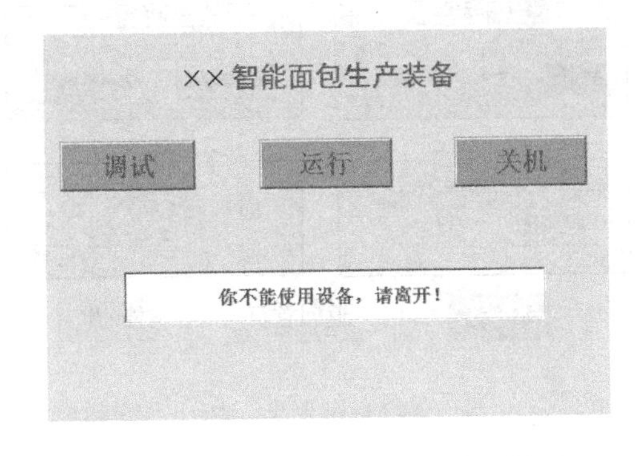

图 14-5　再次输错密码时的首页界面

“× × 智能面包生产装备调试界面”如图 14-6 所示，先按下“供料系统调试”按钮或其他系统调试按钮（按下一个按钮，其他后按的三个按钮都无效），即可对智能面包生产装备进行调试。

1. 供料系统调试

按下“× × 智能面包生产装备调试界面”上的“供料系统调试”按钮，该按钮变色点亮；再按下“盐入仓”按钮，“盐入仓”按钮变色点亮；最后按下“启动”按钮，“启动”按钮变色点亮，如图 14-7 所示。同时，机械手到零件抓取位置 A 抓取零件，以安全的方式送入混料仓，然后机械手回到原位。完成后，“启动”按钮和“盐入仓”按钮恢复原色。此时，可以再按下“糖入仓”按钮和“蜂蜜入仓”按钮进行调试，按钮颜色变化及机械手动作与上面所述一致。按下“糖入仓”按钮时，机械手从位置 B 抓取零件；按下“蜂蜜入仓”按钮时，机械手从位置 C 抓取零件（A、B、C 三处的零件是由人工放置的）。

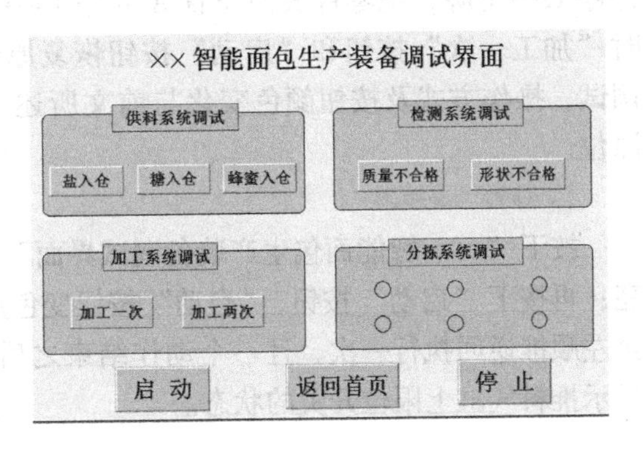

图 14-6　“× × 智能面包生产装备调试界面”

2. 检测系统调试

按下“× × 智能面包生产装备调试界面”上的“检测系统调试”按钮，该按钮变色点亮；再按下“质量不合格”按钮，“质量不合格”按钮变色点亮；最后按下“启动”按钮，“启动”按钮变色点亮，如图 14-8 所示。同时，混料仓的直流电动机转动，变频器输出频率为 25Hz 的三相交流电，使皮带输送机的三相交流异步电动机转动。直流电动机带动拨杆送出一个零件后停止，送出的零件到达传送带上后被送到位置 A 并停止，然后机械手以安全的方式将工件搬运到位置 B 的料台上，机械手回到原位，同时“检测系统调试”按钮、“质量不合格”按钮恢复原色。此时，可以再按下“形状不合格”按钮

进行调试，操作方式及混料仓、按钮颜色变化与前文所述一致，机械手将零件从位置A搬运到位置C。

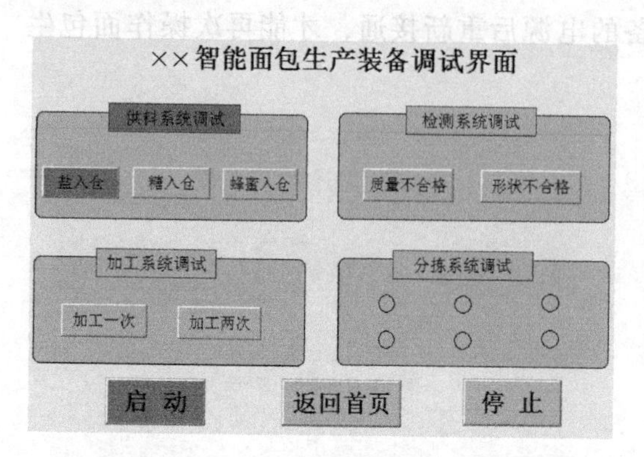

图14-7 按下“供料系统调试”按钮后的调试界面

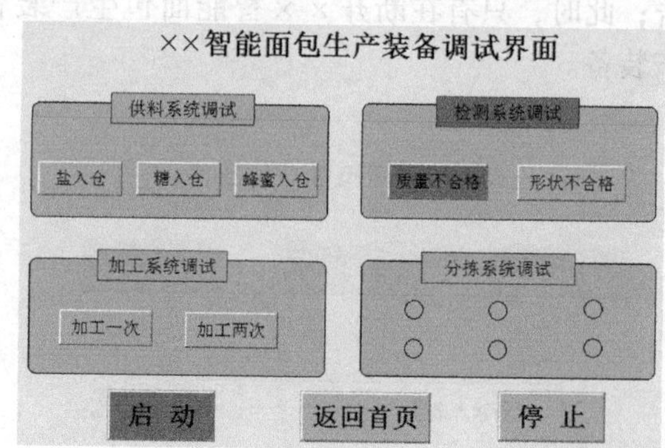

图14-8 按下“检测系统调试”按钮后的调试界面

3. 加工系统调试

按下“××智能面包生产装备调试界面”上的“加工系统调试”按钮，该按钮变色点亮；再按下“加工一次”按钮，该按钮变色点亮，最后按下“启动”按钮，“启动”按钮变色点亮，如图14-9所示。同时，机械手下降到位→抓住位置A的零件→上升到位并停1s→下降，把零件放回位置A并停1s→松开。完成一次加工后机械手回到原位，同时“加工一次”按钮和“启动”按钮恢复原色。此时，可以再按“加工两次”按钮进行调试，操作方式及按钮颜色变化与前文所述一致，机械手将位置A零件加工两次后回到原位。

4. 分拣系统调试

按下“××智能面包生产装备调试界面”上的“分拣系统调试”按钮，该按钮变色点亮；再按下“启动”按钮，“启动”按钮变色点亮，如图14-10所示。同时，推料气缸自右至左顺推逆回执行一次，且一个动作结束之后停留0.5s，下一动作才继续执行。触摸屏上显示推料气缸上限位开关的状态。

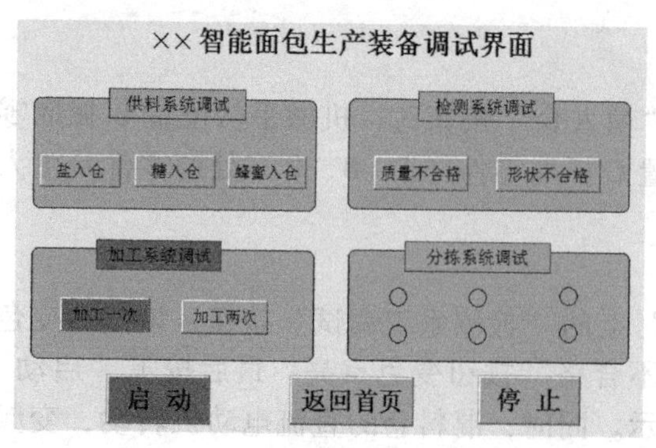

图14-9 按下“加工系统调试”按钮后的调试界面

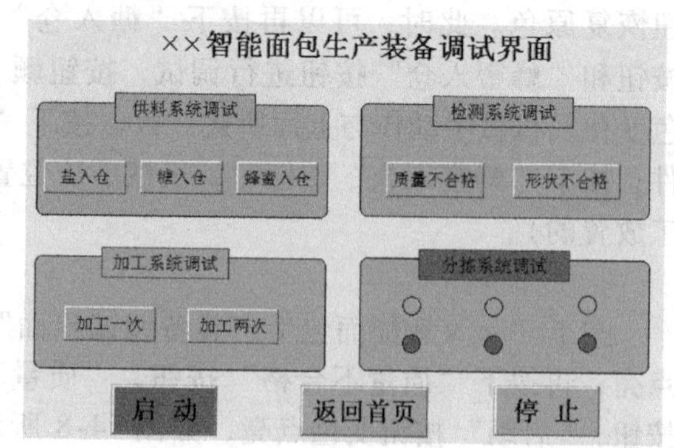

图14-10 按下“分拣系统调试”按钮后的调试界面

在调试过程中或调试自动停止后按下“停止”按钮，终止正在进行的调试，所有按钮恢复原色。在按下“停止”按钮，所有按钮恢复原色后，才可按下其他系统调试按钮进行

相应部件的调试；或者按下“返回首页”按钮，触摸屏界面将回到首页。

（二）××智能面包生产装备的生产

在××智能面包生产装备首页界面按下“运行”按钮，并输入密码（246）（输入密码错误时，触摸屏的显示情况与前述选择调试时相同），进入图14-11所示的“××智能面包生产装备设置界面”。在生产面包之前，首先要根据个人需求进行多方面的设置，然后才能起动设备，生产出符合要求的面包。

1. 设置面包参数

在“××智能面包生产装备设置界面”，需要对以下参数进行设置：

1）面包口味。根据糖∶盐∶蜂蜜的比例确定面包口味：甜型的比例为3∶1∶2；咸型的比例为1∶1∶1。

2）选择放入混料仓的三种原料的总质量，有300g和600g两个选项。

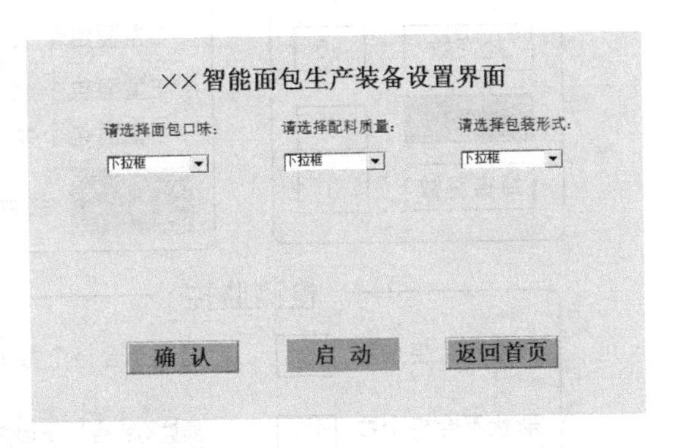

图14-11　××智能面包生产装备设置界面

3）面包的包装形式。有礼盒装和散装两种包装形式：当选择礼盒装时，最终生产出的面包在三个包装槽中，按图14-13所示的形式摆放为一礼盒（最下一层为F型，中间一层为D型，最上层为E型）；如果选择散装形式，则设置界面将出现各种面包的生产数量输入框，如图14-12所示，用户可以设置自己需要的三种面包的个数，但总数量不能超过9个，面包将被平均摆放在三个包装槽中，如果不能平均摆放，则右边的槽可以比左边的槽多放一个面包。当所有参数设置完毕后，按下“确认”按钮，“确认”按钮将变为黄色；如果参数设置得不全，屏幕上会出现“您的设置参数不完整，请继续！”的提示，“确认”按钮不变色。

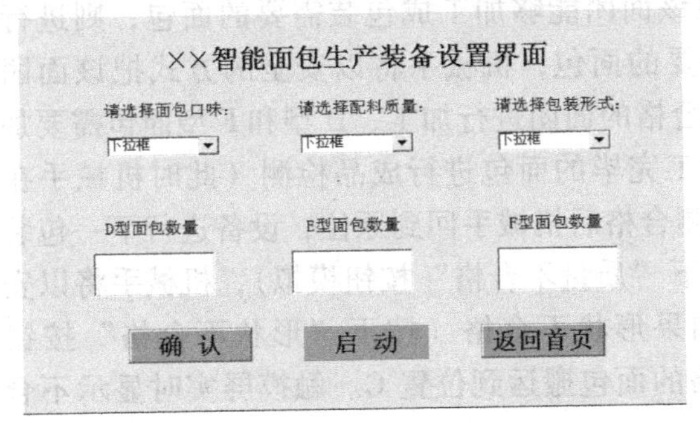

图14-12　散装面包数量设置界面

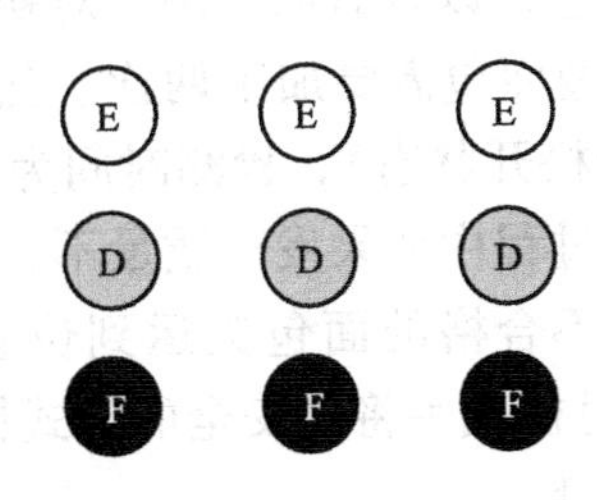

图14-13　礼盒装摆放形式

2. 面包原料进入混料仓

三种面包原料存放在三个位置，位置A存放盐，位置B存放糖，位置C存放蜂蜜。确定好面包生产参数后，按下“××智能面包生产装备设置界面”上的“确认”按钮且该按钮变色后，再按下“启动”按钮，生产装备将根据设置的参数开始搬运原料。

搬运原料时，按照盐、糖、蜂蜜的顺序进行。一种原料按照设定的比例及总质量搬运完毕后，才能进行下一种原料的搬运。触摸屏上实时显示所搬运原料的质量和搬运的进程，搬运结束的原料底色显示为黄色，正在搬运的原料底色显示为绿色。图 14-14 所示为盐搬运完毕，糖正在搬运，蜂蜜尚未搬运。

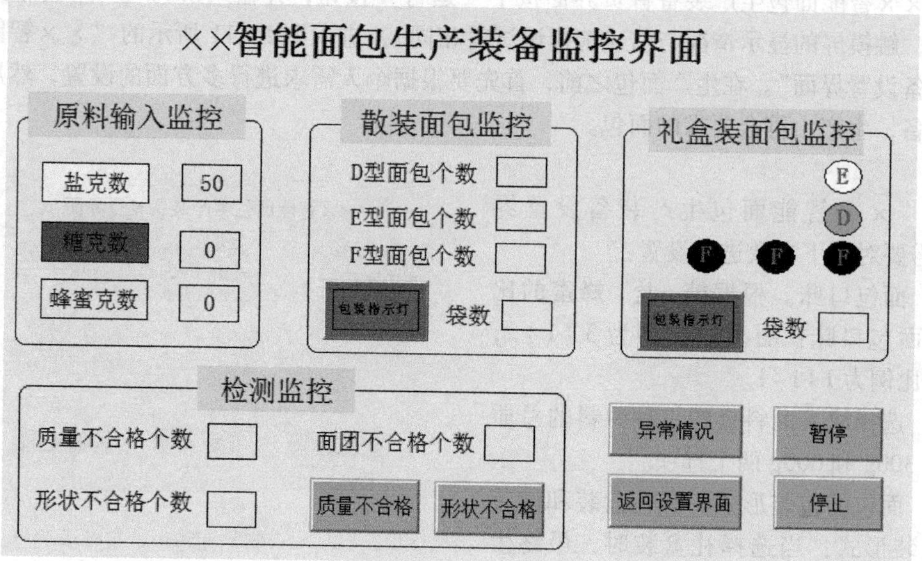

图 14-14 “××智能面包生产装备监控界面”

3. 面包原料的加工和检测

三种原料进入混料仓后，混料仓直流电动机开始转动，模拟将刚加入的原料与料仓中原有的面粉、水进行搅拌，5s 后搅拌均匀；直流电动机继续转动，随机推出三种面包面团中的一个（模拟面包原料混合后的面团）到传送带上，同时变频器输出 25Hz 的三相交流电，使皮带输送机转动，带动面团到位置 A，传送带停止。机械手下降到位并停 1s，对到达位置 A 的面团进行初步检测，如果该面团能够加工成包装需要的面包，则进行下一步加工；如果该面团不能加工成包装需要的面包，机械手将以安全的方式把该面团搬运回混料仓，以备后面使用。对初步检测合格的面团进行加工，D 型和 F 型面包需要加工一次，E 型面包需要加工两次。然后对加工完毕的面包进行成品检测（此时机械手在位置 A 处于松开状态），检测时间为 3s，检测合格后机械手回到原位，设备进行下一包装环节。检测过程中如果发现质量不合格（按下“质量不合格”按钮模拟），机械手将以安全的方式把不合格的面包搬运到位置 B；如果形状不合格（按下“形状不合格”按钮模拟），同时机械手将以安全的方式把不合格的面包搬运到位置 C。触摸屏实时显示不合格面包的数量。

4. 面包的分拣和包装

对于检测合格的面包，在机械手上升到位的同时，三相异步电动机以 50Hz 的输出频率带动面包成品继续向前运行，到达相应的包装槽时，对应气缸将其推入槽中。同时，触摸屏将实时显示进度或已完成面包的数量，如图 14-14 所示。当一份礼盒装或散装面包分拣完成时，对应的包装指示灯以 2Hz 的频率闪烁，3s 后包装结束，对应包装袋数加 1。

5. ××智能面包生产装备的停止

（1）手动停止　在设备运行过程中，按下“停止”按钮，设备完成当前袋面包的包装

后将自动停止。此时可按下“返回设置界面”按钮，系统返回“××智能面包生产装备设置界面”，用户只能对面包的包装参数进行重新设置，方法如前文所述。设置完毕后按下“启动”按钮，设备继续工作，并按重新设置的参数进行包装。

（2）自动停止　当混料仓中的面包原料用完时（按下按钮模块上的SB1模拟），如果混料仓电动机转动5s仍没有面团被推出，则设备自动停止。此时，如果按下“返回设置界面”按钮，则返回“××智能面包生产装备设置界面”，可以对所有参数进行设置，同时自动清除所有监控参数。

（3）设备暂停　当设备出现异常情况时，可以按下“暂停”按钮，设备停止在当前位置。故障排除后再次按下“暂停”按钮，设备继续运行。

6. 异常情况

设备在运行过程中出现以下异常情况时，将在“××智能面包生产装备异常情况界面”显示各种异常情况出现的次数，如图14-15所示。

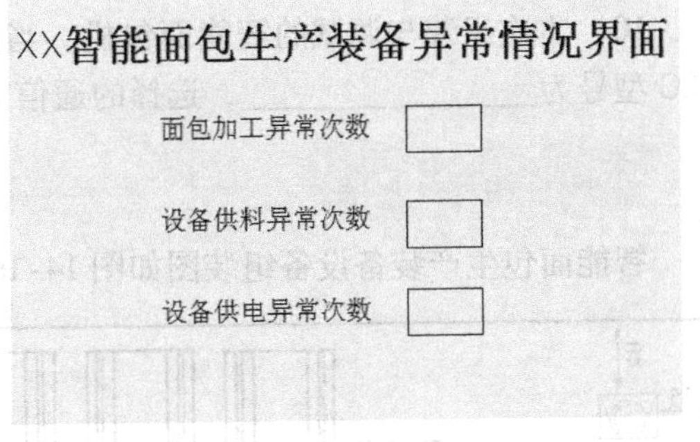

图14-15　××智能面包生产装备异常情况界面

（1）面包加工异常　在面包加工过程中，若出现机械手没有抓住面团的现象，则“面包加工异常次数”加1，手爪松开3s后再抓一次；若仍未抓到，则“面包加工异常次数”再加1，同时机械手返回初始状态，蜂鸣器鸣叫报警。报警时，按下××智能面包生产装备监控界面上的“暂停”按钮，蜂鸣器停止鸣叫，待故障排除后，再次按下“暂停”按钮，机械手重新开始抓取工作。

（2）设备供电异常　在设备运行过程中，如果发生断电现象，设备将停止在当前状态，“设备供电异常次数”加1。当供电恢复后，若断电时间小于10s，设备将以断电前的状态继续运行；若断电时间大于10s，则设备不能继续工作，需要重新设置参数并起动设备才能继续运行。

（3）设备供料异常　在推出面团过程中，如果混料仓原料充足，而混料仓电动机转动5s后仍无面团推出，则直流电动机自动停止，同时“设备供料异常次数”加1。待故障排除后，按下“暂停”按钮，直流电动机将继续运转。

三、组装与调试记录（10分）

1）在本次组装与调试的智能面包机中，控制机械手转动的气动执行元件的名称是________________，型号为________________。（1分）

2）拖动皮带输送机的电动机为________________电动机，该电动机的磁极对数为__________。当该电动机的电源频率为50Hz时，其旋转磁场的转速为__________ r/min；当改变该电动机的电源频率时，电动机的__________也改变。（2分）

3）本次组装与调试的智能面包机使用磁性开关（接近开关）检测气缸中活塞杆的位置，在电路图中，磁性开关的图形符号为________________。（0.5分）

4）智能面包机的推送气缸为双作用单出单杆气缸，在气动系统图中，双作用单出单杆

气缸的图形符号为________________。(0.5 分)

5）在本次组装与调试过程中，测量尺寸时使用300mm 的钢直尺，在0～10mm 区间，其分度值为________________；在100～300mm 区间，其分度值为________________。(1 分)

6）本次组装与调试的智能面包机所使用的变频器输出的额定功率为________________，输出的频率范围为________________。(1 分)

7）本次组装与调试的智能面包机所使用的PLC 的输入端子数为________________，输出端子数为________________。(1 分)

8）将输入继电器 X5（西门子为 I0.5）的常开触点串联在某一支路上，使用的指令是________________；将输出继电器 Y5（西门子为 Q0.5）的常闭触点并联在某一支路上，使用的指令是________________。(1 分)

9）驱动计时器 T2（西门子为 T0.2）开始计时且设定计时时间为 0.5s 的指令为________________。(1 分)

10）本次组装与调试的智能面包机，当触摸屏与PLC之间通信时，在触摸屏上选择的PLC 型号为________________，选择的通信方式为________________。(1 分)

四、设备组装图

智能面包生产装备设备组装图如图 14-16 所示。

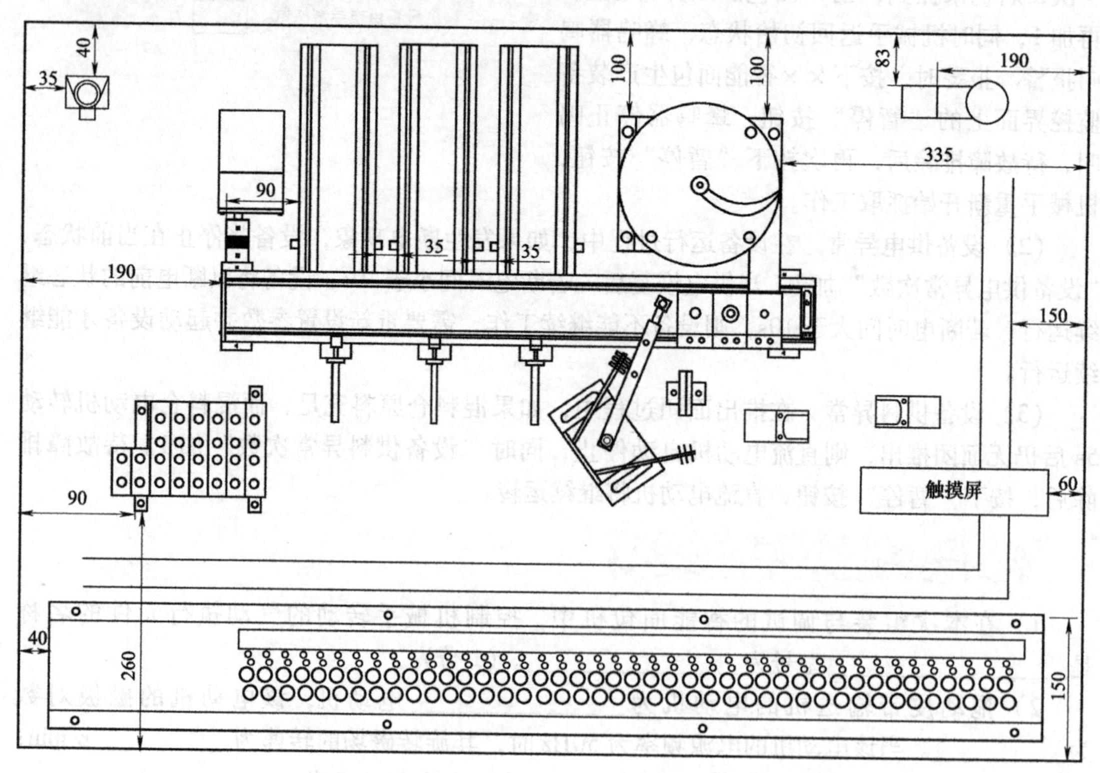

图 14-16　智能面包生产装备设备组装图

注：传送带高度为150mm，混料仓高度为155mm。

五、气动系统图

智能面包生产装备气动系统图如图 14-17 所示。

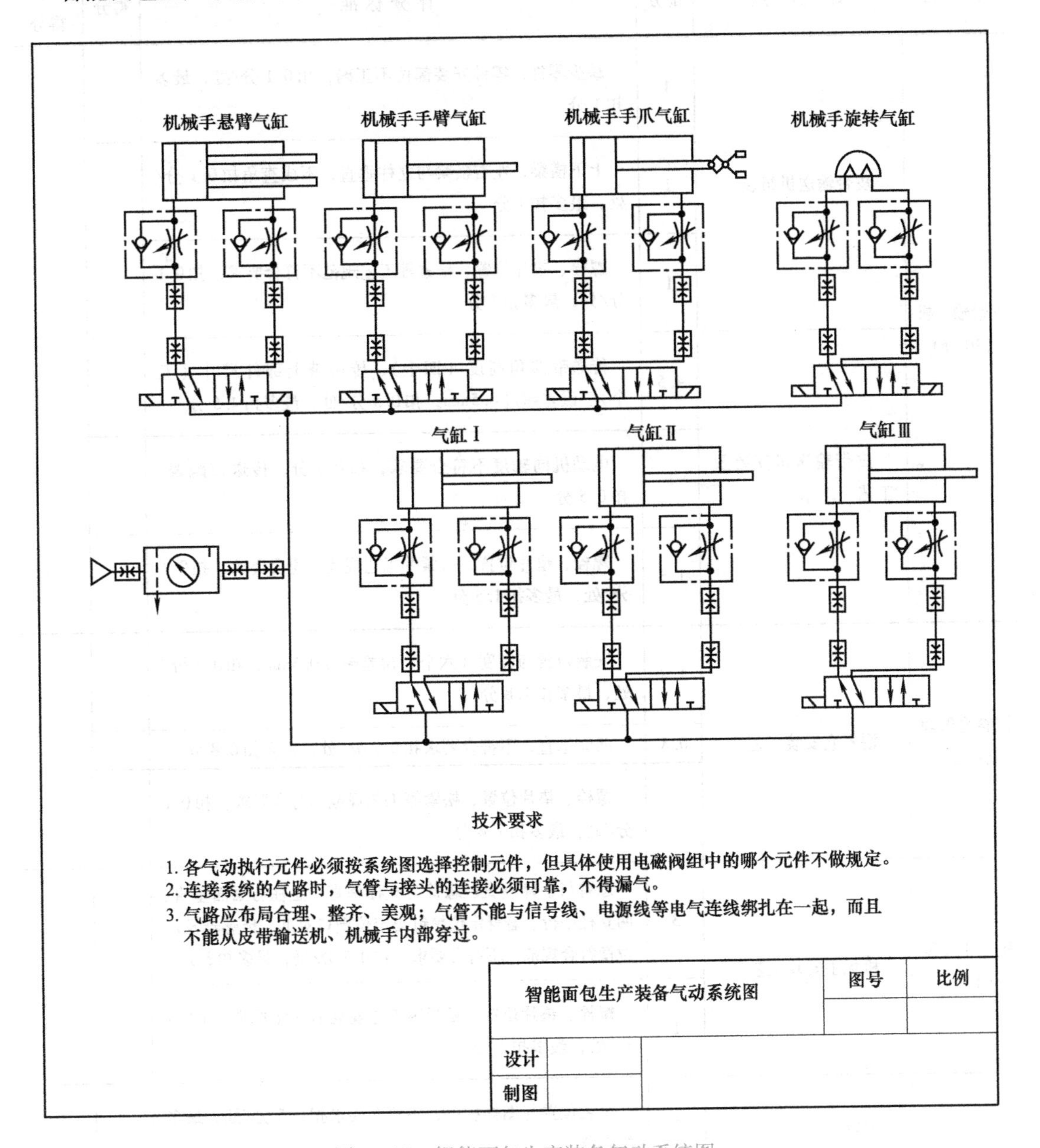

图 14-17　智能面包生产装备气动系统图

六、评分表

评分表共三份，组装评分表见表 14-2，工作过程评分表见表 14-3，功能评分表见表 14-4。

表 14-2　组装评分表

工位号：__________　得分：__________

项　目	评 分 点	配分	评分标准	得分	项目得分
皮带输送机（10分）	皮带输送机组装	1	缺少零件，零件安装部位不正确，扣0.1分/处，最多扣1分		
		1	上下横梁、左右横梁与立柱垂直，不成直角扣0.1分/处，最多扣1分		
		1	螺栓、垫片位置、松紧等工艺规范不符合要求，扣0.1分/处，最多扣1分		
	皮带输送机安装及工艺	4.5	传送带四角高度（四个）、传送带上部件尺寸（五个）。误差超过0.5mm，扣0.5分/处，最多扣4.5分		
		1	电动机同轴度不符合要求，扣0.5分；传送带跑偏，扣0.5分		
		1.5	螺栓、垫片位置、松紧等工艺规范不符合要求，扣0.1分/处，最多扣1.5分		
混料仓安装（4分）	混料仓安装工艺	1.8	安装位置与高度（六个）误差超过0.5mm，扣0.3分/处，最多扣1.8分		
		0.8	四脚垂直，不符合要求扣0.2分/处，最多扣0.8分		
		1.4	螺栓、垫片位置、松紧等工艺规范不符合要求，扣0.1分/处，最多扣1.4分		
机械手安装（4分）	机械手安装工艺	3	悬臂与手臂垂直、悬臂与立柱垂直、立柱与桌面垂直、两立柱平行、悬臂定位螺钉与定位锲口对准、传感器及定位楔符合规范，不符合要求，扣0.5分/处，最多扣3分		
		1	螺栓、垫片位置、松紧等工艺规范不符合要求，扣0.1分/处，最多扣1分		
其他部件（4分）	料台	2	安装位置与图样相符，不符合要求扣0.5分/处，最多扣2分		
	警示灯	1	安装尺寸（两个）、安装位置与图样相符，不符合要求扣0.5分/处，最多扣1分		
	光纤座	1	安装尺寸（两个）、安装位置与图样相符，不符合要求扣0.5分/处，最多扣1分		

（续）

项　目	评　分　点	配分	评 分 标 准	得分	项目得分
气路连接（8分）	电磁阀、气源组件	2	电磁阀的选择、安装位置符合图样要求和工艺规范，2分。未按图样选用电磁阀，扣0.5分；尺寸超差，扣0.2分/处；安装不符合工艺规范，扣0.1分/处，最多扣1分		
	气管安装	2	长度合适、不漏气，2分。未使用的电磁阀气管接口未封堵、气管过长或过短，扣1分；气管长短不一、漏气，扣0.2分/处，最多扣1分		
	气路布局及绑扎	4	气路横平竖直、走向合理、固定与绑扎间距符合要求，4分。气管凌乱、穿过设备内部、在台面上部固定，扣2分；绑扎间距不符合规范、气管缠绕，扣0.1分/处，最多扣2分		
电路的安装（10分）	导线与接线端子连接	2	完全符合工艺规范，2分。不做冷压端子、不套热塑管、连接处露铜等，扣0.1分/处，最多扣2分		
	号码管及其编号	3	无号码管、编号与图样不符、号码管长度与长度平均值相差超过2mm，扣0.1分/处，最多扣3分		
	行线槽安装	1	安装位置与工艺规范符合要求，1分。固定点、分支、转角不符合工艺规范，扣0.1分/处，最多扣1分		
	电路走向及绑扎	2	电路与气管绑扎在一起，扣1分；导线束不固定或走向不合理，扣0.5分；行线槽出线孔损坏、行线槽出线孔穿出导线超过两条、行线槽与接线端子排之间的导线没有护套层、行线槽与接线端子排之间的导线交叉、导线束固定与绑扎间距不符合要求，扣0.1分/处，最多扣0.5分		
	插拔线梳理	2	插拔线梳理整齐、美观、符合工艺规范，2分；完全未梳理，扣2分。梳理不符合要求，扣0.1分/处，最多扣1.5分		

表 14-3　过程评分表

工位号：__________　　得分：__________

项　目	评　分　点	配分	评 分 标 准	得分	项目得分
工作过程（10分）	着装	1	穿工作服、绝缘鞋，符合职业岗位要求		
	安全	1	不带电连接、改接电路，通电调试电路经裁判同意		
		1	操作符合规范，未损坏零件、元件和器件		
		1	设备通电、调试过程中，未出现熔断器熔断、剩余电流断路器动作或安装台带电等情况		
		1	注意操作安全，未发生工伤事故		
	素养	1	工具、量具、零部件摆放符合规范，不影响操作		
		1	导线线头、其他废弃物堆放在指定位置		
		1	爱护赛场设备设施，不浪费材料		
	更换元件	2	更换的元件，经裁判检测确为损坏元件		
智能面包生产装备调试记录（10分）	详见“三、组装与调试记录”	1	详见“三、组装与调试记录”1）~10）		
		2			
		0.5			
		0.5			
		1			
		1			
		1			
		1			
		1			
		1			

表 14-4　功能评分表

工位号：__________　　得分：__________

项　目	评　分　点	配分	评 分 标 准	得分	项目得分
面包生产装备调试（14分）	初始界面及初始位置	3.2	在开始运行时，不能手动复位，扣0.3分；在初始位置时绿灯不亮，扣0.3分；显示框不能正确显示，扣0.2分/处，最多扣1分；不能进行用户登录操作，扣0.6分；初始界面少部件、多部件扣0.2分/处，多字、少字、错别字扣0.1分/处，最多扣1分		
	供料系统调试	1	对于供料系统的触摸屏界面，按钮功能错误，扣0.1分/处，最多扣0.3分；显示错误，扣0.1分/处，最多扣0.3分；少部件、多部件每个扣0.2分/处，多字、少字、错别字扣0.1分/处，最多扣0.4分		
		2	机械手完成盐入仓动作，动作错误扣0.2分/处，最多扣0.6分 机械手完成糖入仓动作，动作错误扣0.2分/处，最多扣0.6分 机械手完成蜂蜜入仓动作，动作错误扣0.2分/处，最多扣0.8分；		

（续）

项　目	评 分 点	配分	评 分 标 准	得分	项目得分
面包生产装备调试（14分）	检测输送系统调试	1	对于检测输送系统的触摸屏界面，按钮功能错误扣0.1分/处，最多扣0.3分；显示错误，扣0.1分/处，最多扣0.3分；少部件、多部件扣0.2分/处，多字、少字、错别字扣0.1分/处，最多扣0.4分		
		2	机械手完成形状不合格处理动作，动作错误扣0.2分/处，最多扣0.8分 机械手完成质量不合格处理动作，动作错误扣0.2分/处，最多扣0.8分 混料仓推料正确，0.2分；电动机输出频率正确，0.2分		
	加工系统调试	1	对于加工系统的触摸屏界面，按钮功能错误扣0.1分/处，最多扣0.3分；显示错误，扣0.1分/处，最多扣0.3分；少部件、多部件扣0.2分/处，多字、少字、错别字扣0.1分/处，最多扣0.4分		
		1.4	机械手完成加工一次的动作，动作错误扣0.2分/处，最多扣0.8分 机械手完成加工两次的动作，动作错误扣0.2分/处，最多扣0.6分		
	分拣系统调试	1	对于分拣系统的触摸屏界面，按钮功能错误扣0.1分/处，最多扣0.3分；显示错误，扣0.1分/处，最多扣0.3分；少部件、多部件扣0.2分/处，多字、少字、错别字扣0.1分/处，最多扣0.4分		
		1.4	推料气缸完成加工一次的动作，动作错误扣0.2分/处，最多扣1分 推料气缸动作顺序错误，扣0.4分		
面包生产装备的触摸屏界面（8分）	面包生产装备的设置界面	1.2	元件功能错误，扣0.2分/处，最多扣1.2分		
		1.2	少部件、多部件，扣0.2分/处；多字、少字、错别字，扣0.1分/处。本项最多扣1.2分		
		0.6	不能正确切换界面，扣0.3分；设备在运行中不能按要求重新进行包装设置，扣0.3分		
	面包生产装备的监控界面	2	元件功能或显示错误，扣0.2分/处，最多扣2分		
		2	少部件、多部件，扣0.2分/处；多字、少字、错别字，扣0.1分/处。本项最多扣2分		
	异常界面	0.4	元件功能或显示错误，扣0.1分/处，最多扣0.4分		
		0.4	少部件、多部件，扣0.2分/处；多字、少字、错别字，扣0.1分/处。本项最多扣0.4分		
		0.2	页面切换错误，扣0.2分		

（续）

项　目	评　分　点	配分	评 分 标 准	得分	项目得分
面包生产装备的原料入仓（4分）	比例为1:1:1，总质量300g	1	不能按要求供给原料，扣0.5分/种；供料顺序错误，扣0.5分		
	比例为3:1:2，总质量300g	1	不能按要求供给原料，扣0.5分/种；供料顺序错误，扣0.5分		
	比例为1:1:1，总质量600g	1	不能按要求供给原料，扣0.5分/种；供料顺序错误，扣0.5分		
	比例为3:1:2，总质量600g	1	不能按要求供给原料，扣0.5分/种；供料顺序错误，扣0.5分		
面包的生产（6分）	面团出仓	1	面团不能按要求推到传送带上，电动机输出频率错误，传送带不能把面团运送到加工位置，扣0.4分/处，最多扣1分		
	面团加工和面包检测	1.5	加工面团不符合要求，扣0.2分/处，最多扣0.6分 检测面包处理方式不符合要求，扣0.3分/处，最多扣0.9分		
	面包进入包装槽和包装	3.5	散装和礼盒装面包不能正确进入包装槽，扣1.75分/处，最多扣3.5分		
停止与异常（4分）	设备停止	2	自动停止、手动停止、暂停错误，扣0.7分/处，最多扣2分		
	异常情况	2	面包加工异常、供电异常、供料异常，扣0.5分/处，最多扣1.5分；异常界面，扣0.1分/处，最多扣0.5分		
机械部件协调功能（4分）		4	位置A抓料不准确，扣1分；位置B抓料不准确，扣0.5分；位置C抓料不准确，扣0.5分；三处气缸打料不准确，扣0.5分/处，最多扣1.5分；气缸动作不平缓，扣0.1分/处，最多扣0.5分		

实训任务十五

智能制造单元组装与调试

说明：本次组装与调试的机电一体化设备为智能制造单元。请仔细阅读相关说明，理解实训任务与要求，使用亚龙235A设备，在240min内按要求完成指定的工作。

一、实训任务与要求

1）按立柱组装图（图15-15）组装立柱。

2）按智能制造单元设备组装图（图15-16）组装皮带输送机和其他机械部件，并实现该设备的生产功能。

3）按智能制造单元电气原理图（图15-17）连接控制电路，所连接的电路应符合工艺规范要求。

4）按智能制造单元气动系统图（图15-18）安装气动系统的执行元件、控制元件并连接气路，调节气动系统的工作压力、执行元件的进气量。使气动系统能按要求实现功能，气缸运行应平稳，气路的布局、走向、绑扎应符合工艺规范要求。

5）参考智能制造单元使用说明，正确理解其生产过程和控制要求、意外情况的处理等，制作触摸屏界面，编写智能制造单元的PLC控制程序并设置变频器参数。

注意：在使用计算机编写程序时，应随时在计算机E盘中保存已编好的程序，保存文件名为“工位号+A”（如3号工位的文件名为“3A”）。

6）根据调试工作的要求，将黑色工件上电子标签中的数据读出，并填入组装与调试记录表中，然后将记录表中的数据写入白色工件的电子标签中。

7）安装传感器并调整其灵敏度，调整机械部件的位置，完成智能制造单元的整机调试，使其能按提交的订单及要求完成配料、加工工作，并将产品送到指定的出料口。

8）完成组装与调试记录。

二、智能制造单元说明

（一）设备概述

智能制造单元示意图如图15-1所示。该设备按提交的订单及要求进行配料、加工，并将产品送到指定的出料口。

智能制造单元可将金属、白色塑料、黑色塑料三种材料加工成六种产品。用一份金属材料（用一个金属工件模拟）加工的产品，编号为2000；用一份白色塑料（用一个白色塑料

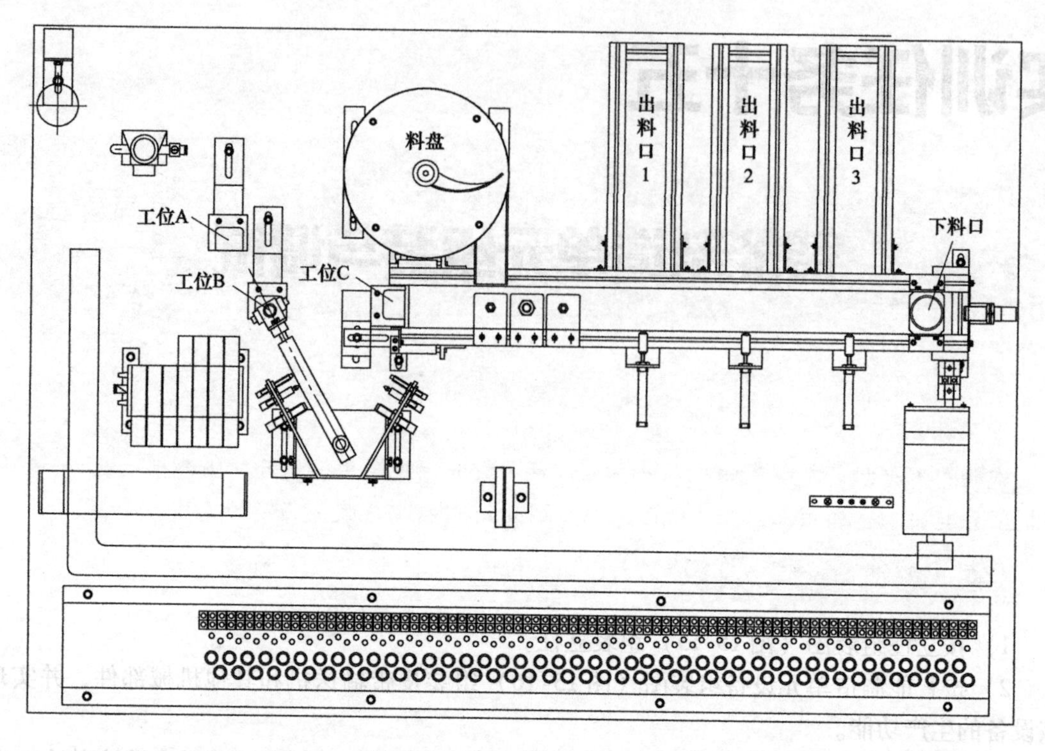

图 15-1 智能制造单元示意图

工件模拟）加工的产品，编号为2001；用一份黑色塑料（用一个黑色塑料工件模拟）加工的产品，编号为2002；用一份金属材料和一份黑色塑料加工的产品，编号为2003；用一份金属材料和一份白色塑料加工的产品，编号为2004；用一份白色塑料和一份黑色塑料加工的产品，编号为2005。通过移动终端下单，下单成功后，由生产管理系统将订单号、该订单所需产品的种类及数量下发到本次组装与调试的设备中进行生产。客户在提交订单时选择产品，需要提供产品的编号和数量。客户订单样式见表15-1。

表 15-1 客户订单样式

订单号：10000	优先级：25			出料口：2		
产品编号	2000	2001	2002	2003	2004	2005
数量	2	0	2	1	0	0

其中，“订单号”由ERP软件自动生成；“出料口”由客户指定，范围为1～3；“数量”为客户需要的产品数，0表示不需要该产品，本次调试中，要求每种产品的数量不超过2。

注意：裁判评分时所用订单与表15-1所列订单数据不同。

设备在工作过程中，按完成一个订单的优先级由高到低的顺序进行生产；当同一订单中有多种产品时，优先生产编号为2000～2002的产品，这些编号的产品生产完成后，再生产编号为2003～2005的产品。

智能制造单元工作过程中，皮带输送机的三相交流异步电动机正转（由机械手到三相交流异步电动机的方向）时，变频器的输出频率为25Hz；反转时，变频器的输出频率

为 30Hz。

智能制造单元通电时，各部件处于初始位置：机械手停留在工位 C 正上方，手爪松开，加工机构的直流电动机、皮带输送机的三相交流异步电动机均停止转动，各出料口气缸的活塞杆均处于缩回状态。

通电时，若有一个以上（含一个）部件不在初始位置，则红色警示灯闪烁，手动复位后，红色警示灯熄灭。

（二）工作过程

工作过程包括系统测试和智能生产过程两部分。

1. 系统测试

系统测试主要包括 RFID 测试和系统运行测试两部分的工作。

（1）RFID 测试　工程师已经将系统测试的 PLC 和触摸屏程序编写完成，存放在本工位计算机桌面的“RFID 测试”文件夹下。程序功能可实现读写黑、白工件电子标签中的数据。将相应程序下载到 PLC 和触摸屏中，正确连接 PLC、触摸屏和 RFID 读写模块（电路连接如图 15-2 或图 15-3 所示），设置相关参数。通信成功后，运行 PLC 和触摸屏程序，进行 RFID 数据读写操作。

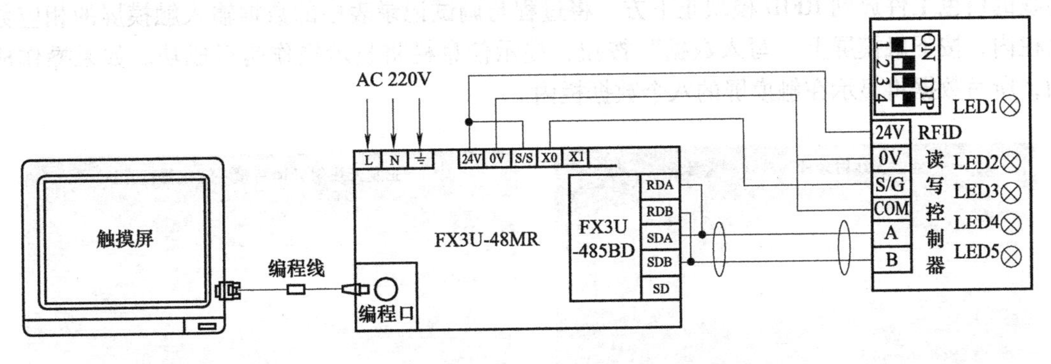

图 15-2　三菱 PLC 与 RFID 模块连接示意图

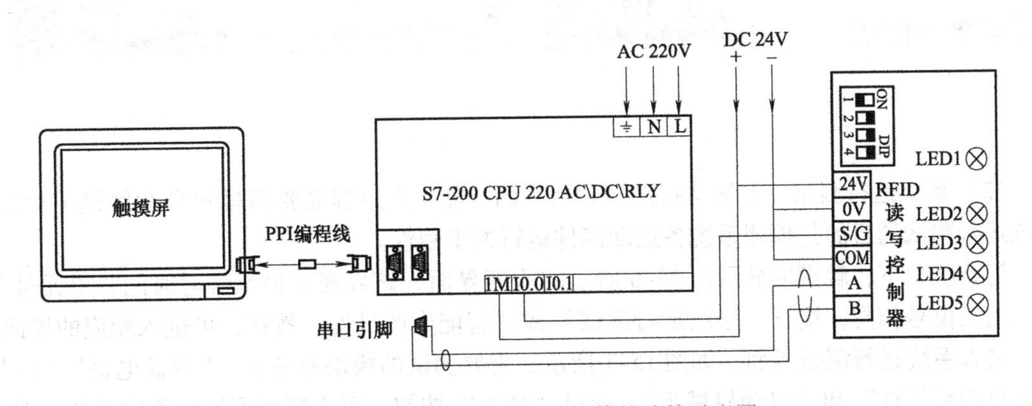

图 15-3　西门子 PLC 与 RFID 模块连接示意图

设备通电后，触摸屏界面如图 15-4 所示。本次操作不对 RFID 模块地址进行操作，故操作前应将模块上的地址拨码开关全部拨到 OFF 档。触摸屏上的地址栏填 0，将转换开关置于读的位置，将带有电子标签的黑色工件放到 RFID 模块正下方，按下触摸屏上的“读出数

据”按钮，将电子标签中的数据读出，此时提示信息栏会显示操作是否成功。如果操作成功，所读数据会显示在触摸屏的八个数据栏内，需要将数据填入过程与调试记录表中；如果操作不成功，则应重新操作。

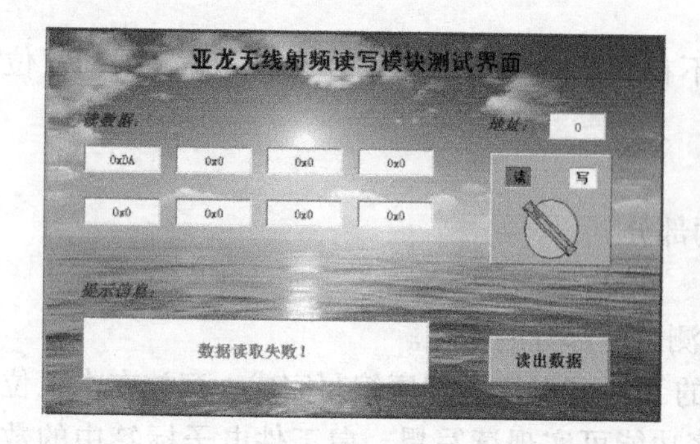

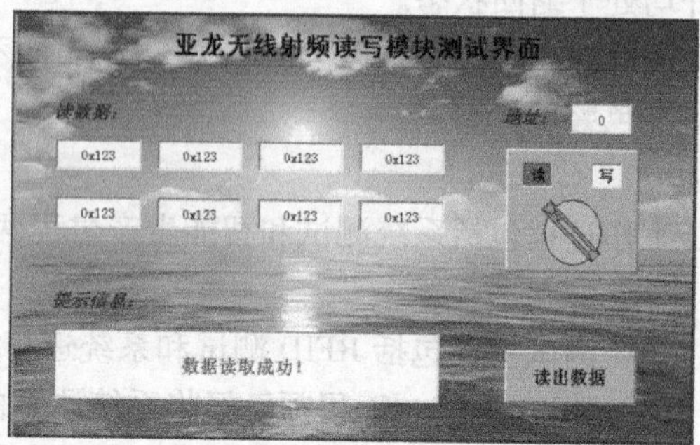

图 15-4　RFID 数据读取示意图

注：实际读取的数据与图中的数据不同。

在触摸屏上将转换开关置于写的位置，此时的触摸屏界面如图 15-5 所示。将带有电子标签的白色工件放到 RFID 模块正下方，将过程与调试记录表中的数据输入触摸屏的相应数据栏内，按下触摸屏上“写入数据”按钮，提示信息栏将显示操作是否成功。如果操作成功，所写数据将显示在触摸屏的八个数据栏内。

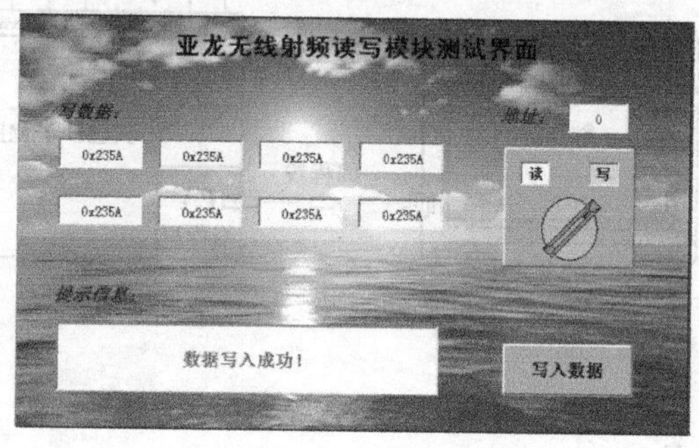

图 15-5　RFID 数据写入示意图

注：实际写入的数据与图中的数据不同。

（2）系统运行测试　系统运行测试和后续的智能生产过程需要编写 PLC 和触摸屏程序。系统运行测试的目的是检测系统各运动部件运行的平稳性。

初始状态下，触摸屏显示图 15-6 所示的欢迎界面，该界面上显示实时时间，单元号与实际的工位号相同，按下“系统运行测试”或“智能生产过程”按钮，可进入相应的界面。

进入系统运行测试界面，如图 15-7 所示，需要测试的模块有三个：“料盘电机”“皮带输送机推料气缸”和“气动机械手”。通过“切换”按钮，可实现对测试对象的选择，选中的测试对象显示为红色边框（默认测试对象为料盘电机）。

1）料盘电机测试。测试前，在料盘中放入三个白色工件，按下触摸屏上的“启动”按钮，料盘电动机调试指示灯变为绿色，料盘正转，带动拨杆推出工件到皮带输送机上。当料盘出口的光纤传感器检测到有工件送到皮带输送机上时，料盘电动机停止转动，指示灯恢复

为黄色，完成料盘电机的测试。

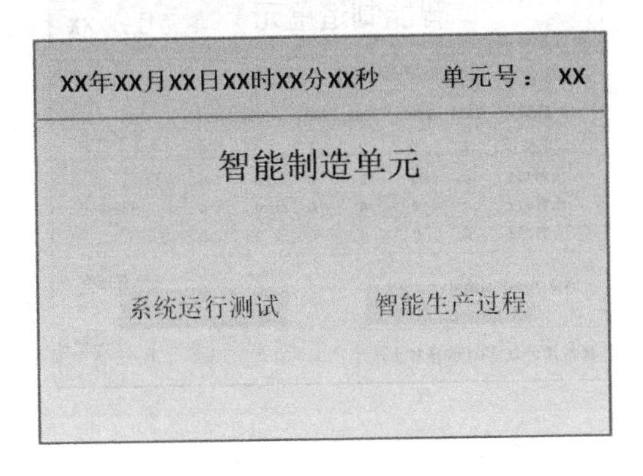

图 15-6　欢迎界面

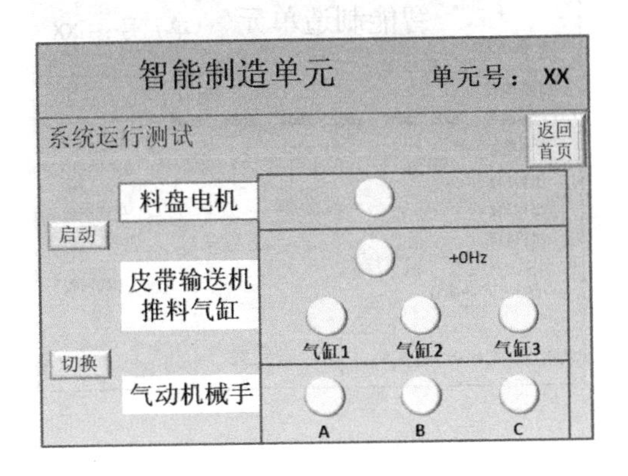

图 15-7　系统运行测试界面

2）皮带输送机推料气缸测试。从皮带输送机右侧的下料口放入一个黑色工件，按下“启动”按钮，“气缸 3”指示灯点亮为绿色，皮带输送机反转。当工件到达出料口 3 时，皮带输送机停止，工件被该位置的气缸平稳地推入出料口 3，气缸 3 测试完成，触摸屏上的“气缸 3”指示灯恢复为黄色。

气缸 2 和气缸 1 测试时所用的工件都是白色塑料工件，测试方法与气缸 3 类似，触摸屏上分别用“气缸 2”和“气缸 1”指示灯进行显示。

3）气动机械手测试。在工位 A、工位 B 和工位 C 料台上各放置一个金属工件，按下“启动”按钮，触摸屏上的“A”指示灯变为绿色，同时机械手将工件从工位 A 搬运至料盘，动作顺序为机械手悬臂左转→悬臂伸出→手臂下降→手爪夹紧→停留 3s→手臂上升→悬臂缩回→悬臂右转→悬臂伸出→手爪松开→悬臂缩回，然后机械手回到工位 C 上方，工位“A”指示灯变为黄色，完成工位 A 测试过程。机械手在抓取工件时不能与工件上表面接触，应保持 1～2mm 的距离，工件抓取过程中气缸动作应平稳，不能出现抓不准或工件掉落的情况。

工位 B 和工位 C 工件抓取测试过程与工位 A 相似，在触摸屏上分别用“B”和“C”指示灯进行显示。

注意：在评分过程中，如果由于设备安装原因或其他原因导致设备不能继续调试，则终止当前对象的测试，通过“切换”按钮选择其他测试对象，同时要求设备安全合理复位。

按下触摸屏上的“返回首页”按钮，返回欢迎界面，同时设备恢复为初始状态，“系统运行测试”按钮变为灰色，不能再次进行测试。此时，可以按下“智能生产过程”按钮，进入生产过程。

2. 智能生产过程

在欢迎界面上按下“智能生产过程”按钮，系统进入生产过程运行界面。如果系统还没有下发订单任务，则“运行指示灯”为黄色，状态栏显示“无订单等待生产”，如图 15-8所示；如果系统已经下发订单任务，则智能制造单元上的绿色警示灯闪烁，触摸屏上的“运行指示灯”变为绿色，状态栏显示“订单 10000 等待生产”，表格区域显示订单中需要生产的各产品数量，如图 15-9 所示。

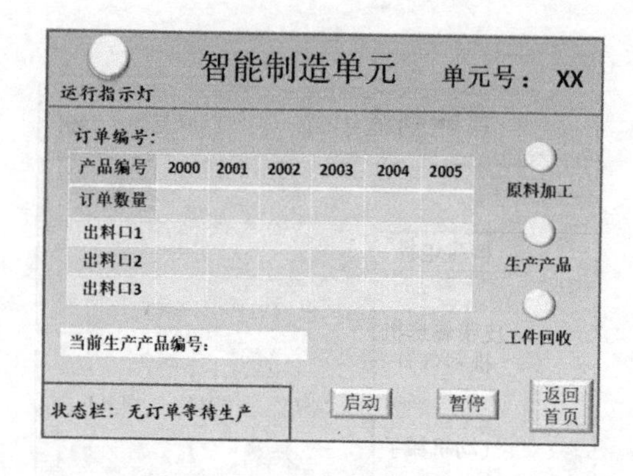

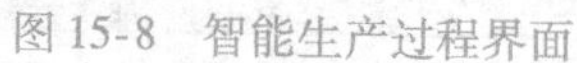
图 15-8 智能生产过程界面

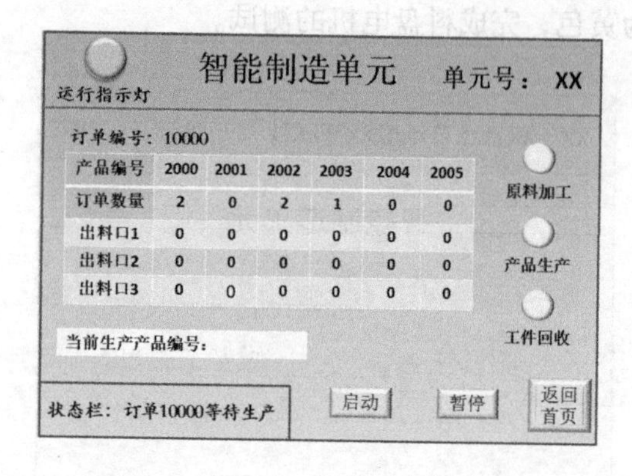

图 15-9 订单下发后的界面显示

订单生产过程分为原料加工、产品生产和工件回收三个部分。

（1）原料加工 按下触摸屏上的“启动”按钮，订单生产过程开始。机械手分别到工位 A、B、C 抓取一个对应的工件放入料盘中，完成后，料盘直流电动机旋转 3s，对料盘中的工件进行加工；然后机械手再次到工位 A、B、C 各抓取一个工件放入料盘中，完成后，直流电动机再旋转 2s，同时蜂鸣器鸣叫，表示加工过程结束。

在加工过程中，触摸屏上的“原料加工”指示灯为绿色闪烁，加工完成后恢复为黄色常亮。

（2）产品生产 加工过程结束后，智能制造单元自动转入产品生产环节。

料盘电动机起动，送出一个工件后暂停，然后皮带输送机正转，工件到达传感器处进行检测时皮带输送机暂停 2s，传感器检测出工件的材质。

由于系统要求在同一订单中优先生产编号为 2000 ~ 2002 的产品，如果料盘送出的工件为产品所需，则触摸屏上显示正在生产产品的编号，皮带输送机继续运行，将该工件送入订单指定的出料口，该产品生产完成后，触摸屏表格区域对应的数值加 1，当前生产产品编号清空；如果该工件为产品 2000 ~ 2002 不需要的工件，则该工件由皮带输送机输送到工位 C，然后机械手将其送回料盘中。当工件进入出料口或回送到料盘后，直流电动机继续转动，送出下一个工件，继续进行生产，直到编号为 2000 ~ 2002 的产品生产完毕。

如果当前订单中还有编号为 2003 ~ 2005 的产品需要生产，则料盘继续送出一个工件，皮带输送机运行，由传感器检测出该工件材质后系统暂停。如果该工件不是 2003 ~ 2005 产品所需，则由皮带输送机将其送回工位 C，再由机械手送回料盘；如果是所需工件，则触摸屏显示正在生产的产品编号（如果多个产品都需要该工件，则优先生产编号数值较小的产品），料盘直流电动机起动，再送出一个工件。第二个工件经传感器检测后，如果不是当前生产产品所需工件，则该工件回到工位 C，再被机械手抓回料盘，皮带输送机正转，使第一个工件到达合理的位置，以便于制造单元配送当前生产产品的第二个工件；如果料盘送出的第二个工件符合当前生产产品的需求，则皮带输送机运行，两个工件依次被推进订单指定的出料口，触摸屏表格区域对应的数值加 1，当前生产产品编号清空。

在当前订单中编号为 2003 ~ 2005 产品的生产过程中，如果出现料盘中送出的工件连续三次回送料盘的情况，则说明料盘中某种材质的工件数量较少。此时，智能制造单元上的红色和绿色警示灯闪烁，并持续 3s，随后智能制造单元启动原料加工过程，原料加工结束后，

料盘中增加了六个工件，系统继续进行产品生产过程。

当前订单生产过程界面如图 15-10 所示，所有产品生产完成后的触摸屏界面如图 15-11 所示，状态栏显示“订单 10000 生产完成”，随后智能制造单元自动进入工件回收流程。

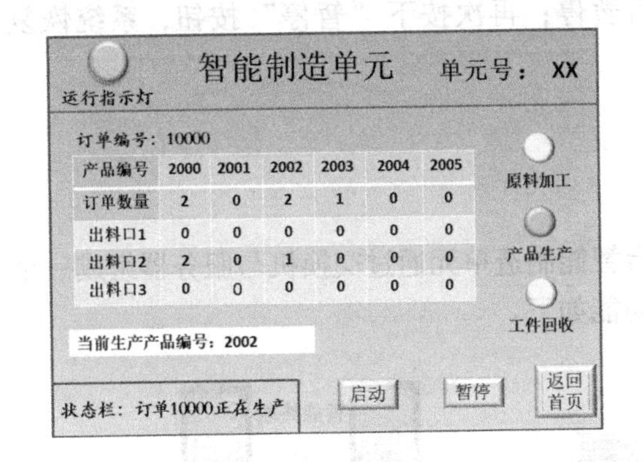

图 15-10　生产过程界面

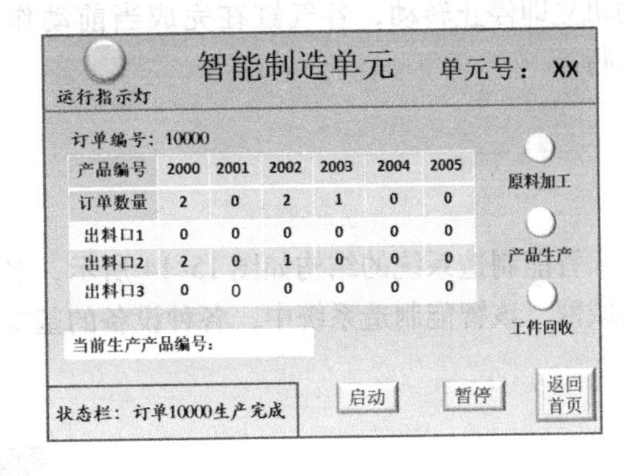

图 15-11　生产完成界面

在当前订单生产过程中，触摸屏上的“产品生产”指示灯为绿色闪烁，生产完成后恢复为黄色常亮。如果在生产过程中出现原料加工过程，则触摸屏上的“原料加工”指示灯同时为绿色闪烁，原料加工过程结束后，该指示灯恢复为黄色常亮。

（3）工件回收　当前订单中的产品生产完成后，料盘电动机起动，送出一个工件后暂停，皮带输送机运行，传感器检测出工件材质后皮带输送机反转，机械手根据工件材质将其送回工位 A、B 或 C。

说明：工位 A、B 由机械手送回工件后，需要手动将工件取走；工位 C 对应工件到达后，可直接手动取走工件。

工件回收过程中，触摸屏上的“工件回收”指示灯为绿色闪烁，回收结束后恢复为黄色常亮。

料盘中的所有工件回收完毕后，当前订单生产过程结束，如果还有订单等待生产，则触摸屏状态栏显示“订单×××××等待生产”，触摸屏上显示“订单切换”按钮，如图 15-12 所示。按下该按钮后，该按钮将消失，“订单编号”变更为等待生产的订单编号，表格区域显示相应的订单数据，如图 15-13 所示。按下“启动”按钮，则启动该订单的生产。

智能制造单元　单元号：XX

运行指示灯

订单编号：10000

产品编号	2000	2001	2002	2003	2004	2005
订单数量	2	0	2	1	0	0
出料口1	0	0	0	0	0	0
出料口2	2	0	2	1	0	0
出料口3	0	0	0	0	0	0

原料加工　产品生产　工件回收

当前生产产品编号：　订单切换

状态栏：订单10001等待生产　启动　暂停　返回首页

图 15-12　订单切换前

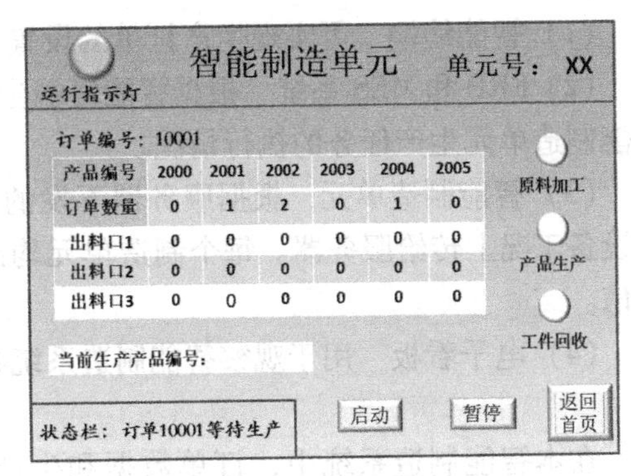

图 15-13　订单切换后

当全部订单生产完成时，状态栏显示“无订单等待生产”，运行指示灯变为黄色，制造单元上的警示灯熄灭。

在订单产品生产过程中，操作人员可按下触摸屏界面上的“暂停”按钮，此时，各电动机立即停止转动，各气缸在完成当前动作后暂停；再次按下“暂停”按钮，系统恢复运行。

三、智能制造系统说明

（一）智能制造系统概述

智能制造系统的结构如图 15-14 所示，多台智能制造单元通过交换机与服务器组成一个局域网。该智能制造系统中，各种设备的基本功能如下。

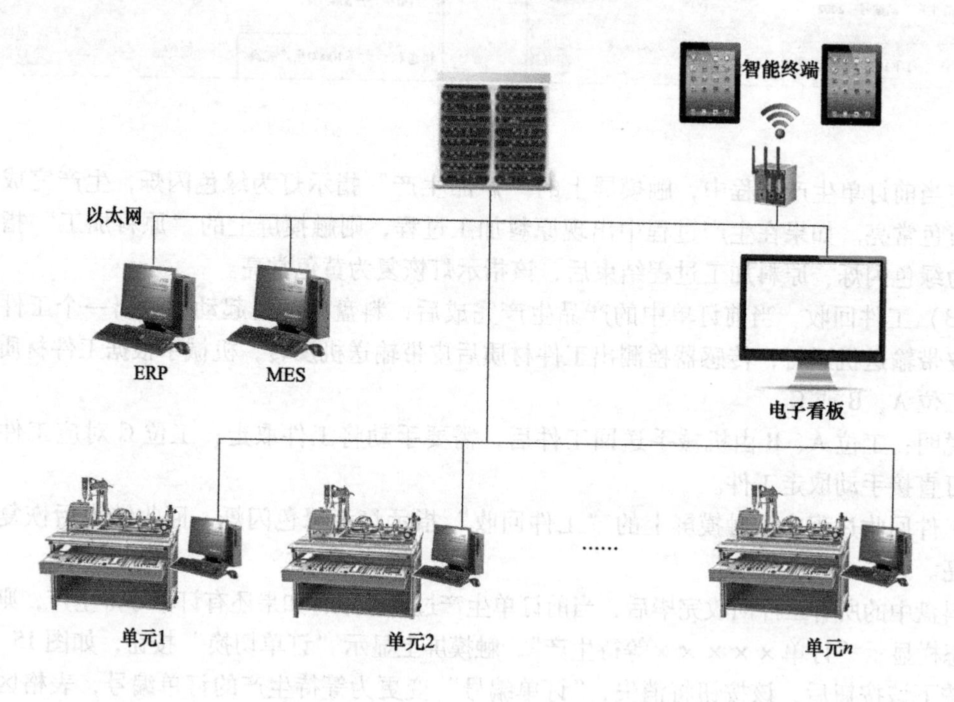

图 15-14　智能制造系统的结构

（1）智能终端　可实现生产订单的设置、生产任务的查询。

（2）ERP 和 MES 系统　根据智能终端生成的订单下发生产任务给智能制造单元；收集智能制造单元生产任务的执行情况。

（3）智能制造单元　根据服务器下发的生产任务将原料加工为产品，将生产过程数据和设备工况上传给服务器。每个制造单元均配有一台计算机，用于实现和服务器及 PLC 的通信。

（4）电子看板　用于观察智能制造系统各单元的工作状态。

（二）订单管理与生产管理系统（MES）

在本智能制造系统中，订单数据和生产过程数据由 MES 软件与 PLC 进行数据交换，每台制造单元所配置的计算机中安装有 235A 制造平台单机版和 iMes 竞赛客户端两个软件，单机版软件用于设备调试过程，iMes 竞赛客户端软件用于正常生产过程。这两个软

件均可实现对连接 PLC 内部的寄存器单元进行读写。PLC 内部寄存器的定义见表 15-2 和表 15-3。

表 15-2　PLC 内部寄存器的定义（一）

寄存器定义	订单 1		订单 2		订单 3	
	三菱	西门子	三菱	西门子	三菱	西门子
订单编号	D400	VW400	D430	VW460	D460	VW520
订单状态	D401	VW402	D431	VW462	D461	VW522
出料口	D402	VW404	D432	VW464	D462	VW524
优先级	D403	VW406	D433	VW466	D463	VW526

注：1. “订单状态”用寄存器内存放的数据表示，空订单 =0，等待生产 =1，正在生产 =2，取消生产 =3，生产完毕 =4。

2. “出料口”数值范围为 1 ~3。

3. “优先级”用数值表示，范围为 1 ~100，数值越小优先级越高，默认值为 100。

表 15-3　PLC 内部寄存器的定义（二）

寄存器定义	订单 1		订单 2		订单 3	
	三菱	西门子	三菱	西门子	三菱	西门子
产品 1 编号	D406	VW412	D436	VW472	D466	VW532
产品 1 排产量	D407	VW414	D437	VW474	D467	VW534
产品 1 已产量	D408	VW416	D438	VW476	D468	VW536
产品 2 编号	D410	VW420	D440	VW480	D470	VW540
产品 2 排产量	D411	VW422	D441	VW482	D471	VW542
产品 2 已产量	D412	VW424	D442	VW484	D472	VW544
产品 3 编号	D414	VW428	D444	VW488	D474	VW548
产品 3 排产量	D415	VW430	D445	VW490	D475	VW550
产品 3 已产量	D416	VW432	D446	VW492	D476	VW552
产品 4 编号	D418	VW436	D448	VW496	D478	VW556
产品 4 排产量	D419	VW438	D449	VW498	D479	VW558
产品 4 已产量	D420	VW440	D450	VW500	D480	VW560
产品 5 编号	D422	VW444	D452	VW504	D482	VW564
产品 5 排产量	D423	VW446	D453	VW506	D483	VW566
产品 5 已产量	D424	VW448	D454	VW508	D484	VW568
产品 6 编号	D426	VW452	D456	VW512	D486	VW572
产品 6 排产量	D427	VW454	D457	VW514	D487	VW574
产品 6 已产量	D428	VW456	D458	VW516	D488	VW576

四、组装与调试记录（10 分）

1）读出黑色工件上电子标签的数据，并填入下表。(2 分)

2）将下表中的数据写入白色工件的电子标签中。(2 分)

1820	2350	2007	0506
8910	2000	9827	0675

3）传感器通常由________________、________________及________________等组成。(1.5 分)

4）二位五通换向阀的阀芯有________________位置，有________________气体进出口。(1 分)

5）使用绝缘电阻表前，应对其进行____________________和____________________检查。(1 分)

6）测量安装是否水平时，使用________________。(0.5 分)

7）组装皮带输送机支架时，使用了型号为 M3 × 12 C PZ 的螺钉，该螺钉的直径是________________、长度是________________，螺钉头是________________，螺钉头槽是________________。(2 分)

五、设备组装图

设备组装图共两份，其中图 15-15 所示为立柱组装图，图 15-16 所示为智能制造单元设备组装图。

六、电气原理图

智能制造单元电气原理图如图 15-17 所示。

七、气动系统图

智能制造单元气动系统图如图 15-18 所示。

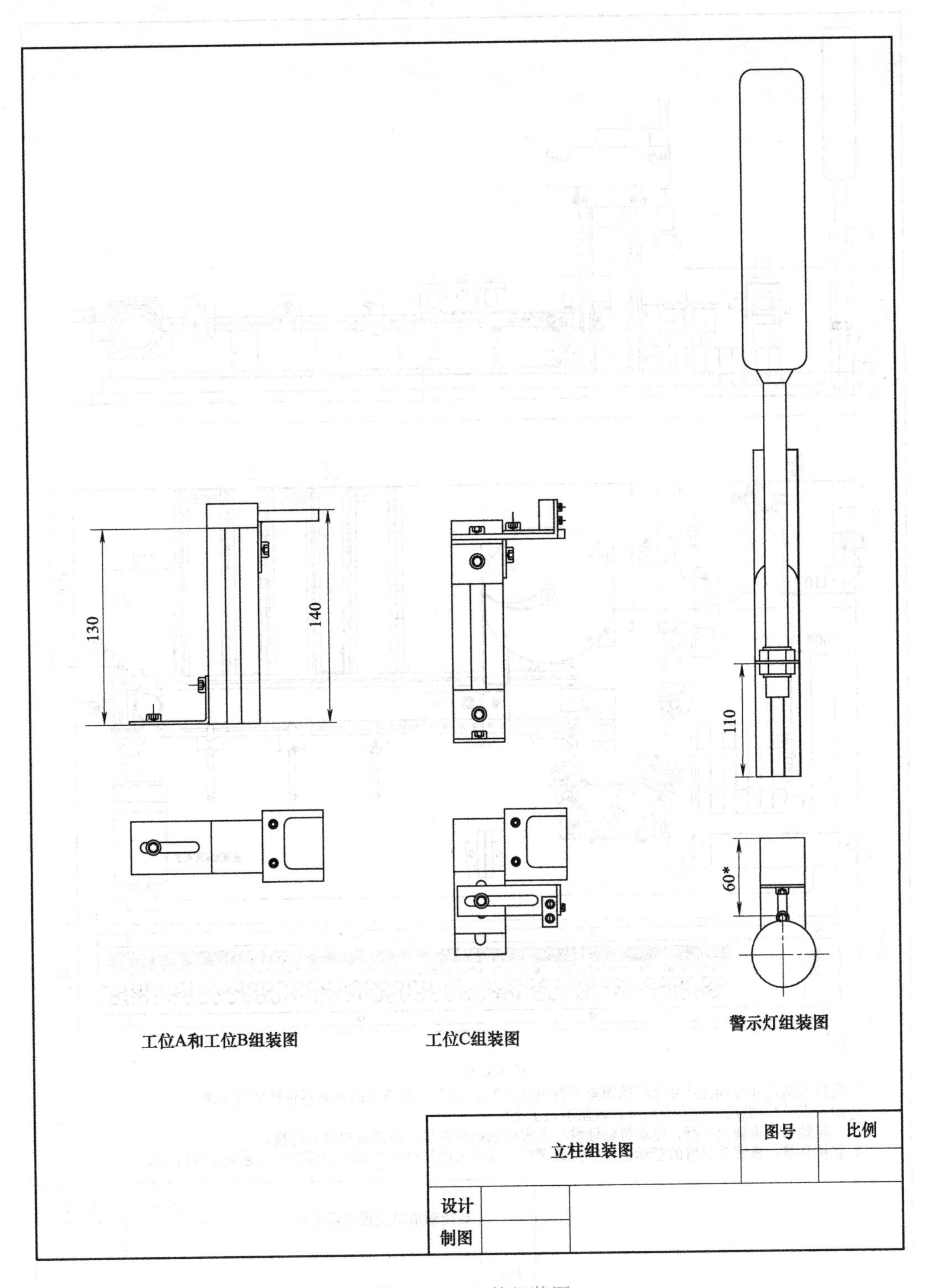

图 15-15　立柱组装图

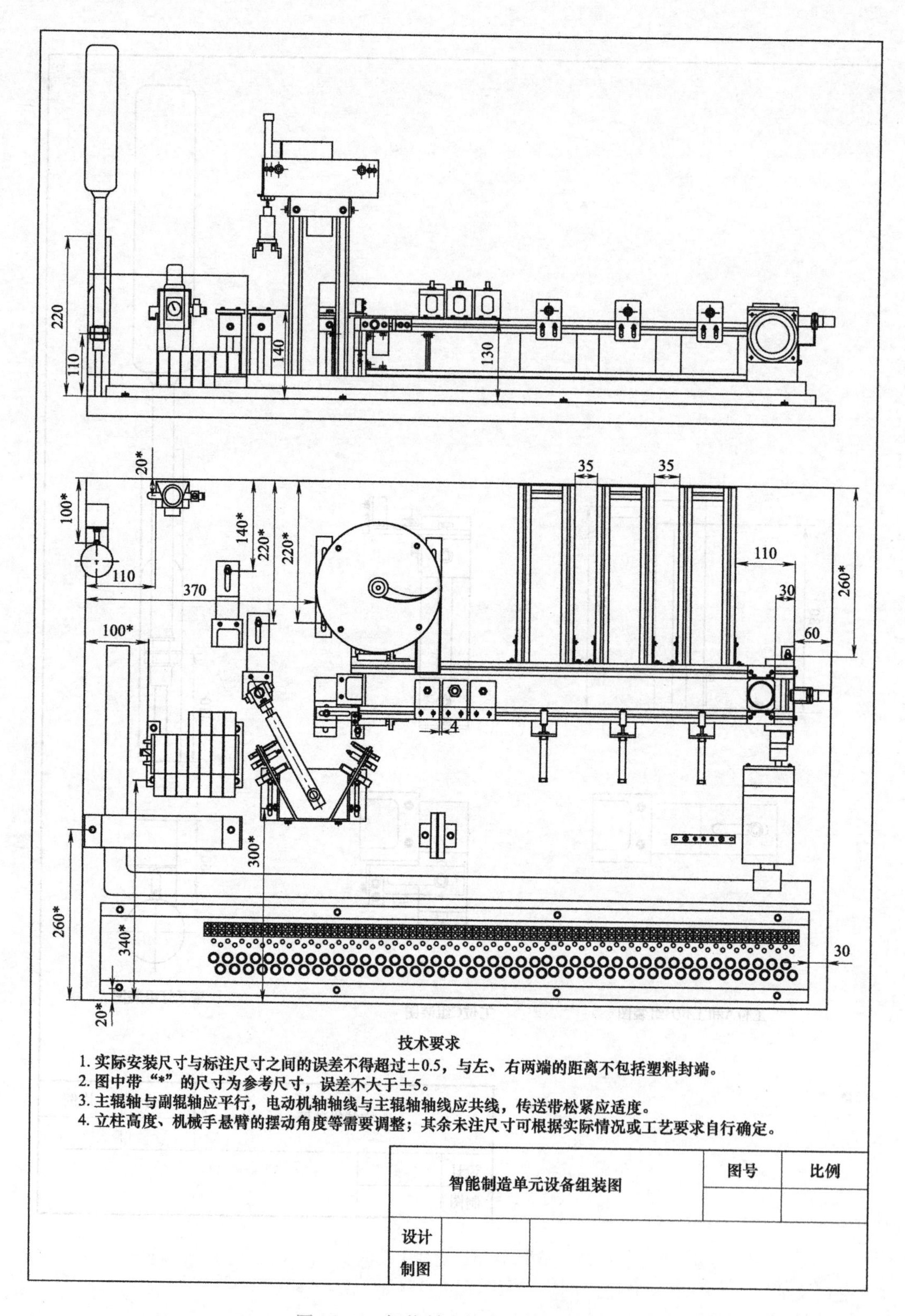

图 15-16　智能制造单元设备组装图

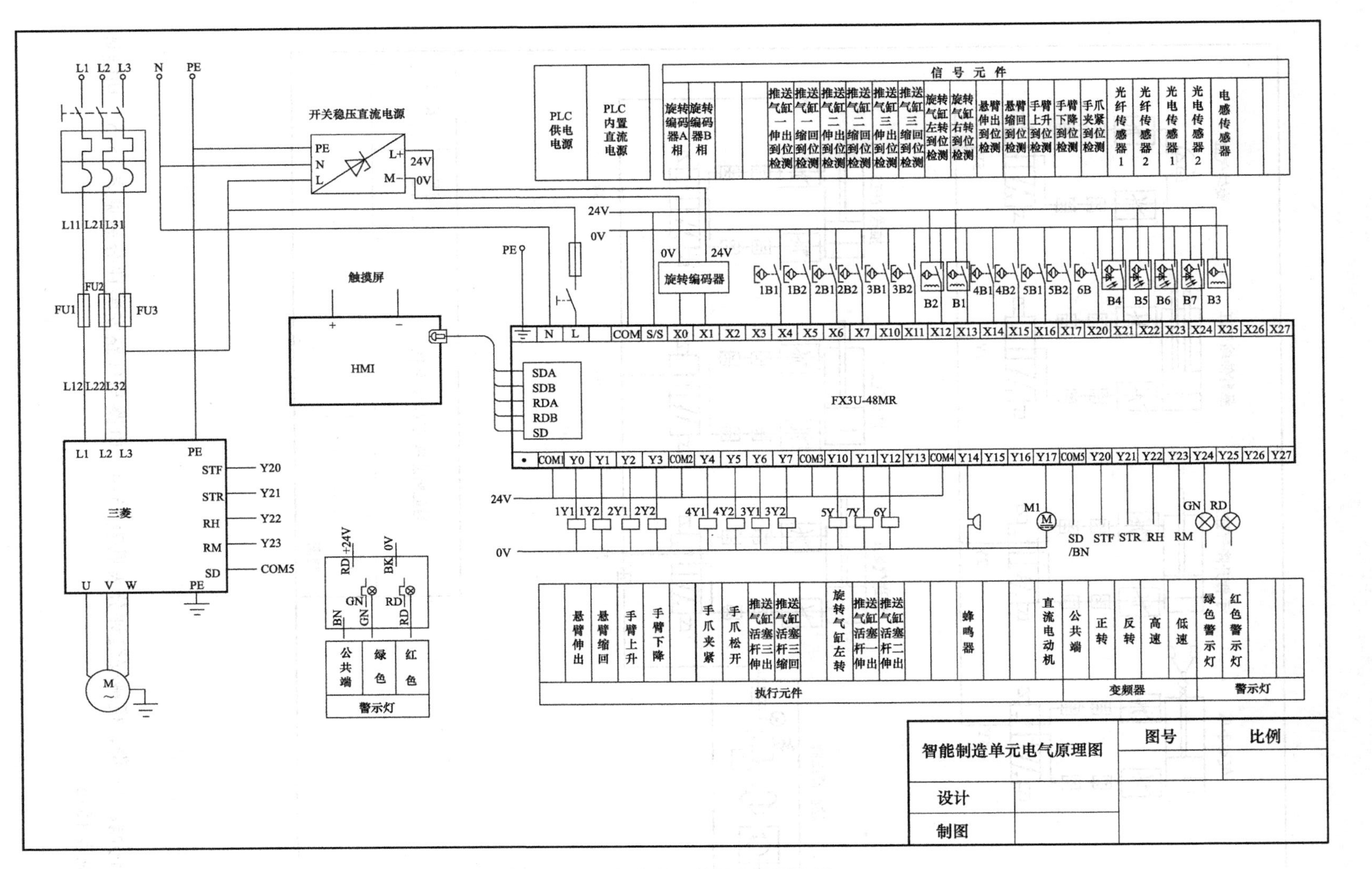

图 15-17　智能制造单元电气原理图

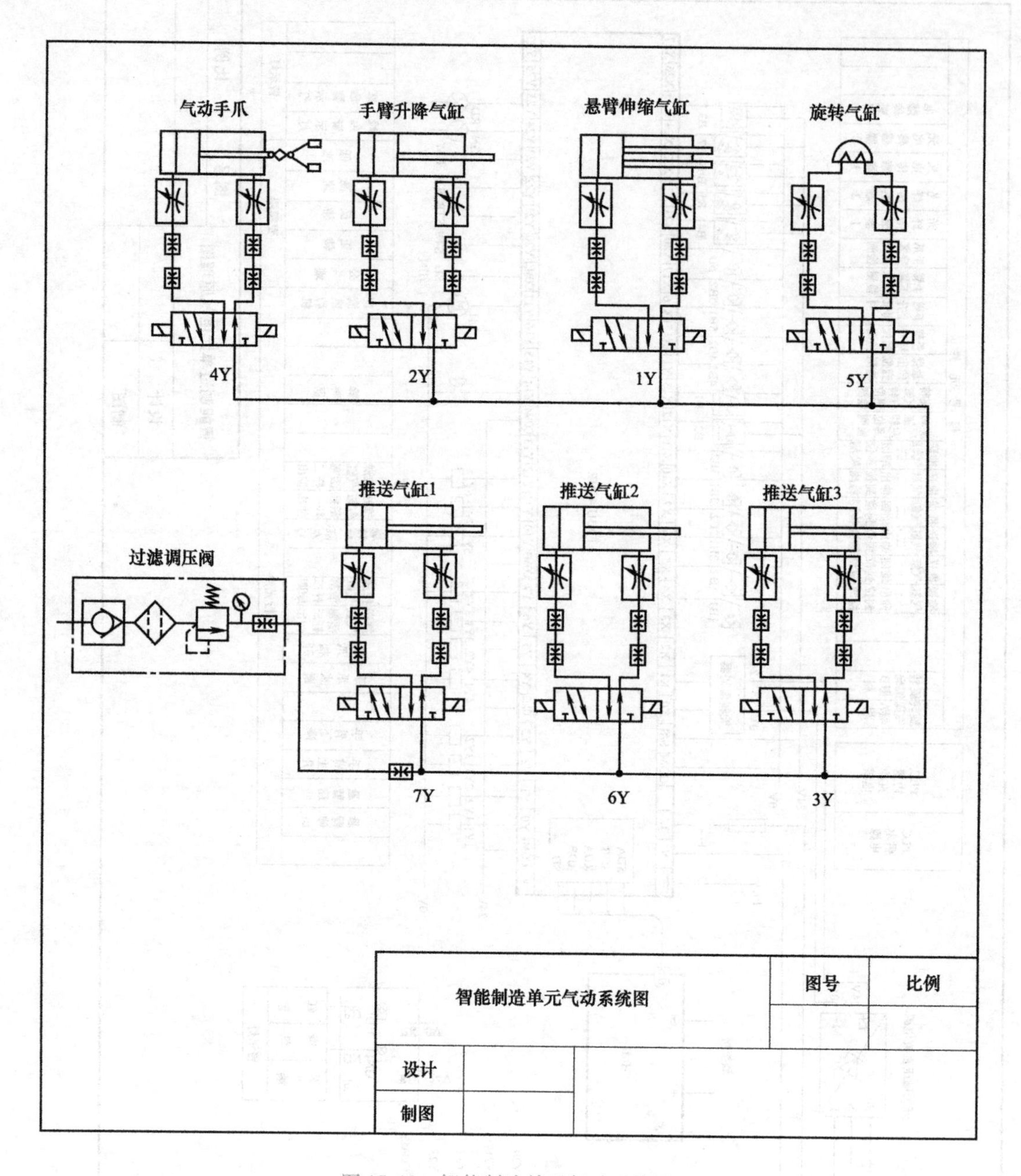

图 15-18　智能制造单元气动系统图

八、评分表

评分表共三份，机械安装评分表见表 15-4，电路与气路安装评分表见表 15-5，功能评分表见表 15-6。

表 15-4　机械安装评分表

工位号：__________　　得分：__________

项　目	配分	评分标准	得分	项目得分
皮带输送机组装（7分）	2	缺少零件，零件安装部位不正确，扣0.1分/处，最多扣2分		
	1	上下横梁、左右横梁与立柱垂直。不成直角扣0.1分/处，最多扣1分		
	1	立柱间连接支架固定螺钉缺少或松动，扣0.2分/处，最多扣1分		
	1	紧固螺钉缺垫片，扣0.1分/处，最多扣1分		
	2	主辊轴与副辊轴平行，带松紧程度符合要求，各1分		
机械手组装（6分）	1	缺少零件，零件安装部位不正确，扣0.1分/处，最多扣1分		
	1	立柱与悬臂、悬臂与手臂垂直，各0.5分		
	1	悬臂定位螺钉与旋转气缸转轴定位锲口对准，1分		
	1	左右限位螺钉、缓冲器、传感器安装位置正确。位置错误扣0.25分/处，最多扣1分		
	1	固定螺钉缺少或松动，扣0.1分/处，最多扣1分		
	1	紧固螺钉缺垫片，扣0.1分/处，最多扣1分		
立柱组装（4分）	0.8	工位A、工位B立柱符合安装图要求，0.8分		
	1.2	工位C立柱符合安装图要求，1.2分		
	1	固定螺钉缺少或松动，扣0.1分/处，最多扣1分		
	1	紧固螺钉缺垫片，扣0.1分/处，最多扣1分		
皮带输送机安装位置及工艺（6分）	2	与右端、后侧的距离，高度尺寸，四角高度差不超过1mm，不符合要求扣0.5分/处，最多扣2分		
	0.4	支架与立柱固定螺钉间的距离符合要求，0.1分/处，共0.4分		
	0.5	皮带输送机安装支架竖直且与台面垂直，不符合要求扣0.1分/处，最多扣0.5分		
	1.5	三相异步电动机安装位置不正确，扣0.5分；电动机轴与皮带输送机主辊轴同轴度不符合要求，联轴器与支架间隙不符合要求，各扣0.5分		
	0.6	斜槽位置正确，0.2分/处，共0.6分		
	0.5	固定螺钉缺少或松动，扣0.1分/处，最多扣0.5分		
	0.5	紧固螺钉缺垫片，扣0.1分/处，最多扣0.5分		
机械手安装位置及工艺（2分）	1	与设备台面相对位置正确，1分		
	1	支架与台面、立柱连接的固定螺钉紧固，垫片齐全，不符合要求扣0.1分/处，最多扣1分		

（续）

项　目	配分	评分标准	得分	项目得分
其他部件安装位置及工艺（10分）	2	阀岛与设备台面相对位置正确，1分；固定螺钉松动、缺垫片，扣0.1分/处，最多扣1分		
	2	警示灯立柱选择正确，0.5分；立柱与右端、前端距离不符合要求，扣0.1分/处，最多扣1分；缺紧固螺钉或螺钉松动、缺垫片，扣0.1分/处，最多扣0.5分		
	1	触摸屏与设备台面相对位置不正确，扣0.5分；支架与台面、立柱连接的固定螺钉松动、缺垫片，扣0.1分/处，最多扣0.5分		
	2	料盘四个方向高度差符合要求，0.5分；安装尺寸误差超过±0.5mm，扣0.1分/处，最多扣0.5分；缺紧固螺钉或螺钉松动、缺垫片，扣0.1分/处，最多扣1分		
	1	气源组件与右端、后侧距离不符合要求，螺钉松动，安装尺寸误差超过±0.5mm，缺紧固螺钉或垫片，扣0.1分/处，最多扣1分		
	1	接线端子排与接地排和设备台面相对位置正确0.5分，尺寸错误扣0.1分/处；缺固定螺钉或螺钉松动、缺垫片，扣0.1分/处，最多扣0.5分		
	1	行线槽部件齐全，0.4分；固定点距离不超过50mm，0.4分；接缝处大于2mm，扣0.1分/处，最多扣0.2分		

表15-5　电路与气路安装评分表

工位号：__________　得分：__________

项　目	评分点	配分	评分标准	得分	项目得分
电路安装（13分）	控制电路连接	2	按电路图连接电路，2分。未按电路图连接导线、添加的元件占用电路图上的接线端子，扣2分		
		1	各电磁阀控制的气缸不符合要求，扣0.5分/处，最多扣1分		
		1.5	每根导线对应一个接线端子，并用线鼻子压牢，不符合要求扣0.1分/处，最多扣1.5分		
		2	电动机外壳、皮带输送机机架、机械手、料盘、阀岛正确接地，不符合要求扣0.2分/处，最多扣1分；使用地线标牌，0.2分；地线冷压端子不符合要求扣0.1分/处，最多扣0.8分		
	通信电路连接	0.5	网络连接不正确，扣0.5分		
		0.5	计算机与PLC连接不正确，扣0.5分		
		0.5	触摸屏与PLC连接不正确，扣0.5分		
		0.5	变频器与PLC连接不正确，扣0.5分		
		0.5	RFID与PLC连接不正确，扣0.5分		

（续）

项　目	评　分　点	配分	评分标准	得分	项目得分
电路安装（13分）	电路连接工艺	1	导线进线槽，每个进线口不得超过两根导线，不符合要求扣0.25分/处，最多扣0.5分；导线不从皮带输送机、机械手内部穿过，不符合要求扣0.25分，最多扣0.5分		
		1	端子进线部分，每根导线必须套用号码管，不符合要求扣0.2分/处，最多扣0.5分；接线端露铜超过2mm，扣0.1分/处，最多扣0.5分		
		0.5	导线捆扎间隔距离为60～80mm，不符合要求扣0.1分/处，最多扣0.5分		
		1	一个插线孔上超过两个插线，扣0.1分/处，最多扣1分		
		0.5	台面上的导线悬空，固定线夹间距不符合要求，扣0.1分/处，最多扣0.5分		
气路安装（7分）	气路连接与走向	1	按照气动原理图选取气动元件，选错电磁阀扣0.2分/处，最多扣1分		
		1	气管走向不合理，扣0.1分/处；未达到横平竖直扣0.1分/次，最多扣1分		
		1	气管从设备中穿过，扣0.2分/处；同一个活动机构的气路、电路捆扎不合理，扣0.1分/处，最多扣1分		
	气路连接工艺	1	漏气，扣0.1分/处，最多扣1分		
		1	气管绑扎间隔为60～80mm，固定线夹间距为100～160mm，不符合要求扣0.1分/处，最多扣1分		
		1	气管长度合适，0.5分；用线夹固定气管，无固定线夹扣0.1分/处，最多扣0.5分		
		1	气缸进/出气节流阀调节气流合理，0.4分；节流阀螺母未锁紧，扣0.1分/处，最多扣0.4分；气缸动作平稳，0.3分		

表 15-6　功能评分表

工位号：__________　得分：__________

项　目	配分	评分标准	得分	项目得分
通电初始位置（2.5分）	1	机械手停留在工位C正上方，手爪松开，各电动机停止，各出料口气缸缩回，不符合要求扣0.2分/处。最多扣1分		
	1.5	任一部件不在初始位置，红色警示灯闪烁；手动复位后，红色警示灯熄灭（每个气缸都要测试，电动机不用测试）		
触摸屏界面（6分）	0.3	三个部件：当前日期和时间、单元号、智能制造单元标题，不符合要求扣0.1分/处，最多扣0.3分（错、漏字扣0.05分/处）		
	0.2	“系统运行测试”按钮和“智能生产过程”按钮，各0.1分		
	0.1	按下“智能生产过程”按钮，进入智能生产界面（0.1分）		
	3.5	表格内共35个部件，缺少部件扣0.1/个，最多扣3.5分（错、漏字扣0.02分/处）		
	1.8	表格外共18个部件，缺少部件扣0.1/个，最多扣1.8分（错、漏字扣0.02分/处）		
	0.1	在智能生产界面按下“返回首页”按钮，能返回首页界面		
系统运行测试（5.4分）	0.1	在首页界面按下“系统运行测试”按钮，能进入系统运行测试界面		
	1.3	缺少部件扣0.05分/处，最多扣1.3分（错、漏字扣0.02分/处）		
	0.3	按下“切换”按钮，可实现测试对象的选择；选中的测试对象显示为红色边框；三个部件均可切换。不符合要求扣0.1分/处，最多扣0.3分		
	0	裁判指令：选择“料盘电机”测试，在料盘中放入三个白色工件		
	0.1	按下“启动”按钮，料盘电动机调试指示灯变为绿色		
	0.1	料盘正转		
	0.1	工件到达后皮带输送机电动机停止		
	0.1	指示灯恢复为黄色		
	0	裁判指令：选择“皮带输送机推料气缸”测试，在下料口放入黑色工件		
	0.1	按下“启动”按钮，“气缸3”指示灯点亮为绿色		
	0.1	皮带输送机反转		
	0.1	当工件到达出料口3时，皮带输送机停止		
	0.1	工件被气缸推入出料口3		
	0.1	触摸屏上的“气缸3”指示灯恢复为黄色		
	0	裁判指令：在下料口放入白色工件		
	0.1	按下“启动”按钮，“气缸2”指示灯点亮为绿色		
	0.1	皮带输送机反转		
	0.1	当工件到达出料口2时，皮带输送机停止		
	0.1	工件被气缸推入出料口2		
	0.1	触摸屏上的“气缸2”指示灯恢复为黄色		

（续）

项　目	配分	评分标准	得分	项目得分
系统运行测试（5.4分）	0	裁判指令：在下料口放入白色工件		
	0.1	按下“启动”按钮，“气缸1”指示灯点亮为绿色		
	0.1	皮带输送机反转		
	0.1	当工件到达出料口1时，皮带输送机停止		
	0.1	工件被气缸推入出料口1		
	0.1	触摸屏上的“气缸1”指示灯恢复为黄色		
	0	裁判指令：选择“气动机械手”测试，工位A、B、C分别放金属工件		
	0.1	按下“启动”按钮，A指示灯点亮为绿色		
	0.1	机械手到工位A抓取工件		
	0.1	暂停3s		
	0.1	工件放入料盘		
	0.1	A指示灯变成黄色		
	0.1	按下“启动”按钮，B指示灯点亮为绿色		
	0.1	机械手到工位B抓取工件		
	0.1	暂停3s		
	0.1	工件放入料盘		
	0.1	B指示灯变成黄色		
	0.1	按下“启动”按钮，C指示灯点亮为绿色		
	0.1	机械手到工位C抓取工件		
	0.1	暂停3s		
	0.1	工件放入料盘		
	0.1	C指示灯变成黄色		
	0.1	按下“返回首页”按钮，进入欢迎界面		
	0.1	“系统运行测试”按钮变灰		
	0.1	不能再次进入系统运行测试界面		
第一订单生产（8.5分）	0	裁判指令：按下“智能生产过程”按钮，进入智能生产过程界面		
	0.1	“运行指示灯”为黄色		
	0.1	状态栏显示“无订单等待生产”		
	0	裁判指令：使用计算机端iMes软件下载订单		
	0.1	制造单元上的绿色警示灯闪烁		
	0.1	触摸屏上的“运行指示灯”显示为绿色		
	0.1	状态栏显示“订单10001等待生产”		
	0.6	表格区域显示产品数量，依产品编号顺序为0、1、2、0、0、0（0.1分/处）		
	0	裁判指令：工位A、工位B、工位C对应放白色塑料、金属、黑色塑料三种工件，选手注意补料		

（续）

项　目	配分	评分标准	得分	项目得分
第一订单生产（8.5分）	0.4	按下“启动”按钮，机械手分别到工位A、B、C抓取对应的白色塑料、金属、黑色塑料工件各一个放入料盘中，完成后（抓取成功一个得0.1分/个）料盘直流电动机旋转3s（0.1分）		
	0.5	机械手再次到工位A、B、C各抓取一个工件放入料盘（抓取成功一个得0.1分）；完成后直流电动机再次旋转2s（0.1分）；同时蜂鸣器鸣叫（0.1分）		
	0.2	触摸屏“原料加工”指示灯为绿色闪烁（0.1分），加工完成后恢复为黄色常亮（0.1分）		
	0.1	加工过程结束时，按“暂停”按钮，暂停有效		
	0	裁判指令：料盘中摆放工件，出口顺序依次为：白、金、黑、黑、白、金，再次按下“暂停”按钮		
	0	裁判注意：下述进入产品生产流程		
	0.2	在生产过程中，触摸屏上的“原料加工”指示灯为绿色闪烁		
	0.1	加工过程结束，“原料加工”指示灯恢复为黄色		
	0.2	第一个工件：料盘电动机起动（0.1分）；送出白色塑料工件后暂停（0.1分）		
	0.2	皮带输送机正转（0.1分），频率为25Hz（0.1分）		
	0.1	工件经过传感器检测后，皮带输送机暂停2s		
	0.1	触摸屏显示“当前生产产品编号：2001”		
	0.1	白色塑料工件送入出料口2		
	0.1	触摸屏表格对应位置数值加1		
	0.1	触摸屏“当前生产产品编号”清空		
	0.2	第二个工件：料盘电动机起动（0.1分），送出金属工件后暂停（0.1分）		
	0.2	皮带输送机正转（0.1分），频率为25Hz（0.1分）		
	0.1	工件经过传感器检测后，皮带输送机暂停2s		
	0.2	皮带输送机反转（0.1分），频率为30Hz（0.1分）		
	0.1	金属工件送入工位C		
	0.1	机械手抓取工件送回料盘		
	0.2	第三个工件：料盘电动机起动（0.1分），送出黑色塑料工件后暂停（0.1分）		
	0.2	皮带输送机正转（0.1分），频率为25Hz（0.1分）		
	0.1	工件经过传感器检测后，皮带输送机暂停2s		
	0.1	触摸屏显示“当前生产产品编号：2002”		
	0.1	黑色塑料工件送入出料口2		
	0.1	触摸屏表格对应位置数值加1		
	0.1	触摸屏“当前生产产品编号”清空		

（续）

项　目	配分	评分标准	得分	项目得分
第一订单生产（8.5分）	0.9	料盘再次送出黑色塑料工件，工件进入出料口2（配分与第三个工件相同）		
	0.1	触摸屏状态栏显示“订单10001生产完成”		
	0	裁判注意：下述进入工件回收流程，最后两个工件允许手动推出		
	0.2	在工件回收过程中，触摸屏上的“工件回收”指示灯为绿色闪烁（0.1分）；回收过程结束，该指示灯恢复为黄色（0.1分）		
	0.5	料盘电动机起动（0.1分），送出白色塑料工件后暂停（0.1分），皮带输送机运行（0.1分），传感器检测出工件材质后皮带输送机反转（0.1分），工件送到工位C，机械手抓取工件放到工位A（0.1分）		
	0.5	料盘再次送出金属工件，工件放回工位B（配分与上述工件相同）		
	0	裁判指令：工件回收结束时，按下“暂停”按钮，观察触摸屏数据，再次按下“暂停”按钮后继续运行		
	0.1	触摸屏状态栏显示“订单10000等待生产”		
	0.1	显示“订单切换”按钮		
	0.1	按下“订单切换”按钮，该按钮消失		
	0.7	“订单编号”变更为10000（0.1分），表格区域显示产品数量依产品编号顺序为1、0、0、1、1、0（0.1分/处）		
第二订单生产（12.6分）	0	裁判指令：工位A、B、C对应放白色塑料、金属、黑色塑料三种工件，选手注意补料		
	0.4	按下“启动”按钮，机械手分别到工位A、B、C抓取对应的白色塑料、金属、黑色塑料工件各一个放入料盘中，完成后（抓取成功一个得0.1分）料盘的直流电动机旋转3s（0.1分）		
	0.5	机械手再次到工位A、B、C各抓取一个工件放入料盘（抓取成功一个得0.1分）；完成后直流电动机再次旋转2s（0.1分）；同时蜂鸣器鸣叫（0.1分）		
	0.2	触摸屏上的“原料加工”指示灯为绿色闪烁（0.1分），加工完成后恢复为黄色常亮（0.1分）		
	0	裁判指令：按下“暂停”按钮，在料盘中摆放工件，出口顺序依次为金属、黑色、白色，再次按下“暂停”按钮，系统继续运行		
	0	裁判注意：下述进入产品生产流程		
	0.2	在生产过程中，触摸屏上的“原料加工”指示灯为绿色闪烁（0.1分），加工过程结束后，该指示灯恢复为黄色（0.1分）		
	0.2	料盘电动机起动（0.1分），送出金属工件后暂停（0.1分）		
	0.2	皮带输送机正转（0.1分），工件经过传感器检测后皮带输送机暂停2s（0.1分）		
	0	裁判指令：按下“暂停”按钮，观察触摸屏		
	0.1	触摸屏“当前生产产品编号”显示“2000”		

（续）

项　目	配分	评分标准	得分	项目得分
第二订单生产（12.6分）	0	裁判指令：再按“暂停”按钮，继续运行		
	0.1	金属工件送入出料口3		
	0.2	触摸屏表格出料口3产品编号2000位置数值加1（0.1分）；“当前生产产品编号”清空（0.1分）		
	0.5	料盘电动机起动（0.1分）；送出黑色塑料工件后暂停（0.1分）；然后皮带输送机正转（0.1分）；工件经过传感器检测后皮带输送机暂停2s（0.1分）		
	0.1	触摸屏“当前生产产品编号”显示“2003”		
	0.4	料盘电动机起动（0.1分）；送出白色塑料工件后暂停（0.1分）；然后皮带输送机正转（0.1分）；工件经过传感器检测后皮带输送机暂停2s（0.1分）		
	0.3	皮带输送机反转（0.1分）；白色塑料工件送入工位C（0.1分）；皮带输送机正转到适当位置（0.1分）		
	0.1	机械手抓取工件送回料盘		
	0	裁判指令：按下“暂停”按钮，在料盘中摆放工件，出口顺序依次为金属、白色、白色、黑色，再次按下“暂停”按钮，系统继续运行		
	0.6	料盘电动机起动（0.1分）；送出金属工件后暂停（0.1分）；然后皮带输送机正转（0.1分）；工件经过传感器检测后皮带输送机暂停2s（0.1分）；金属工件送入出料口3（0.2分）		
	0.2	触摸屏表格出料口3产品编号2003位置数值加1（0.1分）；“当前生产产品编号”清空（0.1分）		
	0.6	料盘电动机起动（0.1分），送出白色塑料工件后暂停（0.1分）；然后皮带输送机正转（0.1分）；工件经过传感器检测后皮带输送机暂停2s（0.1分）；白色塑料工件送到工位C（0.1分）；机械手将该工件放入料盘（0.1分）		
	0.5	料盘送出白色塑料工件，到达工位C后，机械手将该工件放入料盘（配分同上一个工件）		
	0.5	料盘送出黑色塑料工件，到达工位C后，机械手将该工件放入料盘（配分同上一个工件）		
	0	裁判注意：系统将启动原料加工过程		
	0.4	机械手分别到工位A、B、C抓取对应的白色、金属、黑色工件各一个放入料盘中（抓取成功一个得0.1分），完成后料盘的直流电动机旋转3s（0.1分）		
	0.5	机械手再次到工位A、B、C各抓取一个工件放入料盘（抓取成功一个得0.1分）；完成后直流电动机再次旋转2s（0.1分）；同时蜂鸣器鸣叫（0.1分）		
	0.4	触摸屏上的“原料加工”指示灯为绿色闪烁（0.1分）；加工完成后恢复为黄色常亮（0.1分）；加工过程中，设备上的红色和绿色警示灯闪烁（0.1分），并持续3s（0.1分）		

（续）

项　目	配分	评分标准	得分	项目得分
第二订单生产（12.6分）	0	裁判注意：原料加工过程结束，再次进入生产流程		
	0	裁判指令：按下“暂停”按钮，在料盘中摆放工件，出口顺序依次为金属、黑色、白色，再次按下“暂停”按钮，系统继续运行		
	0.4	料盘电动机起动（0.1分），送出金属工件后暂停（0.1分）；然后皮带输送机正转（0.1分）；工件经过传感器检测后皮带输送机暂停2s（0.1分）		
	0.1	触摸屏显示“当前生产产品编号：2004”		
	0.6	料盘电动机起动，送出黑色塑料工件后暂停（0.1分）；然后皮带输送机正转（0.1分）；工件经过传感器检测后皮带输送机暂停2s（0.1分）；皮带输送机反转（0.1分），黑色塑料工件送入工位C（0.1分）；机械手抓取工件送回料盘（0.1分）		
	0.4	料盘电动机起动（0.1分）；送出白色塑料工件后暂停（0.1分）；然后皮带输送机正转（0.1分）；工件经过传感器检测后皮带输送机暂停2s（0.1分）		
	0.2	金属件送入出料口3（0.1分）；白色塑料工件送入出料口3（0.1分）		
	0.1	触摸屏表格出料口3产品编号2004位置数值加1		
	0.1	“当前生产产品编号”清空		
	0	裁判指令：按下“暂停”按钮		
	0.5	触摸屏状态栏显示“订单10000生产完成”		
	0	裁判指令：再次按下“暂停”按钮，继续运行，后续将进入工件回收		
	0.2	在工件回收过程中，触摸屏上的“工件回收”指示灯为绿色闪烁（0.1分）；回收过程结束后，该指示灯恢复为黄色（0.1分）		
	0.4	料盘送出金属工件（0.2分）；工件放回工位B（0.2分）		
	1.2	料盘送出三个白色塑料工件，工件放回工位A（每完成一个得0.4分）		
	0.9	料盘送出三个黑色塑料工件，工件放回工位C（每完成一个得0.3分）		
	0	回收结束，第二订单生产结束		
	0.3	触摸屏状态栏显示“无订单等待生产”（0.1分）；运行指示灯变为黄色（0.1分）；制造单元上的警示灯熄灭（0.1分）		
智能制造单元调试记录（10分）	10	详见“四、组装与调试记录”		

实训任务十六

产品生产及分装装置组装与调试

说明：本次组装与调试的机电一体化设备为××产品生产及分装装置。请仔细阅读相关说明，理解实训任务与要求，使用亚龙235A设备，在240min内按要求完成指定的工作。

一、实训任务与要求

1）按××产品生产及分装装置毛坯库组装图（图16-10）组装毛坯库，按××产品生产及分装装置设备组装图（图16-9）组装设备，并实现其生产功能。

2）按××产品生产及分装装置电气原理图（图16-11）连接该设备的控制电路，所连接的电路应符合工艺规范要求。

3）按××产品生产及分装装置气动系统图（图16-12）安装气动系统的执行元件、控制元件并连接气路，调节气动系统的工作压力、执行元件的进气量。使气动系统能按要求实现功能，气路的布局、走向、绑扎应符合工艺要求。

4）正确理解××产品生产及分装装置的生产过程和工艺要求、意外情况的处理等等，制作触摸屏界面，编写××产品生产及分装装置的PLC控制程序并设置变频器参数。

注意：使用计算机编写程序时，应随时在计算机E盘中保存已编好的程序，保存的文件名为"工位号+A"（如3号工位文件名为"3A"）。

5）安装、调整传感器的位置和灵敏度，调整机械部件的位置，完成××产品生产与分装装置的整机调试，使该装置能按生产任务的设置及控制要求将毛坯加工为用户需要的产品并按用户的要求进行分装。

二、××产品生产及分装装置说明

（一）设备概述

××产品生产及分装装置示意图如图16-1所示。该设备按用户的订单及要求对毛坯进行生产、分装。

××产品生产及分装装置可将毛坯A加工成A1、A2两种产品（金属毛坯A、产品A1和A2用金属元件进行模拟）；将毛坯B加工为B1、B2两种产品（白色塑料毛坯B、产品B1和B2用白色塑料元件模拟）；将毛坯C加工为C1、C2两种产品（黑色塑料毛坯C、产品C1和C2用黑色塑料元件模拟）。

金属、白色塑料和黑色塑料三种毛坯在加工台一上加工所得产品分别为A1、B1和C1，

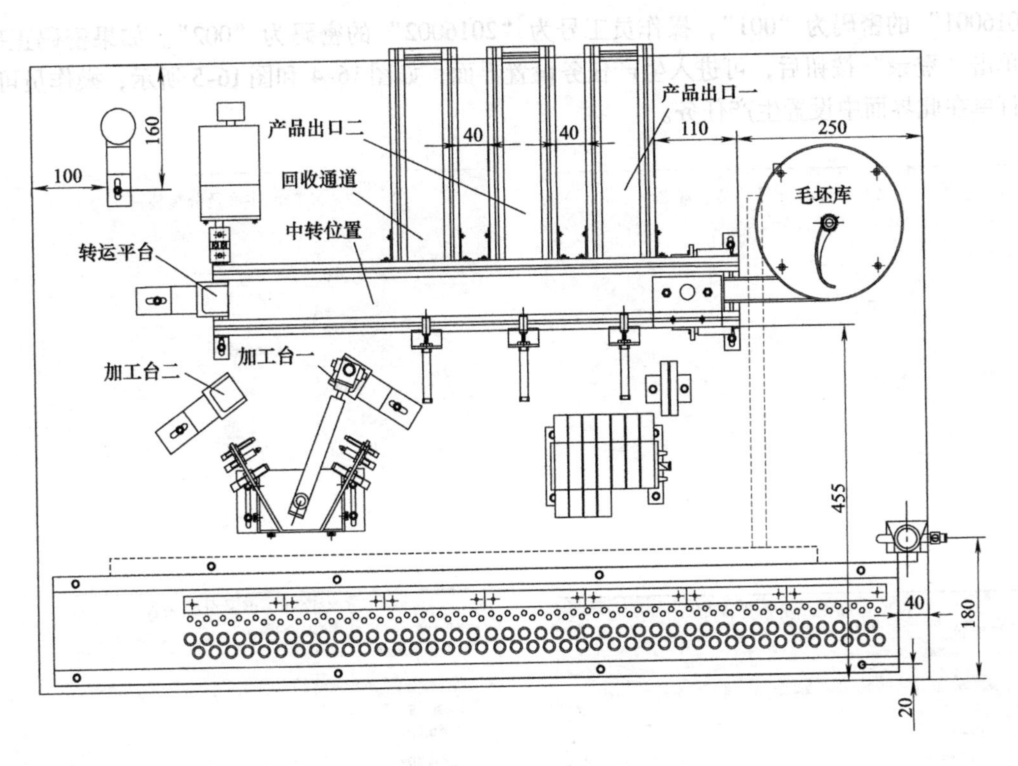

图 16-1　× ×产品生产及分装装置示意图

在加工台二上加工所得产品分别为 A2、B2 或 C2。

设备操作员按照订单设置生产任务，设备自动进行产品的加工和分装。

订单基本规则：一张订单可定制一种或多种产品，每种产品的数量不超过两个；用户可以提出分装一包或两包的分装要求（本次实训不考虑配料顺序）。

× ×产品生产及分装装置工作时，驱动皮带输送机的三相交流异步电动机正转（传送带由毛坯库到转运平台的方向为正向）时，变频器的输出频率为 30Hz；电动机反转时，变频器的输出频率为 25Hz。

设备初始状态定义为：机械手位于转运平台的正上方，悬臂缩回，手臂伸出，手爪松开；回收通道、产品出口一、产品出口二的推料气缸活塞杆均处于缩回状态；所有电动机停止转动。对于不在初始状态的部件，应手动复位。设备通电且各部件均在初始位置时，绿色警示灯亮；如果有部件不在初始位置，则复位后绿色警示灯才亮。

（二）设备工作过程及控制要求

该设备的工作过程包括生产任务设置、加工和分装三个步骤。

1. 生产任务设置

设备开机后，触摸屏显示图 16-2 所示的主界面，设备操作员输入工号和相应的密码，密码以“ * ”显示。如果密码输入错误，则显示文字提示“密码错！请重新输入!”，如图 16-3所示，此时“登录”按钮无效，只能单击“重新输入”按钮；如果输入的工号不是设备默认的操作员工号，则显示“你不具备操作权限，请勿操作本设备!”，此时也需要单击“重新输入”按钮。单击“重新输入”按钮后，“工号”“密码”两个输入框清空，文字提示消失，触摸屏回到主界面初始状态。设备默认有两个操作员，操作员工号为

“2016001”的密码为“001”，操作员工号为“2016002”的密码为“002”。如果密码正确，则单击“登录”按钮后，可进入生产任务设置界面，如图16-4和图16-5所示，操作员可根据订单在此界面中设置生产任务。

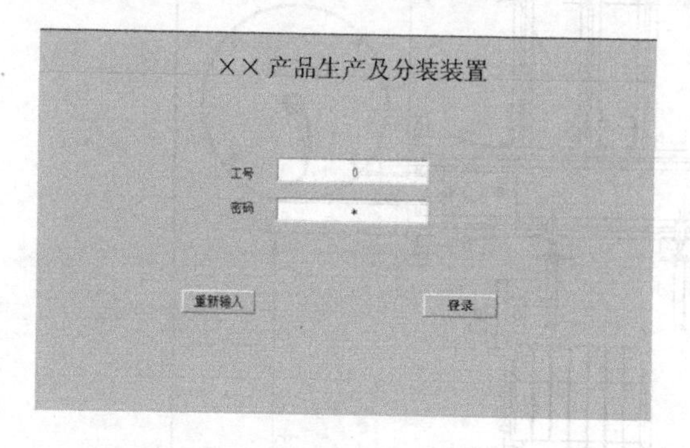

图16-2　主界面

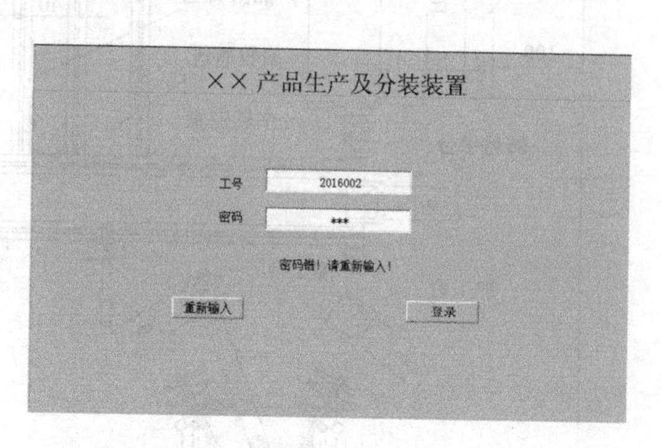

图16-3　输错密码时的主界面

××产品生产及分装装置

生产任务设置　操作员：2016001

生产批次：20160201

品种	A1	B1	C1	A2	B2	C2
数量	0	0	0	0	0	0
产品出口1	0	0	0	0	0	0
产品出口2	0	0	0	0	0	0

重新设定　确认

图16-4　操作员工号为“2016001”的生产任务设置界面

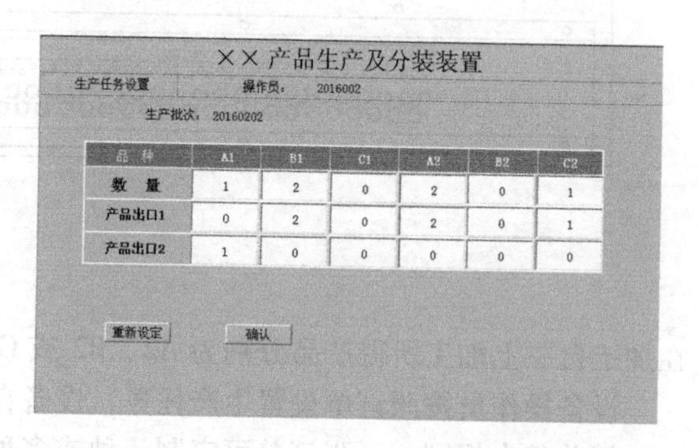

××产品生产及分装装置

生产任务设置　操作员：2016002

生产批次：20160202

品种	A1	B1	C1	A2	B2	C2
数量	1	2	0	2	0	1
产品出口1	0	2	0	2	0	1
产品出口2	1	0	0	0	0	0

重新设定　确认

图16-5　操作员工号为“2016002”的生产任务设置界面

“操作员”显示栏显示本次进入系统的操作员工号。“生产批次”由装置自动生成，生产批次编号的定义：前四位为年份；第五和第六位为装置编号；最后两位是在本装置设置生产任务的顺序号，第一张订单的顺序号为“01”，第二张订单的顺序号为“02”，依此类推。

进入生产任务设置界面后，操作员按照订单要求进行设置，即在表格对应的“数量”栏和“产品出口”栏中填入用户需要的产品，“产品出口1”为包装的第1包，“产品出口2”为包装的第2包。注意：图示仅为示例，验收时应根据裁判出示的订单进行设置。下面各图均为示例。

如果操作员设置的数量与用户订单的要求不符，则显示文字提示“生产任务设置有误，请重新设置”，如图16-6所示。此时，应按下“重新设定”按钮，表格内的数据将清空，等待操作员重新设置生产任务。如果生产任务的设置符合订单要求，则按下“确认”按钮，此时填写的表格全部清空，生产批次编号自动加1，操作员可进行下一订单生产任务的设置。

当装置有设定好的生产任务且尚未完成生产时，“生产界面”按钮才可见，按下该按钮，可进入生产界面。按下“主界面”按钮，可返回主界面，在主界面中重新输入工号和密码后才能操作本设备。

××产品生产及分装装置
生产任务设置
操作员：　2016002
生产批次：20160202
品　种
A1
B1
C1
A2
B2
C2
数　量
1 2 0 2 0 1
产品出口1
0 2 0 2 0 1
产品出口2
1 2 0 0 0 0
生产任务设置有误，请重新设置
重新设定
确认

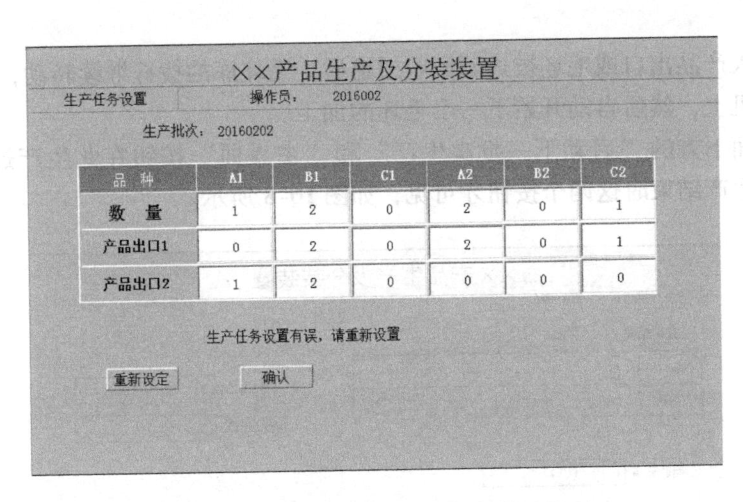

图 16-6　设置有误时的生产任务设置界面

2. 加工与分装

进入生产界面后，按生产批次编号由小到大的顺序自动调入尚未生产的生产任务，并在界面上显示生产批次编号和相应的订单信息，如图 16-7 所示。

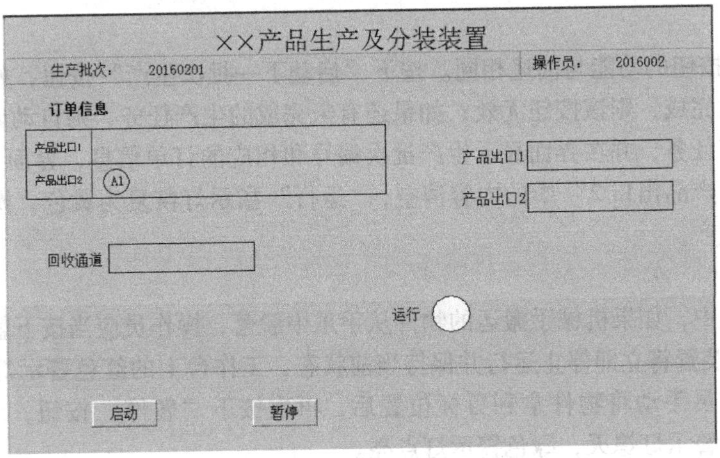

××产品生产及分装装置
生产批次：　20160201
操作员：　2016002
订单信息
产品出口1
产品出口2
A1
产品出口1
产品出口2
回收通道
运行
启动
暂停

图 16-7　生产界面

按下“启动”按钮，界面上的“运行”指示灯由黄色变为绿色，毛坯库中的拨杆开始转动，将毛坯送上皮带输送机，传感器检测到毛坯后，拨杆暂停，皮带输送机正向运行，将毛坯向转运平台方向输送。

在输送过程中，由传感器组实现对毛坯的检测，如果毛坯材质是本次订单需要的材质，则将该毛坯送到转运平台时，皮带输送机暂停，机械手将毛坯送往相应的加工台进行加工；机械手放下毛坯，且手爪离开毛坯时，加工过程开始，2s 后加工结束，毛坯成为产品。加工完成后，机械手将加工后的产品放到皮带输送机的中转位置（见图 16-1），随后，皮带输送机将产品送往设置的产品出口。

如果毛坯材质不是订单需要的材质，或者使用该材质的产品已经满足订单数量的要求，则不必再进行加工，皮带输送机在毛坯到达回收通道位置时停止，毛坯被直接推入回收通道。

当产品进入产品出口或毛坯被送到回收通道后，毛坯库的拨杆继续转动，将下一个毛坯送到皮带输送机上，然后自动开始下一个毛坯的加工。

触摸屏界面下方的“启动下一批次生产”和“主界面”按钮在此生产过程中不可见，当前批次产品生产结束时这两个按钮才可见，如图 16-8 所示。

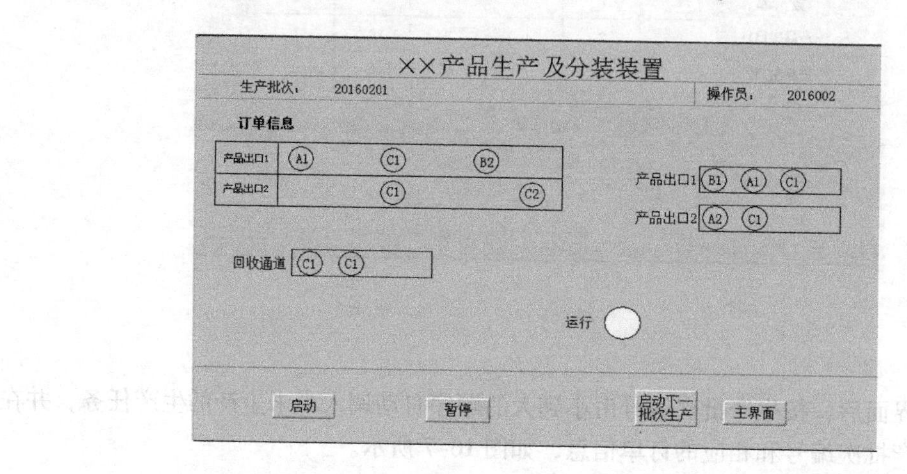

图 16-8　当前批次结束时的生产界面

“主界面”按钮的功能与前述相同。按下“启动下一批次生产”按钮，如果装置中的所有生产任务都已完成，则该按钮无效；如果还有未完成的生产任务，则自动调入尚未完成的批次编号的生产任务，并在界面显示生产批次编号和相应的订单信息，界面上“回收通道”“产品出口 1”“产品出口 2”中的内容清空，“运行”指示灯恢复为黄色，操作员可进行下一批次产品的生产。

3. 其他情况

在生产过程中，如果机械手搬运的物件从手爪中脱落，操作员应当按下触摸屏界面上的“暂停”按钮，装置将立即停止运行并保持当前状态，工作台上的红色警示灯点亮，绿色警示灯熄灭。操作员手动将物件拿到目标位置后，再次按下“暂停”按钮，装置继续工作，工作台上的红色警示灯熄灭，绿色警示灯点亮。

进入生产界面时，工作台上的红色和绿色警示灯亮；离开生产界面后，工作台上的红色和绿色警示灯熄灭。

三、设备组装图

设备组装图共两份，图 16-9 所示为 × × 产品生产及分装装置设备组装图，图 16-10 所示为 × × 产品生产及分装装置毛坯库组装图。

四、电气原理图

× × 产品生产及分装装置电气原理图如图 16-11 所示。

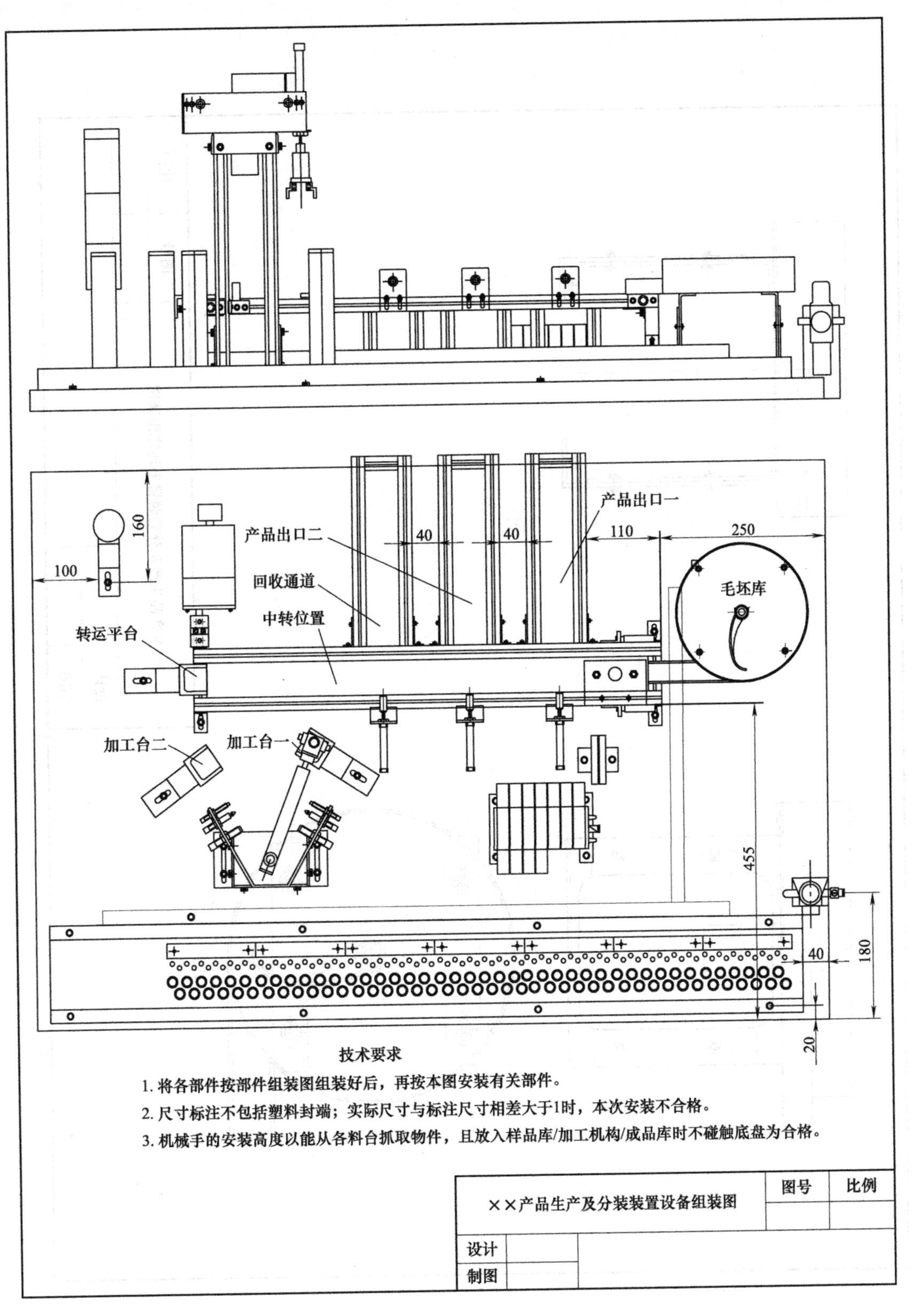

图 16-9　××产品生产及分装装置设备组装图

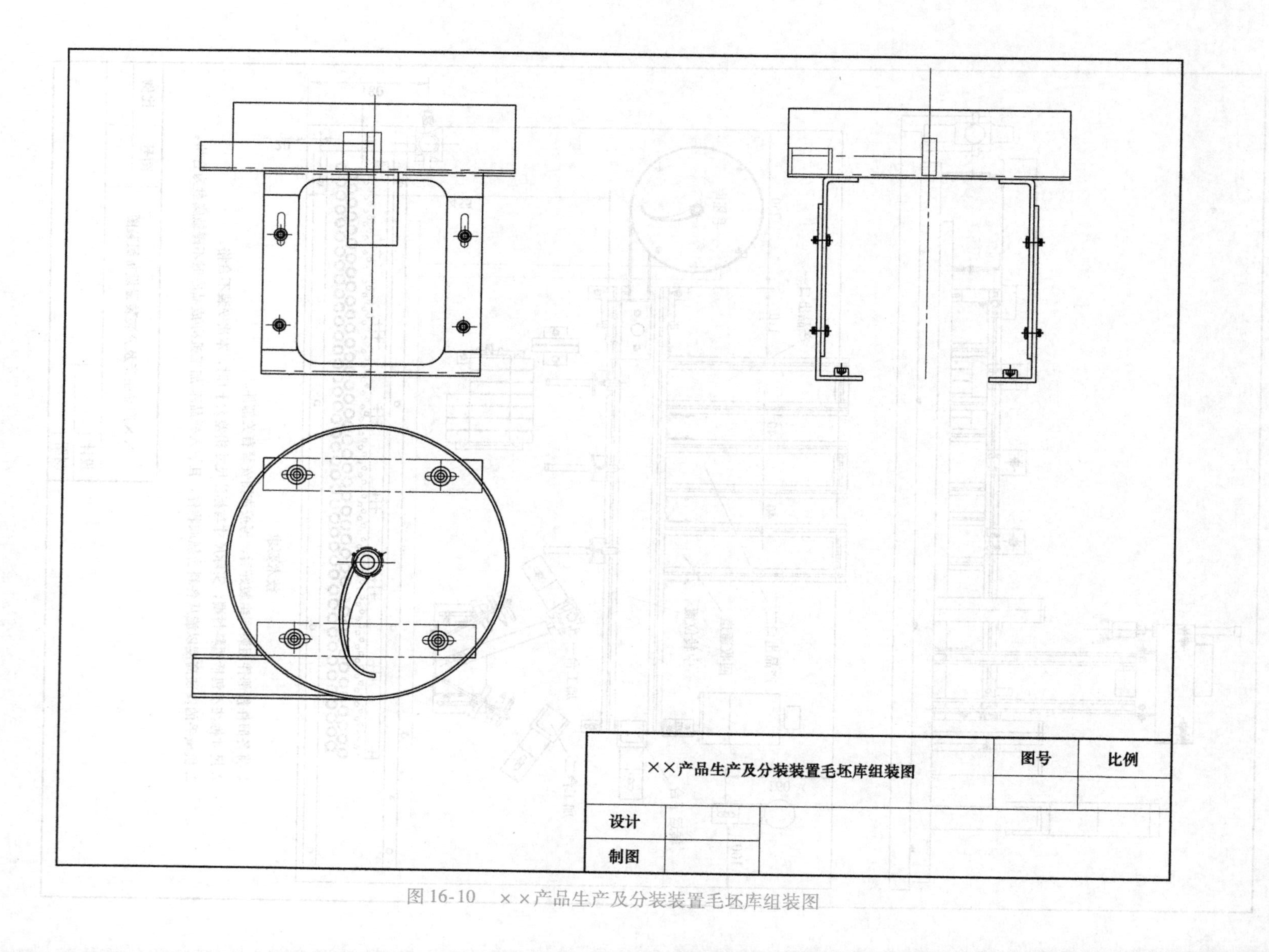

图 16-10　××产品生产及分装装置毛坯库组装图

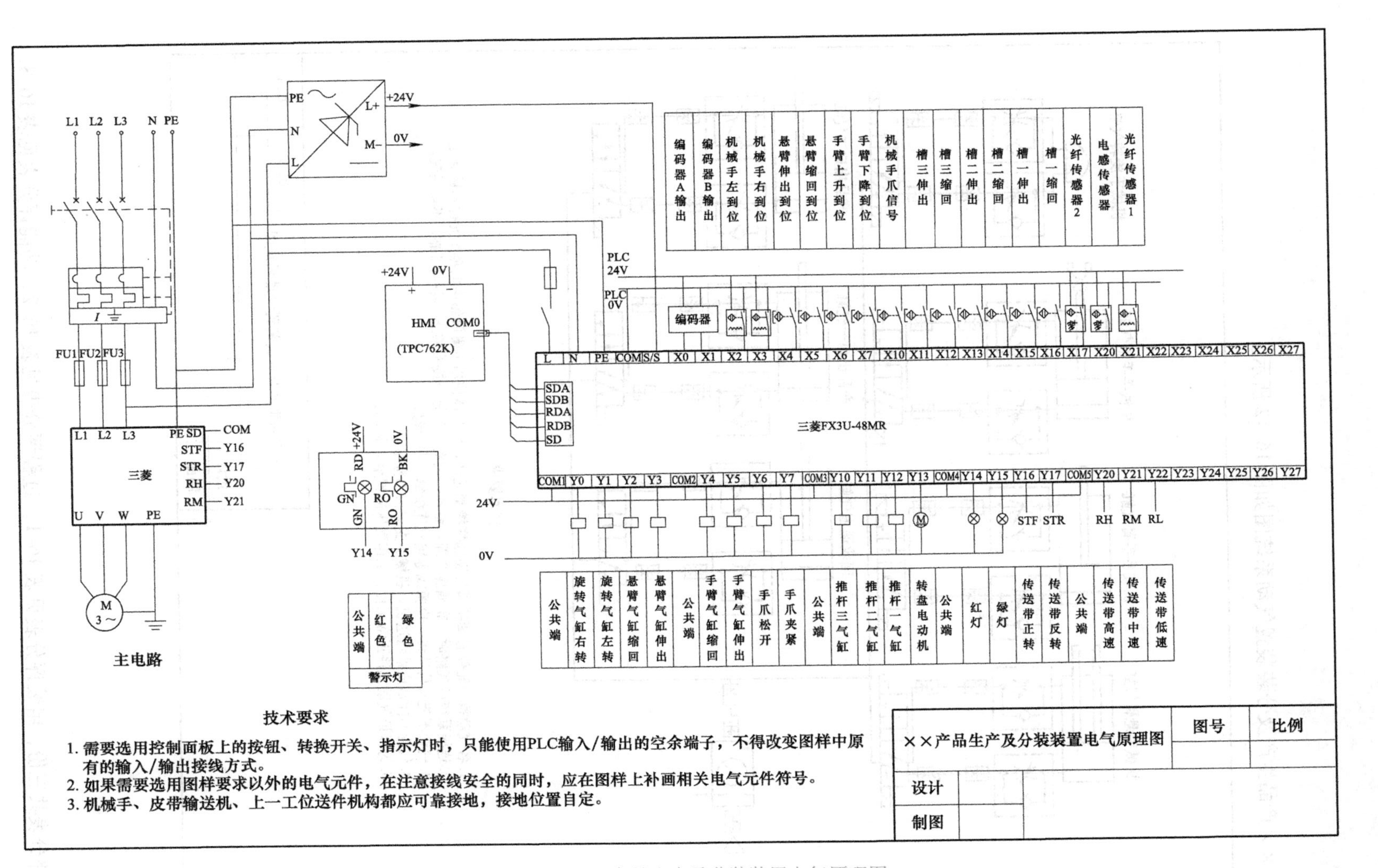

图16-11　××产品生产及分装装置电气原理图

五、气动系统图

××产品生产及分装装置气动系统图如图 16-12 所示。

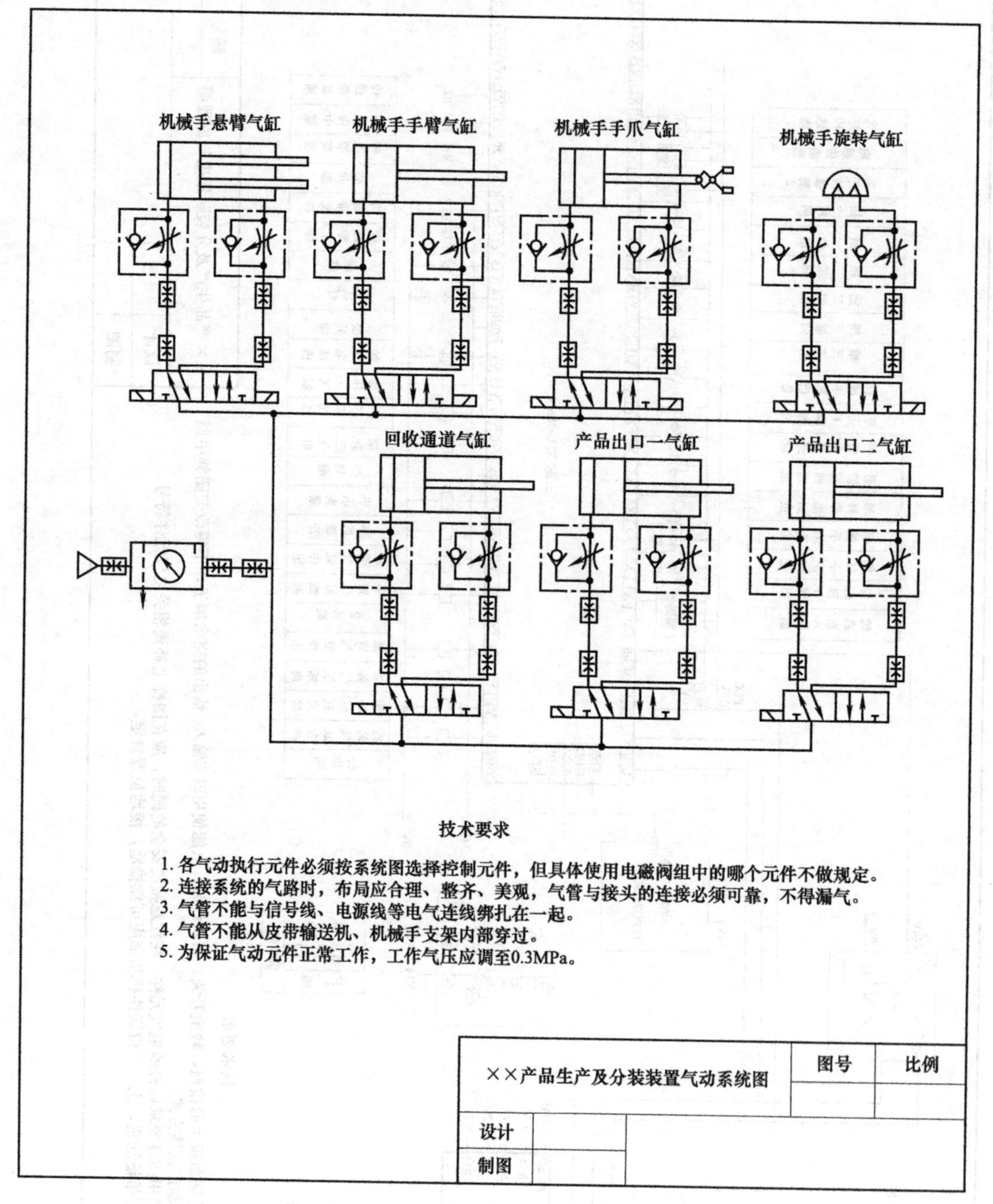

图 16-12　××产品生产及分装装置气动系统图

六、评分表

评分表共三份，组装评分表见表 16-1，过程评分表见表 16-2，功能评分表见表 16-3。

表 16-1　组装评分表

工位号：__________　　得分：__________

项　目	评　分　点	配分	评分标准	得分	项目得分
机械部件组装（28分）	皮带输送机	2	安装位置、高度、同轴度等符合图样要求和工艺规范，不符合要求扣0.1分/处，最多扣2分		
		1	尺寸超差、四角高度相差大于1mm，扣0.1分/处；皮带运输机明显不同轴、摩擦噪声明显、带松紧度未调节、跑偏等，扣0.1分/处，最多扣1分		
		1	螺栓、垫片位置、松紧等工艺规范不符合要求，扣0.1分/处，最多扣1分		
		0.5	皮带输送机安装完成后须盖上端盖，未盖端盖扣0.1分/处，最多扣0.5分		
	机械手	2.5	尺寸超差，悬臂不能正常转动，扣0.5分/处，最多扣1分；限位元件不合要求，影响机械手正常运行，扣0.25分/处，最多扣1分；悬臂定位螺钉与旋转气缸转轴定位锲口对准，拼接处无明显缝隙，定位螺钉紧固，螺钉、垫片齐全且无松动，不符合要求扣0.1分/处，最多扣0.5分		
		1.5	气管、传感器走线未使用线夹，扣0.5分；安装工艺不符合要求，机械手气缸运行不流畅，节流阀未调节、未紧固，扣0.2分/处，最多扣1分		
	转盘电动机	1.5	安装尺寸不符合要求，扣0.1分/处，最多扣1分；不能准确放料，扣0.5分		
		1	固定螺钉松动、未装垫片，固定螺母未安装于转盘电动机内侧，扣0.2分/处，最多扣1分		
	电动机	1	螺钉、垫片齐全、紧固，运行时无明显振动，0.5分；电动机与皮带输送机同轴度符合要求，0.5分		
		1	电动机安装防振垫片，电源线未进入线槽，相线颜色符合要求，过量电源线安置合理，0.25分/处，共1分		
	滑料斜槽	1.5	螺钉紧固、垫片齐全，不符合要求扣0.1分/处，最多扣0.5分；与皮带输送机拼接无缝隙，0.5分；安装完成后须安装端盖，未安装扣0.1分/处，最多扣0.5分		
	警示灯及安装立柱	2	警示灯立柱安装尺寸不符合图样要求，扣0.5分/处，最多扣1.5分；立柱垂直于台面，安装支架平贴立柱，螺钉、垫片齐全、紧固，不符合要求扣0.1分/处，最多扣0.5分		
		3	加工台一、二安装位置、高度尺寸不符合图样及工艺要求，扣0.5分/处，最多扣2分；加工台的安装能使机械手准确抓料，0.5分；立柱垂直于台面，安装支架平贴立柱，螺钉、垫片齐全、紧固，不符合要求扣0.1分/处，最多扣0.5分		

（续）

项　目	评 分 点	配分	评 分 标 准	得分	项目得分
机械部件组装（28分）	电磁阀及气源组件	3	电磁阀、气源组件安装位置、尺寸不符合图样要求及工艺规范，扣0.5分/处，最多扣2分；螺钉、垫片齐全、紧固，不符合要求扣0.1分/处，最多扣0.5分；未按图样要求选择电磁阀，扣0.5分		
	触摸屏、光纤卡口及接线端子盘	2.5	安装位置、尺寸不符合图样要求和工艺规范，扣0.5分/处，最多扣2分；螺钉、垫片齐全、紧固，不符合要求扣0.1分/处，最多扣0.5分		
		1	桌面和侧面须盖端盖，立柱端盖齐全，不符合要求扣0.1分/处，最多扣1分		
	传感器支架及推杆	2	皮带输送机上支架安装不符合图样要求及工艺规范，扣0.5分/处，最多扣1.5分；螺钉、垫片齐全、紧固，不符合要求扣0.1分/处，最多扣0.5分		
气路连接（10分）	气路连接工艺	2	未使用的电磁阀接口不封堵、气管过长或过短，扣1分；长短不一、漏气，扣0.2分/处，最多扣1分		
	气管布局及绑扎	4	气路横平竖直、走向合理，固定与绑扎间距为50~80mm。气管凌乱、穿过设备内部，扣2分；绑扎间距不符合工艺规范、气管缠绕，扣0.2分/处，最多扣2分		
		2	电磁阀和气源组件连接处未用线夹绑扎，扣0.2分/处，最多扣2分		
		1	气路、电路捆扎在一起，扣0.2分/处，最多扣1分		
		1	气缸进/出气节流阀锁紧，扣0.2分/处，最多扣1分		
电路连接（12分）	电路连接工艺	2	导线进入行线槽，每个进线口不得超过两根导线，不符合要求扣0.2分/处，最多扣2分		
		1.5	每根导线对应一位接线端子，并用线鼻子压牢，不符合要求扣0.3分/处，最多扣1.5分		
		3	端子进线部分，每根导线必须用号码管，不符合要求扣0.5分/处，最多扣3分		
		1.5	每个号码管必须进行合理编号，不符合要求扣0.3分/处，最多扣1.5分		
		1	导线捆扎间距为50~80mm，不符合要求扣0.2分/处，最多扣1分		
		0.5	每个插线孔上不得超过两个插线，不符合要求扣0.1分/处，最多扣0.5分		
		1	接线端露铜不超过2mm，不符合要求扣0.2分/处，最多扣1分		
		1.5	电动机外壳、皮带输送机机架、机械手、上一工位送件机构正确接地，不符合要求扣0.3分/处，最多扣1.5分		

表 16-2　过程评分表

工位号：__________　　得分：__________

项　目	评 分 点	配分	评 分 标 准	得分	项目得分
工作过程（10 分）	着装	1	身着工作服，穿电工绝缘鞋，符合职业岗位要求		
	安全	1	不带电连接、改接电路，通电调试电路经考评人员同意		
		1	操作符合规范，未损坏零件、元件		
		1	设备通电、调试过程中，未出现熔断器熔断、剩余电流断路器动作或安装台带电等情况		
	素养	1	工具、量具、零部件摆放符合规范，不影响操作		
		1	工作结束后清理工位，整理工具、量具，现场无遗留		
		1	爱护赛场设备设施，不浪费材料		
	更换元件	1	更换的元件经裁判检测确为损坏元件		
	赛场表现	1	积极完成工作任务，不怕困难，始终保持工作热情		
		1	遵守考场纪律，服从考评人员指挥，积极配合赛场工作人员，保证测试顺利进行		

表 16-3　功能评分表

工位号：__________　　得分：__________

项　目	评 分 点	配分	评 分 标 准	得分	项目得分
初始位置的确定（4 分）	初始位置及设备复位	2	设备通电后，机械手位于转运平台的正上方、手臂缩回、悬臂伸出、手爪松开，推杆气缸均处于缩回位置，所有电动机停止转动，绿色警示灯亮，不符合要求扣 0.5 分/处，最多扣 2 分		
		2	设备通电后有部件不在初始位置时，能够手动复位，并且复位后绿色警示灯才亮		
生产任务设置（10 分）	生产任务的选择与确立	1.5	设备开机后触摸屏显示主界面，主界面的零部件正确，无缺失；密码以“*”显示。不符合要求扣 0.5 分/处，最多扣 1.5 分		
		2	输入错误工号，能显示文字提示“你不具备操作权限，请勿操作本设备！”字样；输入错误密码，能显示文字提示“密码错！请重新输入！”，此时，按下“重新输入”按钮，“工号”和“密码”两个输入框清空，文字提示消失，触摸屏回到主界面初始状态。不符合要求扣 0.5 分/处，最多扣 2 分		

（续）

项　目	评分点	配分	评分标准	得分	项目得分
生产任务设置（10分）	生产任务的选择与确立	0.5	正确输入工号和密码后，按下“登录”按钮，可以进入生产任务设置界面		
		1	生产任务设置界面的零部件正确，无缺失。生产批次能够自动生成：前四位为年份，第五和第六位为设备编号，最后两位是在本装置中设置生产任务的顺序编号，第一张订单顺序号为“01”，第二张订单顺序号为“02”，依此类推。不符合要求扣0.2分/处，最多扣1分		
		2	能够根据订单要求在生产任务设置界面的表格对应的“数量”栏和“产品出口”栏中填入用户需要的产品		
		1	操作员设置的数量不得超过两个，否则显示文字提示“生产任务设置有误，请重新设置”；按下“重新设定”按钮，表格内填写的数据清空，能够重新设置生产任务。不符合要求扣0.5分/处，最多扣1分		
		1	生产任务的设置符合订单要求时，按下“确认”按钮，填写的表格能够全部清空，生产批次编号自动加1，并且可以进行下一订单生产任务的设置		
		1	当装置有设定好的生产任务且尚未完成生产时，“生产界面”按钮才可见，按下该按钮，可进入生产界面。按下“主界面”按钮，可返回主界面，在主界面中需要再次输入工号和密码才能操作本设备		
加工与分装（20分）	加工与分装操作	1.5	生产界面的零部件正确，无缺失；能按生产批次编号由小到大的顺序自动调入尚未生产的订单，并在界面中显示生产批次编号和相应的订单信息。不符合要求扣0.3分/处，最多扣1.5分		
		0.3	按下“启动”按钮，界面中“运行”指示灯由黄色变为绿色		
		1.6	启动后，毛坯库中的拨杆开始转动，将毛坯送上皮带输送机，传感器检测到毛坯时，拨杆暂停，皮带输送机正向运行，将毛坯向转运平台方向输送。不符合要求扣0.2分/处，最多扣1.6分		

（续）

项　目	评 分 点	配分	评 分 标 准	得分	项目得分
加工与分装（20分）	加工与分装操作	0.6	如果毛坯的材质是本次订单需要的材质，则将其送到转运平台后，皮带输送机暂停		
		2.5	零件到达转运平台后，机械手能够将毛坯送往相应的加工台进行加工，机械手放下毛坯，且离开毛坯时，加工过程开始，2s后加工结束。加工完成，机械手能够将加工后的产品放到皮带输送机的中转位置。机械手动作正确，不混乱。不符合要求扣0.5分/处，最多扣2.5分		
		2	产品到达中转位置后，皮带输送机能将产品送往设置的对应产品出口		
		2	如果毛坯材质不是订单需要的材质，或者使用该材质的产品已经满足订单数量的要求，则不必再进行加工，皮带输送机在毛坯到达回收通道位置时停止，毛坯能够被直接推入回收通道		
		3	产品进入产品出口或毛坯被送到回收通道后，毛坯库（转盘电动机）的拨杆能够继续转动，将下一个毛坯送到皮带输送机上，然后可以自动开始下一个毛坯的加工。不符合要求扣0.5分/处，最多扣3分		
		1	触摸屏界面下方的“启动下一批次生产”和“主界面”按钮在生产过程中不可见，当前批次生产结束后这两个按钮才可见。不符合要求扣0.5分/处，最多扣1分		
		1.5	按下“启动下一批次生产”按钮，如果装置中的所有生产任务均已完成，则该按钮无效；如果还有未完成生产的任务，则自动调入尚未完成的批次编号的生产任务，并在界面中显示生产批次编号和相应的订单信息，界面上“回收通道”“产品出口1”“产品出口2”中的内容清空，“运行”指示灯恢复为黄色，可进行下一批次产品的生产。不符合要求扣0.5分/处，最多扣1.5分		
	整机调试	4	机械部件位置调节合适，机械手能够顺利地抓取和放下物件；气缸动作流畅，无撞击；传感器灵敏度调节适当，安装不松动。不符合要求扣0.5分/处，最多扣4分		

（续）

项　目	评 分 点	配分	评 分 标 准	得分	项目得分
意外、其他（6分）	其他情况	4	当机械手搬运的物件从手爪中脱落时，按下触摸屏界面中的“暂停”按钮，装置能够立即停止运行并保持当前状态，工作台上的红色警示灯点亮，绿色警示灯熄灭；当手动将物件拿到目标位置后，再次按下“暂停”按钮，装置能够继续工作，工作台上的红色警示灯熄灭，绿色警示灯点亮。不符合要求扣1分/处，最多扣4分		
		2	进入生产界面时，工作台上的红色和绿色警示灯亮；离开生产界面时，工作台上的红色和绿色警示灯熄灭。不符合要求扣0.5分/处，最多扣2分		